Auszüge aus

James Clerk Maxwells
Elektrizität und Magnetismus

———

Auszüge aus

James Clerk Maxwells
Elektrizität und Magnetismus

Übersetzt von **Hilde Barkhausen**

Herausgegeben von

Fritz Emde

Mit neun Abbildungen

Springer Fachmedien Wiesbaden GmbH

1915

ISBN 978-3-663-19867-3   ISBN 978-3-663-20206-6 (eBook)
DOI 10.1007/978-3-663-20206-6

Copyright, 1915, by Springer Fachmedien Wiesbaden

Ursprünglich erschienen bei Friedr. Vieweg & Sohn Verlagsgesellschaft, Germany 1915.

Softcover reprint of the hardcover 1st edition 1915

Vorwort des Herausgebers.

Der Name „Maxwellsche Theorie" für die neuere Elektrizitätslehre ist allgemein gebräuchlich geworden. Zuweilen stellt man
auch die „Maxwellsche Theorie" der „Elektronentheorie" gegenüber. Da wird sich bei vielen der Wunsch regen, einmal nach-
zulesen, was Maxwell eigentlich selbst gelehrt, welche Vorstellungen
er sich von den elektromagnetischen Erscheinungen gebildet hat.
Fallen doch Maxwells eigene Anschauungen durchaus nicht genau
mit denen der Reformatoren der Maxwellschen Theorie, Heaviside und Hertz, zusammen.

Wünscht nun jemand Maxwells Anschauungen kennenzulernen
und gibt man ihm dazu das zweibändige Maxwellsche Lehrbuch
in die Hand, so wird er es gewöhnlich bald entmutigt beiseite
legen. Denn wie soll er zwischen den vielen potentialtheoretischen
und vektoranalytischen Untersuchungen, den Durchrechnungen
zahlreicher Spezialfälle, den Abschnitten über Messungen usw. die
wenigen Stellen herausfinden, die für die Frage nach Maxwells
Deutung der elektromagnetischen Erscheinungen in Betracht
kommen! Tatsächlich ist ja das Maxwellsche Lehrbuch den
Studenten und auch vielen Fachleuten gewöhnlich nur dem Namen
nach bekannt. Andererseits wäre es doch wünschenswert, Maxwells eigene Darstellung seiner Ansichten einem weiteren Leser-
kreise zugänglich zu machen. Denn Maxwell begnügt sich keineswegs damit, wenige zusammenfassende Gleichungen mitzuteilen
mit wortkarger Angabe der Bedeutung der vorkommenden Buchstaben, sondern er trägt lebhaft und eindringlich eine physikalische
Weltanschauung vor. Für ihn ist die „Maxwellsche Theorie"
eben nicht das „System der Maxwellschen Gleichungen", sondern
die Vorstellungswelt Faradays. Die fraglichen Abschnitte sind
denn auch — von ganz wenigen dunkeln Stellen abgesehen —
sehr leicht zu verstehen.

Daher entstand schon vor langer Zeit bei mir der Wunsch, jene Abschnitte auszugsweise als besonderes Büchlein herauszugeben. Doch konnte er erst jetzt in Erfüllung gehen, nachdem sich in Frau Prof. Barkhausen eine der schwierigen Übersetzung gewachsene Mitarbeiterin gefunden hatte. In welch vortrefflicher Weise sie ihre Aufgabe gelöst hat, möge der Leser selbst beurteilen.

Die Auswahl der Abschnitte ist natürlich mit einer gewissen Willkür verbunden. Doch hätte sie kaum viel anders ausfallen können. Streng genommen, gehören die Art. 124—127 (Einfache elektrische Felder) nicht hinein, da in ihnen Spezialfälle behandelt werden. Die einfachen Beispiele, die hier gebracht werden, bieten aber nicht nur eine gute Erläuterung für den Gebrauch der allgemeinen Sätze, sondern sie bilden auch im wesentlichen das, was man in der Technik heute — nicht sehr vorteilhaft — als „elektrische Festigkeitslehre" zu bezeichnen pflegt. Im übrigen sind nur solche Abschnitte aufgenommen worden, die über Maxwells Auffassung von den elektromagnetischen Erscheinungen Aufschluß geben.

Sollte das Büchlein seinen Zweck erreichen, so waren einige Zusätze und Änderungen unerläßlich. Es war darauf hinzuweisen, wo die weitere Entwickelung an Maxwells Gedankengänge anknüpft, wie sich seine Darstellung an manchen Stellen vervollkommnen läßt, endlich aber auch, wo man dem Leser raten muß, auf ein restloses Verständnis von Maxwells Auseinandersetzungen von vornherein zu verzichten. Wo Maxwell sein Programm entwickelt, da ist meist kaum etwas hinzuzusetzen. Nur die mathematischen Formulierungen weisen hin und wieder wunderliche Einseitigkeiten auf, die den Leser überraschen, wenn er vorher gesehen hat, wie klar sich Maxwell über seine Ziele ausspricht. Zu einzelnen Teilen der Maxwellschen Lehre seien noch einige Worte erlaubt.

Die Tatsache, daß einerseits im stationären Feld der magnetische Wirbel der elektrischen Stromdichte proportional ist und daß andererseits im veränderlichen Feld der elektrische Strom stellenweise Quellen hat, veranlaßte Maxwell zu dem Versuch, den Begriff „elektrischer Strom" so zu erweitern, daß ein unter allen Umständen quellenfreies Strömungsfeld entstände. Dies gelang Maxwell dadurch, daß er zu dem gewöhnlichen Strom die zeit-

liche Änderung der elektrischen Polarisation hinzufügte. Und
nun lag es nahe, sich diesen „wahren" Strom unter dem Bilde
der Bewegung einer inkompressiblen Flüssigkeit vorzustellen, etwa
unter dem Bilde einer Wasserströmung. Um aber den elektrischen
Strom in dieser Weise als eine Elektrizitätsbewegung aufzufassen,
war eine geeignete Umbildung des Begriffes „Elektrizität" erforderlich. Maxwell mußte annehmen, daß die „Elektrizität"
alle Räume durchdringe, ebenso wie der Äther, z. B. auch den
leeren Raum. Die einzelnen Moleküle, ja sogar die Volumenelemente des leeren Raumes mußten als kleine veränderliche
Dipole aufgefaßt werden. Einer Änderung der elektrischen Polarisation entsprach dann eine Verschiebung der „Elektrizität" in
den Dipolen. Doch ist es wohl noch niemand gelungen, diese
Vorstellung widerspruchsfrei durchzuführen. Eine besondere
Schwierigkeit liegt dabei noch darin, daß eine elektrische Kraftlinie in den Dipol an seinem positiv geladenen Ende eintreten
und ihn an seinem negativ geladenen Ende verlassen soll. Glück-
licherweise ist dieses ganze Bild für die Aussagen der Maxwellschen Theorie über mögliche Beobachtungen nebensächlich und
entbehrlich. Doch hat Maxwell es mit seinen sonstigen Auseinandersetzungen so stark verquickt und in den Vordergrund
geschoben, daß nicht daran gedacht werden konnte, die vorliegenden
Auszüge davon frei zu halten. In der heutigen Elektronentheorie
wird die zeitliche Änderung der elektrischen Polarisation (der
„Verschiebungsstrom") nicht als eine Elektrizitätsbewegung angesehen.

Ein anderer unhaltbarer Teil der Maxwellschen Theorie
sind die fiktiven Spannungen, die Maxwell für das Innere magnetischer Körper angegeben hat. Diese entsprechen nicht einem
Tensor, sondern einem unsymmetrischen Affinor. Schon dieser
Umstand hat von jeher Bedenken gegen sie erregt. Da der Übergang von dem Ausdruck für die Kraftdichte auf die Spannungen
lediglich in der Umformung eines Raumintegrals in ein Hüllenintegral besteht, so muß bei richtiger Rechnung ein Fehler in
dem Ausdruck für die Spannungen von einem Fehler in dem
Ausdruck für die Kraftdichte begleitet sein. In der Tat ist Maxwells Ausdruck für die Kraftdichte nicht begründet. Immerhin
scheint bisher der Nachweis nicht gelungen zu sein, daß die
Maxwellschen Spannungen falsch sind, d. h. Beobachtungen auf-

zufinden, mit denen sie in Widerspruch stehen. Diese Lücke füllen gewisse neuere Messungen an Elektromagneten aus. Obgleich also die Maxwellschen Spannungen unhaltbar sind, habe ich doch die darüber handelnden Abschnitte nicht einfach weggelassen und durch die Angabe der richtigen Spannungen ersetzt. Denn erstens ist es recht lehrreich, daß Maxwell einen unsymmetrischen Spannungsaffinor nicht nur für zulässig, sondern sogar für erforderlich hielt. Zweitens schien es mir wünschenswert, die Maxwellschen Spannungen einmal deutlich und anschaulich zu beschreiben und darauf einer gründlichen Kritik zu unterziehen.

Eine Unvollkommenheit, die auf den ersten Blick rein formal und recht nebensächlich erscheint, liegt bei Maxwells Darstellung der Induktionserscheinungen vor. Doch kann man deutlich erkennen, wie sehr Maxwell selbst dadurch behindert worden ist, aber auch, wie von hier üble Nachwirkungen bis in die Gegenwart auslaufen.

Bekanntlich ist es sehr leicht, sich die allgemeinen Gleichungen der Elektrodynamik anzueignen. Aber die Bedeutung dieser Gleichungen im Fall einfacher Experimente und allgemein bekannter Erscheinungen richtig zu erkennen, hat oft nicht nur Anfängern Schwierigkeit gemacht. Ich habe mich bemüht, durch geeignete Zusätze eine möglichst konkrete Auffassung der Theorie zu fördern.

In anderen Zusätzen habe ich auf spätere experimentelle Bestätigungen von Maxwells Voraussagen hingewiesen, sowie auf spätere experimentelle Entscheidungen von Fragen, die Maxwell noch offen lassen mußte, endlich auf spätere Vervollkommnungen der Theorie.

Meine Zusätze habe ich teils in den Text eingeschoben und durch besondere Schrift kenntlich gemacht, teils als Fußnoten gebracht. Ich konnte mich nicht dazu entschließen, die Zusätze, wie es in ähnlichen Fällen vielfach geschieht, an den Schluß des Buches zu verweisen, um zu vermeiden, daß der Herausgeber gleichsam dem Verfasser ins Wort fällt. Entweder ist ein Zusatz überflüssig, dann kann er ganz wegbleiben; oder er ist notwendig oder wenigstens für den Leser nützlich, dann sollte man dem Leser nicht die lästige Unbequemlichkeit aufbürden, anderwärts danach zu suchen.

Einzelne Stellen sind keine wörtliche Übersetzung, sondern eine freie Wiedergabe von Maxwells Gedankengang, was aber jedesmal ausdrücklich bemerkt ist.

Nur die Fig. 4 und 7 sind Maxwellsche Originalfiguren. Fig. 2 ist eine perspektivische Umzeichnung einer etwas gar zu schematischen Figur Maxwells. Alle übrigen Figuren sind von mir hinzugefügt worden.

Unerläßlich schien mir auch eine äußerliche Änderung, nämlich alle Vektorbeziehungen in Vektorschrift wiederzugeben. Diese Änderung ist durchaus im Sinne Maxwells. Er konnte bei seinen Lesern Vektorbezeichnungen nicht als bekannt voraussetzen, überdies standen ihm nur die schwerfälligen Quaternionenbezeichnungen zur Verfügung. Aber er treibt den Leser immer wieder an, die aufgestellten Gleichungen vektormäßig aufzufassen, und wiederholt sie dazu in Quaternionenbezeichnungen. Deshalb habe ich alle Gleichungen zwischen Vektorkomponenten in Vektorschrift übersetzt und zwar in die, die jetzt auf dem Gebiete der Physik in Deutschland gebräuchlich geworden ist und deren Vektorbezeichnung durch deutsche Buchstaben ja auch auf Maxwell zurückgeht. Hierdurch ist nicht nur viel Platz gespart worden, sondern die Rechnungen haben auch an Übersichtlichkeit gewonnen, und ihre physikalische Bedeutung ist viel leichter abzulesen. Ich bin nicht der Ansicht, daß man dem Leser das Verständnis „erleichtere“, wenn man ihm die Vektorgleichungen noch einmal für die Vektorkomponenten anschreibt. Man bringt ihn dadurch nur mit ziemlicher Sicherheit davon ab, sich die Vektorbeziehungen anschaulich vorzustellen. Wer die Ausdrücke, in denen Vektorkomponenten auftreten, geometrisch und mechanisch interpretieren kann, der wird in den Vektorsymbolen keine Schwierigkeit finden. (Daraus folgt aber nicht etwa, daß man, um Vektorsymbole zu verstehen, gelernt haben müsse, sie durch Komponentenausdrücke zu ersetzen.) Wenn also jemand in den Vektorsymbolen Schwierigkeiten findet, so wird weniger ein Mangel an Gewöhnung, als ein Mangel an Sachkenntnis vorliegen. Dies wird auch durch die Erfahrung bekräftigt, daß, wer an eine bestimmte Art von Vektorsymbolen gewöhnt ist, mit Leichtigkeit eine andere, ihm nicht geläufige Art von Vektorsymbolen liest.

Heute glaubt noch jeder Autor, der die Vektorrechnung benutzt, sich deshalb entschuldigen oder wenigstens dies besonders begründen zu müssen. Dadurch wird der Schein erweckt, als bringe die Vektorrechnung eine Erschwerung und nicht eine Erleichterung mit sich. Schließlich handelt es sich doch, gerade herausgesagt, nur darum, einen alten Zopf abzuschneiden. Deshalb sollte man in Zukunft den Gebrauch der Vektorrechnung auf dem Gebiet der Mechanik und der Elektrodynamik stillschweigend als selbstverständlich voraussetzen. Diese Voraussetzung zu rechtfertigen, ist Sache des Mathematikunterrichts an Universitäten und Technischen Hochschulen. Man kann — nebenbei bemerkt — wirklich darauf gespannt sein, wieviel Zeit die Differentialgeometer noch zu dem Entschluß brauchen werden, ihre Lehrbücher durch Anwendung der Vektorrechnung lesbarer zu machen. Für jemand der die Vektorrechnung kennt, ist es jetzt fast unerträglich, diese Bücher zu lesen.

Ich setze also beim Leser einige Bekanntschaft mit der Vektorenrechnung voraus. Zur Entlastung des Gedächtnisses habe ich aber dem Buch eine Zusammenstellung von Vektorformeln angefügt. Sie ist umfangreicher ausgefallen als die, die man gewöhnlich in den Lehrbüchern der Vektorenrechnung findet. Dafür dürfte sie aber für den praktischen Gebrauch bequem sein. Neu dürften die Formeln (114) für die Ableitungen der zu krummlinigen Koordinaten parallelen Einheitsvektoren sein. Bei der Transformation von Vektordifferentialausdrücken auf krummlinige Koordinaten hat man bisher gewöhnlich zunächst einen skalaren Ausdruck herzustellen gesucht und diesen dann transformiert. Mit Hilfe der Formeln (114) und (123) kann man die auf krummlinige Koordinaten bezogenen Komponenten von Vektordifferentialausdrücken ohne weiteres ganz mechanisch herleiten.

Dagegen habe ich Tensorsymbole nur in einem Zusatz zu dem Abschnitt über Doppelbrechung benutzt (S. 153), obgleich sie auch an anderen Stellen vorteilhaft gewesen wären. Allein, Tensorsymbole haben sich in der Physik bisher noch nicht eingeführt und können noch nicht als allgemein bekannt vorausgesetzt werden.

Diese Auszüge sollen nicht beim Leser die Meinung erwecken, daß er aus den übrigen Teilen des Maxwellschen Werkes keinen Nutzen ziehen könne. Sie sollen es ihm vielmehr erleichtern, sich in dem Original zurechtzufinden, und ihn zu weiteren Studien darin anregen. Deswegen ist den Auszügen auch das Inhaltsverzeichnis des Gesamtwerkes beigegeben worden.

Mein früherer Assistent, Herr Dipl.-Ing. J. Spielrein, hat das gesamte Manuskript durchgesehen und dadurch zu manchen Verbesserungen beigetragen. Mein Freund, Herr Prof. Dr. Karl Willy Wagner in Berlin, hat eine ganze Korrektur mitgelesen. Viele Erläuterungen und Verbesserungen gehen auf seine Anregung zurück. Frau Barkhausen hat die zweite Korrektur mitgelesen. Ihnen allen sei herzlichst gedankt.

Vielen Dank schulde ich aber auch dem Verlag für die auf den Druck verwandte Sorgfalt und für freundliches Eingehen auf meine Wünsche.

Stuttgart, im September 1915.

Fritz Emde.

Inhalt.

(Nur die Artikel, bei denen eine Seitenzahl angegeben ist, sind in diese Auszüge
aufgenommen worden.)

Einleitung.

Einheiten. Vektoranalytische Vorbereitung. 1. Der Ausdruck für eine Größe besteht aus zwei Faktoren, nämlich dem numerischen Wert und dem Namen der konkreten Einheit. 2. Dimensionen von abgeleiteten Einheiten. 3. bis 5. Die drei Grundeinheiten: Länge, Zeit und Masse. 6. Abgeleitete Einheiten. 7. Physikalische Stetigkeit und Unstetigkeit. 8. Unstetigkeit einer Funktion von mehr als einer Variablen. 9. Periodische und mehrdeutige Funktionen. 10. Beziehung physikalischer Größen zu irgend welchen Richtungen im Raume. 11. Bedeutung der Ausdrücke „skalar" und „vektoriell". 12. Einteilung der physikalischen Vektoren in zwei Klassen: Kräfte und Strömungen. 13. Beziehungen zwischen den entsprechenden Vektoren der zwei Klassen. 14. Linienintegration angebracht bei Kräften, Flächenintegration bei Strömungen. 15. Verschiebungs- und Drehungsvektoren. 16. Linienintegral und Potentiale. 17. Die Hamiltonsche Formel für die Beziehung zwischen einer Kraft und ihrem Potential. 18. Zyklische (mehrfach zusammenhängende) Gebiete und Geometrie der Lage. 19. In einem azyklischen (einfach zusammenhängenden) Gebiete ist das Potential einwertig. 20. Mehrwertigkeit des Potentials in einem zyklischen Gebiete. 21. Flächenintegrale. 22. Strömungsflächen, -röhren und -linien. 23. Rechtshändige und linkshändige Beziehungen im Raume. 24. Umwandlung eines Linienintegrals in ein Flächenintegral. 25. Wirkung von Hamiltons Operator ∇ auf eine Vektorfunktion. 26. Wesen des Operators ∇^2.

I. Teil: **Elektrostatik.**

I. Kapitel: **Beschreibung der Erscheinungen.** 27. Elektrisierung durch Reibung. Es gibt zwei Arten von Elektrisierung, die Glas- und Harzelektrisierung oder positive und negative Elektrisierung genannt werden. 28. Induzierte Elektrisierung. 29. Elektrisierung durch Leitung. Leiter und Isolatoren. 30. Bei der Reibungselektrisierung ist der Betrag der positiven Elektrisierung gleich dem der negativen. 31. Ein Gefäß mit einer Elektrizitätsmenge zu laden, die der in einem elektrischen Körper enthaltenen gleich und entgegengesetzt ist. 32. Einen Leiter vollständig in ein Metallgefäß zu entladen.

36. Theorie der zwei Fluida. 37. Theorie eines einzigen Fluidums. 38. Messung der Kräfte zwischen elektrisierten Körpern. 39. Beziehung zwischen dieser Kraft und den Elektrizitätsmengen. 40. Änderung der Kraft mit der Ent-

II. Teil: Elektrokinematik.

V. Kapitel: **Elektrolytische Polarisation.** 264. Die Schwierigkeiten, das Ohmsche Gesetz auf Elektrolyte anzuwenden. 265. Trotzdem ist das Ohmsche Gesetz anwendbar. 266. Auseinanderhaltung von Polarisation und Widerstand. 267. Die Polarisation wird durch Anwesenheit von Ionen an den Elektronen hervorgerufen. Die Ionen sind nicht frei. 268. Beziehung zwischen der elektromotorischen Kraft der Polarisation und dem Zustand der Ionen an den Elektroden. 269. Ionenzerstreuung und Polarisationsverlust. 270. Polarisationsgrenze. 271. Vergleich einer Ritterschen Sekundärkette mit einer Leidener Flasche. 272. Konstante Voltasche Elemente. — Die Daniellsche Zelle.

VI. Kapitel: **Mathematische Theorie der Verteilung elektrischer Ströme.** 273. Lineare Leiter. 274. Das Ohmsche Gesetz. 275. Lineare Leiter in Reihe geschaltet. 276. Lineare Leiter parallel geschaltet. 277. Widerstand eines Leiters von gleichförmigem Querschnitt. 278. Dimensionen der Größen, die im Ohmschen Gesetz vorkommen. 279. Der spezifische Widerstand und die Leitfähigkeit in elektromagnetischem Maßsystem. 280. Allgemeines über ein lineares Leitersystem. 281. Reziprozitätseigenschaften zwischen je zwei Leitern eines Systems. 282 a), b). Verzweigungen. 283. Die im System erzeugte Wärme. 284. Bei der Stromverteilung nach dem Ohmschen Gesetz ist die Wärme am geringsten.

VII. Kapitel: **Dreidimensionale Leitung.** 285. Bezeichnungen. 286. Zusammensetzung und Zerlegung elektrischer Ströme. 287. Bestimmung der Elektrizitätsmenge, die durch irgend eine Fläche fließt. 288. Gleichung einer Stromfläche. 289. Beziehung zwischen drei Systemen von Stromflächen. 290. Stromröhren. 291. Die Stromkomponenten, ausgedrückt durch die Stromflächen. 292. Vereinfachung dieses Ansdruckes durch geeignete Wahl der Parameter. 293. Methode der Strombestimmung durch Benutzung von Einheitsstromröhren. 294. Stromlamellen und Stromfunktionen. 295. Kontinuitätsgleichung. 296. Die Elektrizitätsmenge, die durch eine gegebene Fläche fließt.

VIII. Kapitel: **Widerstand und Leitfähigkeit bei drei Dimensionen.** 297. Widerstandsgleichungen für ein anisotropes Medium. 298. Leitungsgleichungen. 299. Wärmeerzeugung. 300. Stabilitätsbedingungen. 301. Kontinuitätsgleichung in einem homogenen anisotropen Medium. 302. Lösung der Gleichung. 303. Theorie des Vektors T. Wahrscheinlichkeit, daß er nicht existiert. (Symmetrie des Widerstandsaffinors.) 304. Verallgemeinerung des Thomsonschen Satzes. 305. Nicht mathematischer Beweis. 306. Die Rayleighsche Methode, angewandt auf einen Draht von veränderlichem Querschnitt. Untere Grenze des Widerstandes. 307. Obere Grenze. 308. Untere Grenze für die Korrektur an den Drahtenden. 309. Obere Grenze.

IX. Kapitel: **Leitung durch heterogene Medien.** 310. Bedingungen für die Grenzflächen. 311. Kugelfläche. 312. Kugelschale. 313. Eine Kugelschale in einem gleichförmigen Felde. 314. Medium mit gleichmäßig verteilten kleinen Kugeln. 315. Bilder in einer ebenen Fläche. 316. Die Methode der Inversion bei drei Dimensionen nicht anwendbar. 317. Leitung durch eine von zwei parallelen Ebenen begrenzte Schicht. 318. Unendliche Reihen von Bildern. Anwendung auf die magnetische Induktion. 319. Geschichtete Leiter. Leitungskoeffizienten eines Leiters, der aus abwechselnden Schichten verschiedener Substanzen besteht. 320. Wenn keine der Substanzen die durch T ausgedrückte Rotationseigenschaft hat, so ist auch der zusammengesetzte Leiter frei davon. 321. Wenn die Substanzen isotrop sind, so liegt die Richtung

Beweises für die Richtigkeit des Gesetzes der magnetischen Kraft. 376. Magnetismus als mathematische Größe. 377. In einem Magneten ist genau ebensoviel positiver wie negativer Magnetismus vorhanden. 378. Was geschieht, wenn man einen Magneten zerbricht. 379. Ein Magnet besteht aus lauter Teilchen, die selbst auch Magnete sind. 380. Theorie der magnetischen „Substanz". 381. Die Magnetisierung hat die Eigenschaften eines Vektors. 382. Bedeutung des Ausdrucks „magnetische Polarisation". 383. Eigenschaften eines Magnetteilchens. 384. Definition des magnetischen Momentes, der Magnetisierungsstärke und der Magnetisierungskomponenten. 385. Potential eines magnetisierten Volumelementes. 386. Potential eines Magneten von endlicher Größe. Zwei Ausdrücke für dieses Potential entsprechend der Polarisationstheorie und der Theorie der magnetischen Substanz. 387. Untersuchung der Wirkung eines Magnetteilchens auf ein anderes. 388. Spezielle Fälle. 389. Potentielle Energie eines Magneten in irgend einem Kraftfelde. 390. Über das magnetische Moment und die Achse eines Magneten. 391. Entwickelung des Potentials eines Magneten nach Kugelfunktionen. 392. Der Mittelpunkt eines Magneten und die Haupt- und Nebenachsen durch den Mittelpunkt. 393. Als Nordpol soll in folgendem immer das gegen Norden zeigende Ende des Magneten bezeichnet werden und als Südpol das gegen Süden zeigende. Nordmagnetismus ist der am Nordpol der Erde und am Südpol eines Magneten vorhandene Magnetismus; Südmagnetismus ist der zum Südpol der Erde und zum Nordpol eines Magneten gehörige Magnetismus. Der Südmagnetismus wird als positiv bezeichnet. 394. Die Richtung der magnetischen Feldstärke ist die, in der sich Südmagnetismus (ein Nordpol) zu bewegen sucht, also von Süden gegen Norden; das ist zugleich auch die positive Richtung der magnetischen Kraftlinien. Man sagt, daß ein Magnet von seinem Südpole zu seinem Nordpole magnetisiert ist.

II. Kapitel: **Magnetische Feldstärke und magnetische Induktion.**

III. Kapitel: **Magnetische Solenoide und Schalen.**

IV. Teil: **Elektromagnetismus.**

II. Kapitel: Ampères Untersuchungen über die Wechselwirkungen elektrischer Ströme. 502. Ampères Untersuchung über das Kraftgesetz zwischen den Elementen elektrischer Ströme. 503. Seine Untersuchungsmethode. 504. Die Ampèresche Wage. 505. Ampères erster Versuch. Gleiche und entgegengesetzte Ströme neutralisieren sich. 506. Zweiter Versuch. Ein gekrümmter Leiter ist gleichwertig mit einem geraden Leiter, der denselben Strom führt. 507. Dritter Versuch. Die Wirkung eines geschlossenen Stromes auf einen Teil eines anderen Stromes ist senkrecht zu diesem Teile. 508. Vierter Versuch. Gleiche Ströme in geometrisch ähnlichen Systemen erzeugen gleiche Kräfte. 509. Bei allen diesen Versuchen ist der wirkende Strom ein geschlossener. 510. Beide Kreise können aber für mathematische Zwecke als aus elementaren Teilen zusammengesetzt gedacht werden und die Wirkung der Stromkreise als die resultierende Wirkung dieser Teile. 511. Notwendige Form der Beziehungen zwischen zwei Linienelementen. 512. Die geometrischen Größen, die ihre gegenseitige Lage bestimmen. 513. Die Komponenten der Wechselwirkung. 514. Komponenten in drei Richtungen parallel zur Verbindungslinie und zu den Elementen selbst. 515. Allgemeiner Ausdruck für die Wirkung eines endlichen Stromes auf das Element eines anderen. 516. Die Bedingung, die Ampères dritter Gleichgewichtszustand fordert. 517. Direktrix und Determinanten der elektrodynamischen Wirkung. 518. Die Determinanten, ausgedrückt durch die Komponenten des Vektorpotentials des Stromes. 519. Der Teil der Kraft, der unbestimmt ist, kann als Gradient eines Potentials ausgedrückt werden. 520. Vollständiger Ausdruck für die Wirkung zwischen zwei endlichen Strömen. 521. Gegenseitiges Potential von zwei geschlossenen Strömen. 522. Wie gut sich die Quaternionenrechnung für diese Untersuchungen eignet. 523. Bestimmung der Funktionenform durch Ampères vierten Gleichgewichtsfall. 524. Die elektrodynamische und elektromagnetische Stromeinheit. 525. Endgültige Ausdrücke für die elektromagnetische Kraft zwischen zwei Elementen. 526. Vier verschiedene, zulässige Formen der Theorie. 527. Der Ampèreschen gebührt der Vorzug.

III. Kapitel: Über die Induktion elektrischer Ströme.

530. Die Erscheinungen der magnetelektrischen Induktion.

532. Die Richtung der induzierten Ströme. 533. Induktion durch die Erdbewegung. 534. Die elektromotorische Kraft der Induktion ist von dem Leitermaterial unabhängig. 535. Sie hat nicht das Bestreben, den Leiter zu bewegen. 536. Die Versuche von Felici über die Induktionsgesetze. 537. Verwendung des Galvanometers zur Bestimmung des Zeitintegrals der elektromotorischen Kraft. 538. Konjugierte Lage zweier Spulen. 539. Mathematischer Ausdruck für den gesamten Induktionsstrom. 540. Faradays Vorstel-

XXI. Kapitel: **Magnetische Wirkung auf das Licht.** 806. Was für Beziehungen zwischen Magnetismus und Licht möglich wären. 807. Die Drehung der Polarisationsebene durch magnetische Einwirkung. 808. Die Gesetzmäßigkeit dieser Erscheinungen. 809. Die Entdeckung der negativen Drehung in ferromagnetischen Medien durch Verdet. 810. Die durch Quarz, Terpentin usw. hervorgerufene Drehung ist vom Magnetismus unabhängig. 811. Kinematische Analyse der Erscheinungen. 812. Die Geschwindigkeit eines zirkular polarisierten Strahles wechselt mit der Drehungsrichtung. 813. Rechts- und linksdrehende Strahlen. 814. In Medien, die selbst ein Drehvermögen haben, ist die Geschwindigkeit für links- und rechtsdrehende Strahlen verschieden. 815. In Medien, die unter magnetischem Einfluß stehen, ist die Geschwindigkeit für verschiedene Drehrichtung verschieden. 816. Die Lichtstörung ist, mathematisch betrachtet, ein Vektor. 817. Kinematische Gleichungen für zirkular polarisiertes Licht. 818. Kinetische und potentielle Energie des Mediums. 819. Bedingung für wellenförmige Fortpflanzung. 820. Die Wirkung des Magnetismus muß auf einer wirklichen Drehung um die magnetische Kraftrichtung als Achse beruhen. 821. Zusammenstellung der Ergebnisse der Analyse dieser Erscheinung. 822. Die Hypothese der molekularen Wirbel. 823. Änderung der Wirbel nach dem Helmholtzschen Gesetz. 824. Änderung der kinetischen Energie in dem gestörten Medium. 825. Ausdrücke, in die Strom und Geschwindigkeit eingehen. 826. Die kinetische Energie bei ebenen Wellen. 827. Die Bewegungsgleichungen. 828. Geschwindigkeit eines zirkular polari-

I. Aus der Elektrostatik.

Elektrizitätsmenge.

[33.] Wenn wir ein elektrisch geladenes Körpersystem in ein isoliertes hohles Gefäß aus gut leitendem Material (etwa in eine Metallkapsel) bringen, so können wir die gesamte Elektrizität des Systems, ohne daß dabei Elektrizität von einem seiner Teile auf einen anderen überginge, qualitativ dadurch bestimmen, daß wir die Gefäßwand elektrisch untersuchen.

Die Ladung der Gefäßwand kann durch Anlegen an ein Elektroskop mit großer Feinheit gemessen werden.

Das Elektroskop möge aus einem Goldblättchen bestehen, das zwischen zwei Körpern aufgehängt ist, von denen der eine positiv, der andere negativ geladen ist. Wird das Goldblättchen nun selbst elektrisch, so wird es von dem ungleich geladenen Körper angezogen und schlägt nach diesem hin aus. Wenn die Körper stark geladen sind und die Aufhängung fein ist, macht sich schon eine außerordentlich kleine Ladung des Blättchens bemerkbar.

Diese Methode wurde von Faraday bei seiner trefflichen Darstellung der Elektrizität und ihrer Gesetze benutzt[1]).

[34.] I. Die gesamte elektrische Ladung eines Körpers oder eines Körpersystems bleibt immer dieselbe, solange keine Elektrizität von außen aufgenommen und keine nach außen abgegeben wird.

Es zeigt sich zwar bei allen elektrischen Versuchen, daß sich die Ladung der Körper ändert, aber es zeigt sich auch, daß diese Veränderung nur auf unvollkommener Isolation beruht und daß

---

[1]) „On static Electrical Inductive Action", Phil. Mag. 1843 oder Exp. Res. II, S. 279.

die Verluste um so geringer werden, je besser die Isolation wird. Wir dürfen daher behaupten, daß die Ladung eines Körpers, der in ein vollkommen isolierendes Mittel eingebettet ist, vollkommen konstant bleibt.

II. Wenn ein Körper durch Leitung von einem zweiten geladen wird, so bleibt die Gesamtladung der beiden Körper dieselbe, d. h. der eine verliert so viel positive oder gewinnt so viel negative Elektrizität, wie der andere positive gewinnt oder negative verliert.

Denn wenn die beiden Körper in das hohle Gefäß gebracht werden, so ist keine Änderung der Gesamtladung zu beobachten.

III. Wenn durch Reibung oder durch irgendeine andere bekannte Methode Elektrizität erzeugt wird, so entsteht immer dieselbe Menge positiver, wie negativer Elektrizität.

Denn die Ladung des ganzen Systems kann in dem Hohlgefäß geprüft werden, oder das System kann auch erst in dem Gefäß selbst elektrisiert werden, und da zeigt sich ausnahmslos jedesmal, daß die durch das Goldblattelektroskop angezeigte Gesamtladung Null ist, wie stark elektrisch auch die einzelnen Teile sein mögen.

Die elektrische Ladung eines Körpers ist daher eine physikalische, meßbare Größe, und zwei oder mehr Ladungen können experimentell zusammengesetzt werden, ähnlich wie man zwei Größen algebraisch addiert. Wir sind daher berechtigt, von der Elektrizität nicht nur als von einer Eigenschaft, sondern auch als von einer Größe zu sprechen und zu sagen, daß irgendein Körper „mit einer bestimmten Menge positiver oder negativer Elektrizität geladen sei".

[35.] Wenn wir nun aber auch der Elektrizität den Rang einer physikalischen Größe zuerkennen, so ist damit noch nichts darüber gesagt, ob sie ein Stoff ist oder eine Energieform, oder ob sie sich überhaupt in irgendeine Kategorie der bekannten physikalischen Größen einreihen läßt. Was wir gezeigt haben, ist lediglich das, daß sie nicht geschaffen und nicht zerstört werden kann, so daß, wenn die gesamte Elektrizitätsmenge innerhalb einer geschlossenen Fläche größer oder kleiner wird, durch diese Fläche Elektrizität hindurchgetreten sein muß.

Das gilt auch für den Stoff und wird durch die Gleichung ausgedrückt, die in der Hydrodynamik als Kontinuitätsgleichung bekannt ist.

Die Wärme verhält sich nicht so, denn Wärme kann innerhalb einer geschlossenen Fläche vermehrt oder vermindert werden, ohne durch die Oberfläche zu treten, nämlich durch Umwandlung einer anderen Energieform in Wärme oder Umwandlung von Wärme in eine andere Energieform.

Die Kontinuitätsgleichung gilt auch nicht für Energie im allgemeinen, wenn wir unmittelbare Wirkung aus der Ferne für die Körper zulassen. Denn dann könnte ein Energieaustausch zwischen einem Körper außerhalb der geschlossenen Fläche und einem Körper in ihrem Inneren stattfinden. Wenn aber jede scheinbare Wirkung in die Ferne auf die wechselseitige Wirkung der Teilchen eines zwischenliegenden Mediums zurückgeführt wird, so wäre es denkbar, daß wir in allen Fällen, wo innerhalb einer geschlossenen Fläche eine Energieverminderung oder -vermehrung auftritt, den Energiedurchgang durch die Fläche verfolgen können, sobald die Wirkungsweise der Teilchen des Mediums bekannt ist.

Es gibt aber noch einen anderen Grund zur Rechtfertigung der Behauptung, daß die Elektrizität, als physikalische Größe gleichbedeutend mit der Gesamtladung eines Körpers, nicht wie die Wärme eine Energieform ist. Ein elektrisch geladener Körper besitzt eine bestimmte Menge von Energie, und diese Energiemenge kann berechnet werden, indem man die Elektrizitätsmenge jedes Teilchens mit einer anderen physikalischen Größe, die man das Potential dieses Teilchens nennt, multipliziert und die Hälfte der Summe dieser Produkte nimmt. Die Größen „Elektrizität" und „Potential" geben, miteinander multipliziert, die Größe „Energie". Es ist daher unmöglich, daß Elektrizität und Energie Größen derselben Gattung[1]) sind, denn die Elektrizitätsmenge

---

[1]) Hiermit steht nicht im Widerspruch, daß es möglich ist, die Dimensionen der elektrischen Größen so festzusetzen, daß eine Elektrizitätsmenge dieselbe Dimension hat, wie die Energie. (Die Dielektrizitätskonstante erhält dann die Dimension einer Kraft.) Denn Größen derselben Dimension brauchen nicht Größen derselben Gattung zu sein, z. B. Arbeit und Drehmoment. (Die Arbeit ist ein Skalar, das Drehmoment ein Vektor.) Die Aussage, daß zwei Größen dieselbe Dimension haben, bedeutet nur, daß ihre Einheiten sich in demselben Verhältnis ändern, wenn die Grundeinheiten in beliebiger Weise geändert werden.

ist nur einer der Energiefaktoren, der andere Faktor ist das „Potential“.

Die Energie, das Produkt dieser zwei Faktoren, kann auch als das Produkt von verschiedenen anderen Paaren von Faktoren angesehen werden, wie z. B.:

Kraft $\times$ einem Wege, auf dem die Kraft wirkt;

Masse $\times$ Gravitation in einer bestimmten Höhe [1]);

Masse $\times$ dem halben Quadrat ihrer Geschwindigkeit;

Druck $\times$ Volumen einer Flüssigkeit, die in einem Gefäße unter diesem Drucke steht;

chemische Verwandtschaft $\times$ einer chemischen Veränderung, gemessen durch die Zahl der elektrochemischen Äquivalente, die sich vereinigen.

Wenn wir je eine klare mechanische Vorstellung von dem Wesen des elektrischen Potentials bekommen sollten, so könnten wir mit Hilfe des Energiebegriffes die Gattung der physikalischen Größen bestimmen, in die die „Elektrizität“ einzureihen ist.

Das elektrische Feld.

[44.] Das elektrische Feld ist der Raum, der einen elektrisch geladenen Körper umgibt, auf seine elektrischen Erscheinungen hin betrachtet. Er kann mit Luft oder anderen Körpern erfüllt sein, er kann aber auch ein sogenanntes Vakuum sein, d. h. ein Raum, aus dem alle Stoffe entfernt sind, auf die wir mit den uns zur Verfügung stehenden Mitteln einwirken können.

Wenn ein elektrisch geladener Körper an irgendeinen Punkt des elektrischen Feldes gebracht wird, so wird er im allgemeinen eine merkliche Störung auf die Ladung der übrigen Körper ausüben.

Wenn der Körper aber sehr klein ist und seine Ladung auch sehr klein ist, so wird die Ladung der anderen Körper nicht merklich durch ihn gestört werden. Die Lage des Körpers können wir durch die Lage seines Massenzentrums angeben. Die auf den Körper wirkende Kraft ist dann proportional zu seiner Ladung

---

[1]) D. h. also: Masse $\times$ Gravitationsbeschleunigung $\times$ Höhe.

und kehrt ihre Richtung um, wenn die Ladung ihr Vorzeichen wechselt.

Wenn e die Ladung des Körpers ist und $\mathfrak{F}$ die Kraft, die in einer bestimmten Richtung auf den Körper wirkt, so ist $\mathfrak{F}$ bei kleinem e proportional zu e oder

$$\mathfrak{F} = e\mathfrak{E},$$

wo $\mathfrak{E}$ von der Elektrizitätsverteilung in den übrigen Körpern des Feldes abhängt. Wenn die Ladung $e = 1$ gemacht werden könnte, ohne damit das Feld zu stören, so hätten wir $\mathfrak{F} = \mathfrak{E}$.

Wir wollen $\mathfrak{E}$ die elektrische Feldstärke in dem gegebenen Punkte nennen. Ihren Betrag $|\mathfrak{E}|$ bezeichnen wir auch mit E.

Elektrische Spannung.

[48.] Da die Oberfläche eines Leiters eine Äquipotentialfläche bildet, so steht die Feldstärke senkrecht zur Oberfläche und ist, wie später gezeigt werden soll, der Flächendichte der Ladung proportional. Auf jedes kleine Flächenteilchen des Leiters wirkt also eine Kraft auswärts, die dem Produkte aus Feldstärke und Dichte, d. h. also dem Quadrat der Feldstärke proportional ist.

Diese Kraft, die wie eine Spannung auf jedes Leiterteilchen nach außen wirkt, soll elektrische Spannung genannt werden. Wie die gewöhnliche mechanische Spannung, soll sie durch die auf die Flächeneinheit ausgeübte Kraft gemessen werden.

Das Wort Spannung wird in der Elektrizitätslehre in verschiedenem, schwankendem Sinne gebraucht, und in die mathematische Sprache wollte man es als gleichbedeutend mit Potential einführen. Wenn man aber die Fälle durchgeht, wo das Wort Spannung benutzt wird, so kommt man zu der Ansicht, daß es mit dem Sprachgebrauch und mit der mechanischen Analogie am besten übereinstimmt, wenn man unter Spannung eine Zugkraft von so und so viel Kilogramm pro Quadratzentimeter an der Oberfläche eines Leiters oder sonstwo versteht[1]). Die Vorstellung

---

[1]) Bekanntlich ist man Maxwells Rat leider nicht gefolgt. Man benutzt heute ganz allgemein den Ausdruck „elektrische Spannung“ als kurze Bezeichnung für ein Linienintegral der elektrischen Feldstärke. Im wirbelfreien elektrischen Felde ist also die Spannung dasselbe, wie eine Potentialdifferenz (nicht wie ein Potential, wie Maxwell schreibt). Dieser Gebrauch

von Faraday, daß diese elektrische Spannung nicht nur an der Oberfläche des geladenen Leiters, sondern längs der ganzen Kraftlinien auftritt, führt, wie wir sehen werden, auf eine Theorie der Elektrizität, die alle Erscheinungen als Spannungserscheinungen in einem Medium erklärt.

Dielektrika.

[52.] Wird ein Körper mit zwei Leitern in Berührung gebracht, zwischen denen eine elektrische Spannung besteht, so verschwindet das elektrische Feld zwischen den Leitern und damit ihre Ladung mehr oder minder schnell je nach der Leitfähigkeit des Körpers. Geschieht dies nicht in unmeßbar kurzer Zeit, so wird der Körper nach Faraday ein Dielektrikum genannt.

Aus den bisher unveröffentlichten Schriften von Cavendish geht hervor, daß er schon vor 1773 die Kapazität von Glasplatten, Harz, Wachs und Schellack gemessen und mit Luftschichten von gleicher Dimension verglichen hat.

Faraday, der diese Untersuchung nicht kannte, entdeckte, daß die Kapazität eines Kondensators ebensowohl von der Beschaffenheit des isolierenden Mediums zwischen den Leitern, als von den Dimensionen und der gegenseitigen Lage der Leiter selbst abhängt. Wenn er bei einem Kondensator statt Luft ein anderes Gas als isolierendes Zwischenmedium nahm, ohne sonst etwas am Kondensator zu ändern, so fand er keinen merklichen Unterschied in seiner Kapazität; wenn er aber Schellack oder Schwefel oder Glas oder dergleichen nahm, so wurde die Kapazität größer, und zwar für jede Substanz in anderem Maße.

---

des Wortes ist wohl — anscheinend schon zu Maxwells Zeit — in der Elektrotechnik entstanden und dann in die Sprache der Physik übergegangen.

Das Linienintegral der Feldstärke bezeichnet Maxwell entgegen dem heutigen Sprachgebrauch als elektromotorische Kraft (vgl. den hier nicht wiedergegebenen Artikel 49).

Die elektrische Spannung im heutigen Sinne ist ein Skalar, die elastische Spannung (Kraft auf die Flächeneinheit) ein Tensor. Die elektrische Spannung von einem Punkt A nach einem Punkt B ist entgegengesetzt gleich der Spannung von B nach A. Wird eine elastische Platte zwischen zwei starren Platten A und B zusammengepreßt (Gummiplatte zwischen Metallplatten), so macht es für das Vorzeichen nichts aus, ob man die Spannung von A nach B oder von B nach A rechnet. Ein Vorzeichenwechsel würde hier den Übergang von Druck zu Zug oder umgekehrt bedeuten.

Durch Anwendung feinerer Meßmethoden gelang es **Boltz-mann** später nachzuweisen, daß die Kapazität eines Kondensators mit Gasfüllung sich mit dem Drucke ändert.

Diese Eigenschaft der Dielektrika wird durch die **Dielektri-zitätskonstante** charakterisiert[1]). Man kann sie definieren als das Verhältnis der Kapazität eines Kondensators mit der betreffenden Substanz als Dielektrikum zur Kapazität desselben Kondensators mit Vakuum als Dielektrikum.

Wenn das Dielektrikum kein guter Isolator ist, so ist die Dielektrizitätskonstante schwer zu messen, weil der Kondensator die Ladung nicht so lange zurückhält, daß man sie messen kann; aber sicher ist die Dielektrizitätskonstante nicht ausschließlich eine Eigenschaft guter Isolatoren, wahrscheinlich sogar eine allgemeine Eigenschaft aller Körper[2]).

Skizze der diesem Lehrbuche zugrunde liegenden Anschauungen.

[59.] Im folgenden will ich zuerst die gewöhnliche Theorie der Elektrizität darstellen, die alle Erscheinungen nur auf die elektrisierten Körper selbst und ihre gegenseitige Lage zurückführt, ohne zu berücksichtigen, was in dem zwischenliegenden Medium vorgeht. Dadurch gelangen wir zum Gesetz des umgekehrten Quadrates, zur Potentialtheorie und zu den Gleichungen von **Laplace** und **Poisson** (Kap. II, Art. 63 bis 83). Hierauf wollen wir die Ladungen und Potentiale eines Systems von geladenen Leitern untersuchen, die untereinander durch ein System von Gleichungen verbunden sind. Die Konstanten der Gleichungen, die sich mathematisch nicht ermitteln lassen, mögen dabei als experimentell bestimmt angenommen werden. Daraus sollen dann die mechanischen Kräfte bestimmt werden, die zwischen den verschiedenen elektrisierten Körpern wirken (Kap. III, Art. 84 bis 94).

Hierauf wollen wir einige allgemeine Sätze von **Green**, **Gauß** und **Thomson** durchnehmen, die sich auf die Bedingungen zur

---

[1]) **Maxwell** hat für diese Größe den heute nicht mehr gebräuchlichen Namen „spezifische induktive Kapazität".

[2]) Diese Vermutung **Maxwells** hat sich später bestätigt. Nur die Dielektrizitätskonstante der Metalle hat sich bis heute der Messung entzogen. Sie wird durch die hohe Leitfähigkeit der Metalle verdeckt.

Lösung der Probleme der Elektrizitätsverteilung beziehen. Ein Ergebnis dieser Sätze ist, daß, wenn Poissons Gleichung durch irgendeine Funktion befriedigt wird und wenn die Funktion an der Oberfläche jedes Leiters einen Wert gleich dem Potential dieses Leiters hat, daß dann die Funktion das wirkliche Potential des Systems in jedem Punkte angibt. Wir wollen auch eine Methode zur Auffindung von Problemen ableiten, die eine exakte Lösung gestatten (Kap. IV, Art. 95 bis 102).

In dem Satze von Thomson wird die gesamte Energie des Systems in der Form eines Raumintegrals einer bestimmten Größe über den ganzen Raum zwischen den elektrisierten Körpern ausgedrückt, aber andererseits auch in der Form eines Integrals, das nur über die elektrisierten Oberflächen genommen wird. Die Gleichwertigkeit dieser Ausdrücke kann folgendermaßen physikalisch erklärt werden. Wir können die physikalischen Beziehungen zwischen den elektrischen Körpern entweder als Wirkung des Zustandes des Mediums auffassen oder als direkte Wirkung in die Ferne zwischen den Körpern. Im letzten Falle können wir wohl das Gesetz bestimmen, dem die Wirkung folgt, aber wir können auf ihre Ursache nicht weiter eingehen. Wenn wir uns dagegen die Vorstellung von einer Übertragung durch das Medium zu eigen machen, so werden wir dazu geführt, nach dem Wesen dieser Wirkung in jedem Teilchen des Mediums zu forschen.

Der Satz sagt aus, daß, wenn wir den Sitz der Energie in den einzelnen Teilchen des dielektrischen Mediums suchen, die Energie in jedem Teilchen von dem Quadrat der elektrischen Feldstärke in jenem Punkte, multipliziert mit einem Faktor, genannt die Dielektrizitätskonstante des Mediums, abhängen muß.

Bei Betrachtung der Theorie der Dielektrika vom allgemeinsten Gesichtspunkte aus ist es allerdings besser, man macht einen Unterschied zwischen der elektrischen Feldstärke in einem Punkte und der elektrischen Polarisation des Mediums in diesem Punkte, da diese zwei gerichteten Größen, obwohl sie miteinander verwandt sind, in manchen festen Stoffen nicht dieselbe Richtung haben. Der allgemeinste Ausdruck für die elektrische Energie des Mediums in der Volumeneinheit ist also das halbe Produkt aus der elektrischen Feldstärke und der elektrischen Polarisation, multipliziert mit dem Cosinus des Winkels, den ihre

Richtungen bilden; er ist also das halbe skalare Produkt dieser beiden Vektoren. Bei allen flüssigen[1]) Dielektriken haben Feldstärke und Polarisation dieselbe Richtung und stehen in einem konstanten Verhältnis.

Wenn wir nach dieser Hypothese die gesamte Energie im Medium berechnen, so finden wir, daß sie ebenso groß ist, wie die Energie der Leiter bei Annahme einer Wirkung in die Ferne. Daher sind die beiden Hypothesen mathematisch gleichwertig.

Wenn wir nun weitergehen und den mechanischen Zustand des Mediums unter der Annahme untersuchen, daß die beobachtete mechanische Wirkung zwischen zwei elektrischen Körpern durch das Medium so zustande kommt, wie, nach einem uns geläufigen Beispiel, etwa durch den Zug eines Seiles oder durch den Druck eines Stabes, so finden wir, daß das Medium in einem Spannungszustande sein muß.

Die Spannung besteht, wie Faraday angibt, in einem Zug längs den Kraftlinien und gleichzeitig in einem gleich großen Druck nach allen Richtungen senkrecht zu diesen Linien. Die Größe dieser Spannungen ist proportional der elektrischen Energie pro Volumeneinheit, oder mit anderen Worten, proportional dem Quadrat der elektrischen Feldstärke, multipliziert mit der Dielektrizitätskonstante des Mediums.

Dies ist die einzige Spannungsverteilung[2]), die mit den beobachteten mechanischen Wirkungen der elektrisierten Körper und mit dem beobachteten Gleichgewicht der sie umgebenden dielektrischen Flüssigkeit vereinbar ist. Ich hielt es daher für wissenschaftlich gerechtfertigt, diesen Spannungszustand als tatsächlich bestehend anzunehmen und die Folgerungen aus dieser Annahme zu ziehen. Da mir der Ausdruck „elektrische Spannung" in verschiedenem, schwankendem Sinne begegnet ist, so versuchte ich

---

[1]) Statt „flüssigen" würde man vollständiger und richtiger sagen: homogenen isotropen (Dielektriken).

[2]) Diese Behauptung bedarf einer Berichtigung: Die angegebene Spannungsverteilung ist nur eine von vielen, die alle die gesuchte Wirkung hervorrufen würden. (Bemerkung von J. J. Thomson.) Man kann aber nicht zu falschen Folgerungen gelangen, wenn man irgendeine dieser Spannungsverteilungen als wirklich ansieht, und der Ersatz der Volumenkräfte durch Oberflächenkräfte bietet zuweilen einen Rechenvorteil. Hierfür empfiehlt sich der von Maxwell angegebene Spannungszustand durch seine Einfachheit.

es durchzuführen, ihn nur für das zu gebrauchen, was einige Forscher bei dem Worte Spannung im Sinne hatten, nämlich für den Spannungszustand im dielektrischen Medium, der eine Bewegung der elektrischen Körper verursacht und der bei allmählicher Steigerung zu plötzlicher Entladung führt. In diesem Sinne gebraucht, ist elektrische Spannung eine Spannung von genau derselben Art, wie etwa die Spannung einer Schnur, und wird auch in derselben Weise gemessen, wie diese. Genau im selben Sinne, wie man von der Festigkeit einer Schnur spricht, kann man auch von der Festigkeit eines Mediums sprechen, das nur eine bestimmte Spannung aushält. So fand Thomson (Lord Kelvin) z. B., daß Luft bei gewöhnlichem Drucke und gewöhnlicher Temperatur eine Spannung von $6{,}70\,\mathrm{kg/m^2}$ ertragen kann, bevor ein Funke überspringt[1]).

[60.] Die Hypothese, daß die elektrische Wirkung keine direkte Wirkung in die Ferne zwischen den Körpern ist, sondern durch das Medium zwischen den Körpern hervorgerufen wird, führte uns zu der Folgerung, daß sich das Medium in einem Spannungszustande befinden muß. Wir haben auch die Art der Spannung bestimmt und sie mit den bei festen Körpern auftretenden Spannungen verglichen. Längs den Kraftlinien herrscht Zug, senkrecht zu ihnen Druck; ihrer Größe nach sind die beiden Kräfte gleich, und zwar sind sie proportional dem Quadrat der elektrischen Feldstärke in dem betreffenden Punkte. Nachdem dies festgelegt ist, können wir einen Schritt weiter gehen und uns einen Begriff von dem Wesen der elektrischen Polarisation im Dielektrikum machen.

Ein elementares Teilchen eines Körpers mag polarisiert genannt werden, wenn es an zwei entgegengesetzten Seiten gleiche und entgegengesetzte Eigenschaften besitzt. Das beste Beispiel für die innere Polarisation ist der Magnet; an ihm kann dieser Begriff am besten studiert und soll daher ausführlich behandelt werden, wenn wir zum Magnetismus kommen.

---

[1]) Diese fiktive Spannung entspricht einer Feldstärke von $30\sqrt{\dfrac{6{,}70\cdot 98{,}1}{0{,}0398}}$ $=\sqrt{\dfrac{6{,}70\cdot 0{,}981\cdot 10^{-8}}{0{,}442\cdot 10^{-14}}} = 3850\,\mathrm{Volt/mm}$. Doch ist dieser Wert zu hoch. Nach den neueren Messungen hat man dafür rund $2800\,\mathrm{Volt/mm}$ zu setzen.

Die elektrische Polarisation eines dielektrischen Teilchens ist ein erzwungener Zustand, der dem Medium durch die Feldstärke aufgedrungen wird und der verschwindet, wenn die Feldstärke verschwindet. Wir können uns darunter eine durch die Feldstärke hervorgerufene elektrische Verrückung oder Verschiebung vorstellen. Wenn die Feldstärke auf ein leitendes Medium wirkt, so ruft sie darin einen Strom hervor; wenn aber das Medium ein Nichtleiter oder Dielektrikum ist, so kann kein Strom darin fließen, die (positive) Elektrizität wird dann nur in der Richtung der Feldstärke im Medium verschoben. Die Verschiebungsgröße hängt von der elektrischen Feldstärke ab; wenn diese größer oder kleiner wird, so wird die Verschiebung im selben Maße größer oder kleiner.

Der Betrag der Verschiebung wird durch die Elektrizitätsmenge gemessen, die durch die Flächeneinheit geht, während die Verschiebung von Null bis zu ihrem tatsächlichen Betrage anwächst. Das ist daher das Maß für die elektrische Polarisation.

Die Analogie zwischen der elektrischen Verschiebung durch eine elektrische Feldstärke und der elastischen Verschiebung eines Körpers durch eine gewöhnliche mechanische Kraft ist so unverkennbar, daß ich es gewagt habe, das Verhältnis der elektrischen Feldstärke zu der entsprechenden elektrischen Verschiebung den elektrischen Elastizitätskoeffizienten des Mediums zu nennen. Dieser Koeffizient ist in verschiedenen Medien verschieden und ändert sich umgekehrt wie die Dielektrizitätskonstante eines Mediums.

Die Änderungen der elektrischen Verschiebung bilden offenbar elektrische Ströme. Da aber diese Ströme nur während der Änderung der Verschiebung bestehen können und da die Verschiebung einen bestimmten Betrag nicht überschreiten kann, ohne daß eine plötzliche Entladung eintritt, so können sie nicht, wie die Ströme in den Leitern, unbeschränkt in derselben Richtung fließen.

Es ist wahrscheinlich, daß im Turmalin und in anderen pyroelektrischen Kristallen ein von der Temperatur abhängiger Zustand elektrischer Polarisation besteht, der zu seiner Entstehung keines äußeren Feldes bedarf. Wenn das Innere eines Körpers in einem Zustande permanenter elektrischer Polarisation wäre, so würde die Oberfläche — wegen der (schwachen) Leitfähigkeit der sie bedeckenden Wasserhaut — allmählich zu dem Grade aufgeladen werden, daß sie die Wirkung der inneren Polarisation auf alle außerhalb liegenden Punkte aufheben würde. Eine solche Oberflächenladung könnte nach den gewöhnlichen Methoden weder nachgewiesen, noch beseitigt werden. Eine innere Polarisation eines Körpers könnte daher überhaupt nicht entdeckt werden, wenn sie sich nicht durch irgendein Mittel, z. B. durch Temperaturänderung, vergrößern oder verkleinern ließe. In diesem Falle kann die Oberflächenladung die Wirkung der inneren Polarisation nach außen nicht mehr neutralisieren, und es macht sich, wie beim Turmalin, eine scheinbare Ladung bemerkbar.

Wenn eine Ladung e gleichmäßig über eine Kugelfläche verteilt ist, so ist der Betrag der Feldstärke in jedem Punkte außerhalb der Kugel proportional der Ladung e, dividiert durch das Quadrat der Entfernung des Punktes vom Kugelmittelpunkt. Diese Feldstärke ist nach unserer Theorie von einer elektrischen Verschiebung in der Richtung von der Kugel nach außen begleitet.

Legen wir um die Kugel eine konzentrische Kugelfläche vom Radius r, so ist der Verschiebungsfluß E durch diese Fläche proportional der Feldstärke, multipliziert mit der Fläche. Die Feldstärke ist aber der Ladung e direkt und dem Quadrat des Radius umgekehrt proportional, während die Fläche dem Quadrat des Radius direkt proportional ist. Infolgedessen ist der Verschiebungsfluß E der Ladung e proportional und ist unabhängig vom Radius.

Um das Verhältnis der Ladung e zur Elektrizitätsmenge E zu bestimmen, die nach außen durch irgendeine Kugelfläche verschoben wird, wollen wir untersuchen, welche Arbeit bei Vergrößerung der Verschiebung von E auf $E + \delta E$ in dem Medium zwischen zwei konzentrischen Kugelflächen geleistet wird. Wenn V_1 und V_2 die Potentiale an der inneren und der äußeren Fläche angeben, so ist $V_1 - V_2$ die Potentialdifferenz, die die zusätzliche Verschiebung hervorruft, und die zur Vergrößerung der Verschiebung aufgewendete Arbeit ist demnach $(V_1 - V_2)\delta E$.

Wenn wir nun als innere Fläche die Oberfläche der elektrischen Kugel nehmen und den Radius der äußeren unendlich groß annehmen, so wird V_1 zu V, dem Potential der Kugeloberfläche, und V_2 wird Null, so daß die gesamte im umgebenden Medium geleistete Arbeit $V\delta E$ wird.

Nach der üblichen Theorie ist die zur Erhöhung der Ladung um δe nötige Arbeit gleich $V\delta e$, und wenn sie, wie wir annehmen, zur elektrischen Verschiebung δE verbraucht wird, so ist $\delta E = \delta e$, und da E und e zusammen verschwinden, $E = e$, oder

Der Fluß der nach außen gerichteten Elektrizitätsverschiebung durch irgendeine zur Kugel konzentrische Kugelfläche ist gleich der Ladung der Kugel.

Um unsere Vorstellungen über dielektrische Verschiebung zu fixieren, wollen wir einen (zunächst noch nicht geladenen) Kondensator mit zwei gut leitenden Platten A und B betrachten, die durch eine dielektrische Schicht C voneinander getrennt sind. D sei ein Draht, der A und B verbindet, und eine elektromotorische Kraft E treibe die positive Elektrizitätsmenge Q durch diesen Draht von B nach A. Die positive Ladung von A und die negative Ladung von B bewirken eine Feldstärke $\mathfrak{E}$, die durch das Dielektrikum von A nach B gerichtet ist und in ihm eine elektrische Verschiebung in dieser Richtung hervorruft. Der Fluß dieser Verschiebung, gemessen durch die Elektrizitätsmenge, die durch irgendeinen Querschnitt der Schicht C hindurchgeht, ist nach unserer Theorie genau Q.

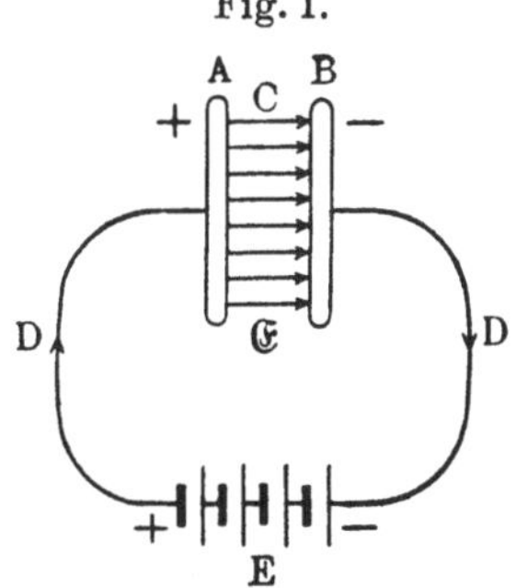

Daraus ergibt sich also, daß zur selben Zeit, wo die Elektrizitätsmenge Q infolge der elektromotorischen Kraft durch jeden Querschnitt des Drahtes hindurch von B nach A strömt, eine gleich große Elektrizitätsmenge als elektrische Verschiebung durch jeden Querschnitt des Dielektrikums von A nach B geht [nämlich positive Elektrizität in Richtung des Zuwachses $d\mathfrak{E}$ der Feldstärke $\mathfrak{E}$][1].

Bei der Entladung des Kondensators spielt sich die elektrische Verschiebung umgekehrt ab: hier strömt im Draht die

---

[1] Soll sich die Elektrizität wie eine inkompressible Flüssigkeit bewegen, so muß bei der Ladung positive Elektrizität aus der dielektrischen Schicht C an der negativen Platte B in den leitenden Teil der geschlossenen Bahn $ACBDEDA$ übertreten und an der positiven Platte A aus dem leitenden Teil in die Schicht C.

Entladungselektrizität Q von A nach B; im Dielektrikum geht die Verschiebung zurück, die Elektrizitätsmenge Q passiert also jeden Querschnitt des Dielektrikums in der Richtung von B nach A.

Jede Ladung oder Entladung kann daher als eine Elektrizitätsbewegung in einer geschlossenen Bahn angesehen werden, so daß durch jeden Querschnitt der Bahn in derselben Zeit dieselbe Elektrizitätsmenge hindurchgeht; und zwar ist das nicht nur beim galvanischen Kreise der Fall, wo es schon immer bekannt war, sondern auch da, wo man bisher allgemein annahm, daß die Elektrizität sich an gewissen Stellen ansammele.

[61.] Wir kommen dadurch zu einer sehr interessanten Folgerung aus unserer Theorie, nämlich, daß die Elektrizitätsbewegung der Bewegung einer inkompressiblen Flüssigkeit gleicht, bei der die Gesamtmenge innerhalb eines bestimmten gedachten Raumes immer dieselbe bleibt[1]). Dieses Ergebnis scheint auf den ersten Blick der Tatsache zu widersprechen, daß wir einen geladenen Leiter in einen geschlossenen Raum einbringen und dadurch die Elektrizitätsmenge dieses Raumes ändern können. Wir müssen aber dabei bedenken, daß die gewöhnliche Theorie die elektrische Verschiebung im Dielektrikum, die wir untersucht haben, nicht in Betracht zieht, sondern ihr Augenmerk nur auf die Ladung der Grenzflächen zwischen Leiter und Dielektrikum richtet. Nehmen wir an, daß der Leiter positiv geladen sei und

---

[1]) Ist ϱ die Dichte einer Flüssigkeit und v ihre Geschwindigkeit, so lautet die Kontinuitätsgleichung für einen festen Raumpunkt

$$-\frac{\partial \varrho}{\partial t} = \operatorname{div}(\varrho\,v)$$

und für ein bestimmtes Flüssigkeitsteilchen

$$-\frac{d\varrho}{dt} = \varrho \operatorname{div} v.$$

a) $\dfrac{\partial}{\partial t} = 0$, die Strömung ist stationär. Dann ist $\operatorname{div}(\varrho v) = 0$ oder

$$-v \operatorname{grad} \varrho = \varrho \operatorname{div} v.$$

b) $\dfrac{d\varrho}{dt} = 0$, die Flüssigkeit ist nicht zusammendrückbar. Dann ist $\operatorname{div} v = 0$ und

$$-\frac{\partial \varrho}{\partial t} = v \operatorname{grad} \varrho.$$

c) $\operatorname{grad} \varrho = 0$, die Flüssigkeit ist homogen. Dann ist auch

$$-\frac{\partial \varrho}{\partial t} = \varrho \operatorname{div} v.$$

daß sich das umgebende Dielektrikum nach allen Seiten über die geschlossene Oberfläche hinaus erstreckt; dann wird dieses Dielektrikum polarisiert, und es tritt eine elektrische Verschiebung durch die geschlossene Fläche nach außen ein; das Oberflächenintegral (der Fluß) dieser Verschiebung ist gleich der Ladung auf dem Leiter im Inneren.

Wenn also ein geladener Leiter in einen geschlossenen Raum gebracht wird, so erfolgt sofort eine Elektrizitätsverschiebung nach außen, die genau so viel Elektrizität durch die Grenzflächen hinausschiebt, als der Körper mit seiner Ladung hereinbringt, so daß die Gesamtmenge innerhalb des Raumes dieselbe bleibt.

Die Theorie der elektrischen Polarisation soll später ausführlicher behandelt werden; ihre ganze Bedeutung kann aber erst verstanden werden, wenn wir zur Darstellung der elektromagnetischen Erscheinungen kommen (s. Art. 499, 607, 610).

[62.] Die charakteristischen Punkte der Theorie sind:

1. Die Ladungsenergie hat ihren Sitz im dielektrischen Medium, gleichviel ob das Medium fest, flüssig oder gasförmig, dicht oder dünn, oder ein sogenanntes Vakuum ist, wenn es nur die Fähigkeit besitzt, elektrische Wirkungen zu übertragen.

2. Die Energie ist in irgendeinem Punkte des Mediums in Form eines Spannungszustandes, genannt elektrische Polarisation, aufgespeichert, deren Betrag von der elektrischen Feldstärke in jenem Punkte abhängt.

3. Eine Feldstärke ruft im Dielektrikum eine sogenannte elektrische Verschiebung hervor, wobei die Verschiebung in den wichtigsten Fällen dieselbe Richtung hat, wie die Feldstärke, und numerisch gleich der Feldstärke, multipliziert mit dem Faktor $\frac{\varepsilon}{4\pi}$, ist, wenn ε die Dielektrizitätskonstante des Mediums ist; im allgemeinsten Falle besteht zwischen Verschiebung und Feldstärke ein Verhältnis, das später bei Behandlung der Leitung näher zu untersuchen sein wird[1]).

4. Die von der elektrischen Polarisation herrührende Energie in der Volumeneinheit des Dielektrikums ist gleich dem

---

[1]) Anscheinend denkt hier Maxwell an die sogenannte eingeprägte Feldstärke $\mathfrak{E}^e$. Tatsächlich führt er sie aber später nirgends ein.

halben skalaren Produkte aus elektrischer Feldstärke und elektrischer Verschiebung.

5. Die elektrische Polarisation ist in homogenen isotropen Körpern von einem Zug in Richtung der Kraftlinien und einem Druck in allen dazu senkrechten Richtungen begleitet, wobei Zug und Druck pro Flächeneinheit numerisch gleich der Energie pro Volumeneinheit an derselben Stelle sind.

6. Man muß sich die Oberfläche eines Elementarteilchens des Dielektrikums so geladen denken, daß die Flächendichte in irgendeinem Punkte der Oberfläche so groß sein muß, wie die Verschiebung durch diesen Punkt der Fläche nach innen gerechnet. Findet die Verschiebung in positiver Richtung statt, so ist das Element an seiner positiven Seite negativ geladen (da hier positive Elektrizität ausgetreten ist) und an seiner negativen Seite positiv geladen (da hier negative Elektrizität ausgetreten ist). Diese Flächenladungen werden sich im allgemeinen bei nebeneinander liegenden Elementen gegenseitig aufheben, ausgenommen da, wo das Dielektrikum eine innere Ladung hat, oder an seiner Oberfläche.

7. Die Erscheinung, die wir elektrische Verschiebung genannt haben, ist, was immer Elektrizität in Wirklichkeit sein mag und was immer wir unter Elektrizitätsbewegung verstehen mögen, eine Elektrizitätsbewegung in dem Sinne, wie die Fortführung einer bestimmten Elektrizitätsmenge durch einen Draht eine Elektrizitätsbewegung ist, mit dem einzigen Unterschied, daß im Dielektrikum eine Kraft besteht, die wir elektrische Elastizität genannt haben, die der dielektrischen Verschiebung entgegenwirkt und die Elektrizität zurücktreibt, sobald die Feldstärke aufhört; wohingegen die elektrische Elastizität im leitenden Drahte beständig nachgibt, so daß ein richtiger Strom zustande kommt und der Widerstand nicht von der gesamten aus der Gleichgewichtslage bewegten Elektrizitätsmenge abhängt, sondern von der in der Zeiteinheit durch einen Querschnitt des Leiters gehenden Menge.

8. Die Elektrizitätsbewegung ist auf jeden Fall derselben Bedingung unterworfen, wie die Bewegung einer inkompressiblen Flüssigkeit: es muß in jedem Momente ebensoviel aus einem geschlossenen Raume heraus-, wie hineinfließen.

Daraus folgt, daß jeder elektrische Strom einen geschlossenen Kreislauf bilden muß. Wie wichtig dieses Ergebnis ist, werden wir bei den Gesetzen des Elektromagnetismus erkennen (vgl. Art. 499, 607, 610).

Es ist schwer, sich eine widerspruchsfreie Vorstellung davon zu bilden, wie Maxwell sich die Bewegung der Elektrizität gedacht hat. Ich glaube, daß auch das Schema der vier Standpunkte, das Heinrich Hertz in der Einleitung zu seinen Untersuchungen über die Ausbreitung der elektrischen Kraft (S. 24—29) gibt, hier nicht hilft. Denn der „vierte Standpunkt", den Hertz als den Maxwellschen betrachtet, ist wohl eher sein eigener als der Maxwells. Auf diesen Standpunkt paßt nämlich nicht, wie Hertz selbst hervorhebt, Maxwells „Lieblingssatz", die Elektrizität bewege sich wie eine inkompressible Flüssigkeit in geschlossenen Bahnen. Maxwell hebt diese Eigenschaft der Elektrizitätsbewegung zu nachdrücklich hervor, als daß man sie so ohne weiteres beiseite lassen könnte. Hertz denkt sich das Innere der Leiter frei von Elektrizität, Maxwell zweifellos nicht.

Es ist auch leicht zu sehen, weshalb Maxwell so großen Wert auf die Vorstellung legt, die Elektrizität bewege sich stets in geschlossenen Bahnen. Weist er doch selbst auf den Grund hin: Er setzt später die Dichte des „wahren" elektrischen Stromes $\mathfrak{K} + \dfrac{\partial \mathfrak{D}}{\partial t}$ proportional dem Wirbel der magnetischen Feldstärke rot $\mathfrak{H}$ (Art. 607 und 610). Das ist aber nur angängig, wenn die Divergenz der Dichte dieses Stromes überall verschwindet. Besteht dieser Strom darin, daß sich Elektrizität von der Dichte ϱ' mit der Geschwindigkeit $\mathfrak{v}$ bewegt, so haben wir also

$$\mathfrak{K} + \frac{\partial \mathfrak{D}}{\partial t} = \varrho' \mathfrak{v} \quad \text{und} \quad \text{div } \mathfrak{v} = 0.$$

Bewegt sich aber die Elektrizität wie eine inkompressible Flüssigkeit, so ist schwer zu verstehen, wie sich irgendwo Elektrizität ansammeln und ein unelektrischer Zustand jemals in einen elektrischen übergehen kann. Vielleicht hat sich Maxwell die Inkompressibilitätsbedingung nur in den Leitern streng erfüllt gedacht, nicht aber in den einzelnen Molekülen des Dielektrikums. Maxwell nimmt übrigens an, daß auch in den Leitern, sogar in den metallischen, eine Polarisation besteht, solange ein elektrischer Strom durch sie fließt (vgl. den Schluß von Artikel 111).

Eine weitere Schwierigkeit entsteht durch Maxwells Angabe über die Polarität der Moleküle eines Dielektrikums. Es wird jedenfalls daran festzuhalten sein, daß sich die positive Elektrizität in den Leitern in der Richtung der Feldstärke $\mathfrak{E}$ und in den Isolatoren in der Richtung des Zuwachses $d\mathfrak{E}$ der Feldstärke bewegt (vgl. auch Art. 111, I). Maxwell sagt nun in Art. 62 und wiederholt es in Art. 111, II, daß man sich die Seite eines Moleküls des Dielektrikums, an der die elektrischen Kraftlinien austreten, als negativ geladen zu denken habe. Die negative Ladung kann aber nicht aus dem Inneren des Moleküls hierher gelangt sein, weil sich sonst negative Elektrizität in der Richtung von $d\mathfrak{E}$ bewegt hätte, sondern die negative Ladung kann nur dadurch entstanden sein, daß hier positive Elektrizität das Molekül verlassen hat. Trotzdem müßte diese ausgetretene Elektrizität noch an das alte Molekül gebunden sein, denn die Elektrizität soll sich ja im Isolator nicht frei bewegen können. In der Abhandlung über physikalische Kraftlinien (Ostwalds Klassiker Nr. 102, S. 56) sagt jedoch Maxwell, daß die in einem Molekül vorhandene Elektrizität dieses Molekül nie verläßt.

Bei dieser Unstimmigkeit ist es jedenfalls bemerkenswert, daß Maxwell in der Abhandlung über Faradays Kraftlinien aus dem Jahre 1855 (Ostwalds Klassiker Nr. 69, S. 32) gerade die entgegengesetzte Angabe über die Polarität macht. Er weist hier der Austrittsfläche eine positive Ladung zu. Das ist auch die Auffassung der heutigen Elektronentheorie.

Maxwell sagt nichts darüber, ob man sich die Elektrizität überall gleich dicht zu denken habe oder nicht: $\operatorname{grad} \varrho' = 0$ oder $\neq 0$. ϱ' ist natürlich nicht der Überschuß der positiven über die negative Elektrizität; beide heben sich überall da auf, wo keine wahre Ladung $\varrho = \operatorname{div} \mathfrak{D}$ vorhanden ist.

Vgl. hierzu auch noch E. Cohn, Das elektromagnetische Feld, S. 131—136 (Leipzig 1900), und H. A. Lorentz, Lehrbuch der Physik (deutsch von Siebert), Bd. II, S. 244, 247, 249, 322 (Leipzig 1907).

Da, wie wir gesehen, mathematisch die Theorie der Wirkung in die Ferne identisch ist mit der Theorie der Wirkung durch ein Zwischenmedium, so können die tatsächlichen Erscheinungen ebensowohl durch die eine, wie die andere Theorie geklärt werden, vorausgesetzt, daß man da, wo Schwierigkeiten auftreten, passende Annahmen einführt. So hat Mossotti die mathematischen Formeln für die Dielektrikumstheorie aus der gewöhnlichen Anziehungs-

theorie einfach dadurch gewonnen, daß er den Symbolen in
Poissons Ableitung der Theorie der magnetischen Induktion aus
der Theorie der magnetischen Fluida eine elektrische statt einer
magnetischen Bedeutung gab. Er nimmt im Dielektrikum kleine
gut leitende Elemente an, die an entgegengesetzten Enden
durch Induktion entgegengesetzt geladen werden können, die aber
im ganzen weder Elektrizität abgeben, noch aufnehmen können,
da sie durch ein isolierendes Mittel voneinander getrennt
sind. Diese Theorie der Dielektrika ist mit den elektrischen Gesetzen vereinbar und kann wirklich richtig sein. Wenn sie richtig
ist, so kann die Dielektrizitätskonstante eines Dielektrikums wohl
größer, aber niemals kleiner als die des Vakuums sein. Eine
Dielektrizitätskonstante kleiner als die des Vakuums haben wir
bisher noch nicht gefunden; sollte sie aber gefunden werden, so
müßte man Mossottis Theorie fallen lassen, obwohl seine
Gleichungen auch dann noch richtig bleiben; es müßte nur das
Vorzeichen eines Koeffizienten verändert werden.

Man findet in der Physik oft, daß Gleichungen derselben Art
auf Erscheinungen ganz verschiedener Natur anwendbar sind,
z. B. elektrische Induktion durch Dielektrika, Strömung in Leitern
und magnetische Induktion. In allen diesen Fällen wird die Beziehung zwischen Intensität und hervorgerufener Wirkung durch
eine Reihe von Gleichungen derselben Art ausgedrückt, so daß
wenn ein Problem in einem dieser Fälle gelöst wird, man Problem
und Lösung in die Bezeichnungsweise der anderen Gruppe übertragen kann und das Ergebnis auch in der neuen Form richtig ist.

Feldstärke an einem Punkt.

[68.] Bei Untersuchung des Einflusses eines geladenen Körpers
auf einen anderen ist es zur Vereinfachung der Rechnung zweck-
mäßig, wenn wir diesen anderen Körper nicht von beliebiger
Form, sondern unendlich klein annehmen und mit einer unendlich kleinen Elektrizitätsmenge geladen. Durch die unendlich
kleine Ladung vermeiden wir eine störende Rückwirkung auf die
Ladung des ersten Körpers.

Wenn e die Ladung des kleinen Körpers ist und Ee die
Kraft, die in einem Punkte des Feldes auf ihn wirkt, so können
wir E die elektrische Feldstärke in diesem Punkte nennen.

Wenn wir von der elektrischen Feldstärke in einem Punkte sprechen, so ist damit nicht gesagt, daß in diesem Punkte auch wirklich eine Kraft ausgeübt wird, sondern nur, daß wenn ein geladener Körper an diesen Punkt gebracht würde, die Kraft $E e$ auf ihn wirken würde, wobei e die Ladung des Körpers bedeutet[1]).

Definition. Die elektrische Feldstärke in irgend einem Punkte ist die Kraft, die auf einen kleinen, mit der positiven Elektrizitätsmenge Eins geladenen Körper ausgeübt würde, wenn er an diesen Punkt gebracht worden wäre, ohne daß dies die vorhandene Elektrizitätsverteilung gestört hätte.

Diese Kraft sucht nicht nur den geladenen Körper selbst zu bewegen, sondern auch die Elektrizität in ihm, so daß die positive Elektrizität in der Richtung von E, die negative in entgegengesetzter Richtung zu strömen strebt.

Wenn wir ausdrücken wollen; daß die elektrische Feldstärke ein Vektor ist, so wollen wir sie mit $\mathfrak{E}$ bezeichnen. Besteht der Körper aus einem Dielektrikum, so wird nach unserer Theorie die Elektrizität in ihm verschoben. Die Elektrizitätsmenge, die in der Richtung von $\mathfrak{E}$ durch eine zu $\mathfrak{E}$ senkrechte Flächeneinheit gedrängt wird, ist der Betrag von

$$\mathfrak{D} = \frac{\varepsilon}{4\,\pi}\,\mathfrak{E},$$

wo $\mathfrak{D}$ die Verschiebung, $\mathfrak{E}$ die Feldstärke und ε die Dielektrizitätskonstante des Dielektrikums bedeutet.

Der Kugelflächenfaktor $4\,\pi$ ist in diese Formel auf folgende Weise hineingebracht worden: Nach Art. 60 ist der Verschiebungsfluß durch eine Hüllfläche, die eine mit der Elektrizitätsmenge Q geladene Kugel umschließt, gleich der Ladung Q. Der Verschiebungsfluß durch eine konzentrische Kugelfläche mit dem Radius r ist aber $4\,\pi\,r^2 D$, wenn D die Verschiebung an dieser Fläche bedeutet. Also ist

$$Q = 4\,\pi\,r^2 D.$$

Andererseits wirkt auf einen im Abstand r vom Kugelmittelpunkt befindlichen kleinen Probekörper mit der Ladung q eine Kraft, die ent-

---

[1]) Der elektrischen und der magnetischen Feldstärke entspricht in der Lehre von den schweren Körpern die Stärke des Gravitationsfeldes, gewöhnlich mit g bezeichnet.

sprechend dem Coulombschen Gesetz $= Q q\, r^2 \varepsilon$ gesetzt wird. Die elektrische Feldstärke E wird aber durch die Aussage definiert, daß diese Kraft $= q E$ sei, woraus sich

$$Q = r^2 \varepsilon E$$

ergibt.

Der Vergleich der beiden Ausdrücke für Q liefert die Beziehung

$$4 \pi D = \varepsilon E.$$

Der hier ganz unmotiviert stehende Kugelflächenfaktor 4π wäre vermieden worden, wenn die Kraft $= \dfrac{Q q}{4 \pi r^2 \varepsilon}$ gesetzt worden wäre.

Siehe auch die Bemerkung zu Art. 101 e, S. 30.

Ist der Körper leitend, so gibt er dem Zwange beständig nach, so daß ein Leitungsstrom entsteht, der so lange andauert, wie $\mathfrak{E}$ auf das Medium wirkt.

Das Innere der Leiter.

[72.] Ein Leiter ist ein Körper, in dem sich die Elektrizität frei von Stelle zu Stelle bewegen kann, wenn eine elektromotorische Stärke (Feldstärke) auf sie einwirkt. Wenn die Elektrizität im Gleichgewicht ist, kann daher keine elektrische Feldstärke im Inneren des Leiters bestehen. Daher ist in dem ganzen von dem Leiter eingenommenen Raume $E = 0$. Daraus folgt

$$\mathfrak{E} = - \operatorname{grad} V = 0$$

und daher

für jeden Punkt des Leiters $\qquad V = C,$

wobei C eine Konstante ist.

Da das Potential in allen Punkten des Leiters C ist, so nennt man C das Potential des Leiters. C kann als die Arbeit definiert werden, die von außen zu leisten ist, um die Elektrizitätsmenge Eins aus dem Unendlichen auf den Leiter zu bringen, wobei vorausgesetzt wird, daß die Elektrizitätsverteilung durch diese Elektrizitätsmenge nicht gestört wird.

Es soll später (Art. 233, 246) gezeigt werden, daß im allgemeinen bei Berührung zweier Körper aus verschiedenem Stoffe eine elektromotorische Kraft vom einen zum anderen durch die Berührungsfläche hindurch wirkt, so daß bei Gleichgewicht das Potential des zweiten (!) größer ist, als das des ersten. Wir wollen daher vorläufig annehmen, daß alle unsere Leiter aus demselben Metall sind und dieselbe Temperatur haben.

Wenn V_A und V_B die Potentiale der Leiter A und B sind, so ist die elektrische Spannung entlang einem Drahte, der A und B verbindet,

$$V_A - V_B$$

und hat den Richtungssinn AB, das heißt, positive Elektrizität strebt von dem Leiter mit höherem Potential zu dem anderen überzugehen.

Das Potential steht im selben Verhältnis zur Elektrizitätsmenge, wie der Druck in der Hydrodynamik zur Flüssigkeitsmenge oder die Temperatur in der Wärmelehre zur Wärmemenge. Elektrizität, Flüssigkeit und Wärme haben alle die Tendenz, von einem Punkte weg zu einem anderen hinzuströmen, wenn an diesem anderen Punkte das Potential, der Druck oder die Temperatur kleiner ist als am ersten. Eine Flüssigkeit ist sicher ein Stoff; ebenso sicher aber ist Wärme keine Flüssigkeit; so können wir nun zwar wohl von derartigen Analogien Gebrauch machen, um klare Begriffe zu gewinnen, müssen uns aber sehr hüten, daraus den Schluß zu ziehen, daß Elektrizität entweder ein Stoff ist, wie das Wasser, oder ein Bewegungszustand, wie die Wärme.

Die Analogie beschränkt sich darauf, daß das Druckgefälle die mechanische Kraft und das elektrische Potentialgefälle die elektrische Feldstärke gibt. Dagegen ist der Flüssigkeitsdruck vollständig bestimmt, das Potential nur bis auf eine willkürliche additive Konstante. Schließlich ist in einer Flüssigkeit immer ein gewisser Druck vorhanden (der auch den Wert Null annehmen kann), dagegen läßt sich die elektrische Feldstärke nicht immer als Potentialgefälle auffassen, sondern nur da, wo das Feld wirbelfrei ist (vgl. Art. 49).

Im Inneren homogener Leiter ist fast nie Elektrizität vorhanden (vgl. Art. 80), anders ausgedrückt, es ist dort immer gleichviel positive und negative Elektrizität vorhanden. Würde wirklich einmal in das Innere eines homogenen Leiters Elektrizität hineingebracht, so würde sie mehr oder minder schnell verschwinden, in metallischen Leitern nach unmeßbar kurzer Zeit (vgl. Art. 111, Schluß, und Art. 325).

Kraft auf eine geladene Fläche.

[79.] Der allgemeine Ausdruck für die Kraft, die auf einen geladenen Körper wirkt, ist von der Form

$$(14) \qquad \mathfrak{F} = \int \varrho\,\mathfrak{E}\,dv \quad \text{mit} \quad 4\,\pi\,\varrho = \operatorname{div}\mathfrak{E}.$$

Da aber an der geladenen Oberfläche ϱ unendlich ist und $\mathfrak{E}$ unstetig sein kann, so ist es nicht möglich, die Kraft direkt aus Formeln solcher Art zu berechnen.

Wir haben aber gezeigt, daß die Unstetigkeit nur für die zur geladenen Fläche senkrechte Feldkomponente in Frage kommt, die beiden anderen Komponenten sind stetig.

Wir wollen daher annehmen, daß die x-Achse in dem gegebenen Punkte senkrecht zur Fläche steht, und ferner, wenigstens für den ersten Teil unserer Untersuchung, daß E_x nicht wirklich unstetig ist, sondern stetig von E_{x_1} auf E_{x_2} übergeht, während x von x_1 auf x_2 übergeht. Wenn unsere Rechnung bei unendlicher Verkleinerung von $x_2 - x_1$ einen bestimmten Grenzwert für die Kraft liefert, so können wir sie als richtig ansehen für den Fall, daß $x_2 = x_1$ ist und daß die geladene Fläche unendlich dünn ist.

Wir zerschneiden den geladenen Körper in Prismen vom Querschnitt $dy\,dz$, die der x-Achse parallel sind. Nennen wir die Kraft auf ein solches Prisma $\mathfrak{p}\,dy\,dz$, so ist

$$\mathfrak{F} = \iint \mathfrak{p}\,dy\,dz \quad \text{mit}$$

$$(15) \qquad 4\,\pi\,\mathfrak{p} = 4\,\pi \int_{x_1}^{x_2} \varrho\,\mathfrak{E}\,dx = \int_{x_1}^{x_2} \left(\frac{\partial E_x}{\partial x} + \frac{\partial E_y}{\partial y} + \frac{\partial E_z}{\partial z} \right) \mathfrak{E}\,dx,$$

daher

$$(16) \qquad 4\,\pi\,p_x = {}^{1}/_{2}\,(E_{x_2}^{2} - E_{x_1}^{2}) + \int_{x_1}^{x_2} \left(\frac{\partial E_y}{\partial y} + \frac{\partial E_z}{\partial z} \right) E_x\,dx.$$

Da E_y und E_z stetig sind, so ist $\dfrac{\partial E_y}{\partial y} + \dfrac{\partial E_z}{\partial z}$ endlich, und da E_x ebenfalls endlich ist, so gilt

$$\int_{x_1}^{x_2} \left(\frac{\partial E_y}{\partial y} + \frac{\partial E_z}{\partial z} \right) E_x\,dx < C\,(x_2 - x_1),$$

wo C der größte Wert von $\left(\dfrac{\partial E_y}{\partial y} + \dfrac{\partial E_z}{\partial z}\right) E_x$ zwischen $x = x_1$ und $x = x_2$ ist.

Dieser Ausdruck muß also verschwinden, wenn $x_2 - x_1$ unendlich klein wird, und es bleibt

$$(17) \qquad 8\pi p_x = E_{x_2}^2 - E_{x_1}^2,$$

wo E_{x_1} den Wert von E_x auf der negativen und E_{x_2} den Wert von E_x auf der positiven Flächenseite angibt.

Mit

$$(18) \qquad E_{x_2} - E_{x_1} = 4\pi\sigma$$

können wir schreiben

$$(19) \qquad p_x = \sigma\,\frac{E_{x_1} + E_{x_2}}{2}.$$

σ ist die Flächendichte (s. Art. 101c, S. 28) und $\tfrac{1}{2}(E_{x_1} + E_{x_2})$ das arithmetische Mittel der elektrischen Feldstärken an den beiden Seiten der Fläche.

Auf ein Element einer geladenen Fläche wirkt also eine Kraft, deren Komponente senkrecht zur Fläche gleich ist der Ladung des Elementes multipliziert mit dem **arithmetischen Mittel** der elektrischen Feldstärken zu beiden Seiten der Fläche.

Da die beiden anderen (tangentialen) Komponenten der Feldstärke nicht unstetig sind, können bei Bestimmung der entsprechenden Kräfte auf die Fläche keine Zweifel auftreten.

Geladene Oberfläche eines Leiters.

[80.] Wir haben schon gezeigt, daß bei elektrischem Gleichgewicht im ganzen Leiter $\mathfrak{E} = 0$ und infolgedessen V konstant ist.

Es ist daher $\operatorname{div}\mathfrak{E} = 4\pi\varrho = 0$, ϱ muß **also** im ganzen Leiter Null sein, oder im Inneren des Leiters kann überhaupt keine Elektrizität vorhanden sein.

Die einzig mögliche Elektrizitätsverteilung bei einem im Gleichgewicht befindlichen Leiter ist demnach die Oberflächenverteilung.

Im Inneren des Körpers kann die Elektrizität nur dann verteilt sein, wenn der Körper ein **Nichtleiter** ist.

Da die elektrische Feldstärke im Inneren des Leiters Null ist, so muß sie unmittelbar außerhalb des Leiters die Größe $4\pi\sigma$ haben und muß senkrecht zur Fläche nach außen gerichtet sein.

Diese Beziehung zwischen Oberflächendichte und elektrischer Feldstärke in nächster Nähe der Oberfläche ist als Coulombsches Gesetz bekannt. Coulomb hat durch Versuche gefunden, daß das elektrische Feld in der Nähe eines bestimmten Oberflächenpunktes eines Leiters senkrecht zur Oberfläche und proportional zur Flächendichte in dem betreffenden Punkte ist. Die numerische Beziehung $E = 4\pi\sigma$ wurde von Poisson aufgestellt.

Die Kraft, die auf ein Oberflächenelement df eines geladenen Leiters wirkt, ist nach dem früher Gesagten (Art. 79)

$$\frac{1}{2} E\sigma\, df = 2\pi\sigma^2 df = \frac{1}{8\pi} E^2 df$$

(da die Feldstärke an der inneren Seite Null ist).

Diese Kraft wirkt senkrecht nach außen, gleichgültig ob die Ladung positiv oder negativ ist.

In Dyn pro Quadratzentimeter ausgedrückt, ist die wie eine Spannung von der Oberfläche nach außen wirkende Kraft

$$\frac{1}{2} E\sigma = 2\pi\sigma^2 = \frac{1}{8\pi} E^2.$$

Es wird gut sein, von dem jetzigen Standpunkt noch einmal auf die Definition der elektrischen Feldstärke zurückzukommen. In den Art. 44 und 68 ist der Vorbehalt gemacht worden, daß der geladene Probekörper das elektrische Feld nicht stört. Wir können jetzt die Störung berücksichtigen.

Wird eine leitende Kugel vom Durchmesser $2a$ mit der Ladung Q in ein vorher gleichförmiges Feld $\mathfrak{E}_0$ gebracht, so wird der von der Kugel eingenommene Raum feldfrei. Außerhalb der Kugel herrscht aber am Endpunkt eines vom Kugelmittelpunkt aus gezogenen Ortsvektors $\mathfrak{r}$ die Feldstärke

$$\mathfrak{E} = \left(1 - \frac{a^3}{r^3}\right)\mathfrak{E}_0 + \left(3\frac{a^3}{r^3}\frac{\mathfrak{r}}{r}\mathfrak{E}_0 + 4\pi\frac{Q}{4\pi r^2}\right)\frac{\mathfrak{r}}{r}.$$

Speziell auf der Kugeloberfläche ($r = a$) ist also die Feldstärke normal, wie es sein muß, und hat den Betrag

$$|\mathfrak{E}| = 3\frac{\mathfrak{r}}{a}\mathfrak{E}_0 + 4\pi\frac{Q}{4\pi a^2}.$$

Da $\mathfrak{E}$ im übrigen quellenfrei und wirbelfrei ist und für $r = \infty$ in $\mathfrak{E}_0$ übergeht, so stellen die angegebenen Ausdrücke das Feld dar. Die Elektrizitätsdichte auf der Kugeloberfläche ist

$$\sigma = \frac{1}{4\pi}\,|\,\mathfrak{E}\,| = \frac{3}{4\pi}\,\frac{\mathfrak{r}}{a}\,\mathfrak{E}_0 + \frac{Q}{4\pi a^2},$$

daher die auf die Flächeneinheit bezogene mechanische Kraft, mit der das elektrische Feld auf die Kugeloberfläche wirkt, wie in Art. 8o gefunden,

$$\mathfrak{p} = \frac{1}{2}\,\mathfrak{E}\sigma = \left(\frac{3}{4\pi}\,\frac{\mathfrak{r}}{a}\,\mathfrak{E}_0 + \frac{Q}{4\pi a^2}\right)\left(\frac{3}{2}\,\frac{\mathfrak{r}}{a}\,\mathfrak{E}_0 + 2\pi\,\frac{Q}{4\pi a^2}\right)\cdot\frac{\mathfrak{r}}{a}$$

$$= \left\{\frac{9}{8\pi}\left(\frac{\mathfrak{r}}{a}\,\mathfrak{E}_0\right)^2 + 2\pi\left(\frac{Q}{4\pi a^2}\right)^2 + 3\,\frac{\mathfrak{r}}{a}\,\mathfrak{E}_0\,\frac{Q}{4\pi a^2}\right\}\frac{\mathfrak{r}}{a}\,.$$

Hier bedeutet $\mathfrak{r}\,a$ überall den Einheitsvektor in Richtung von $\mathfrak{r}$ an der Kugeloberfläche.

Um die Gesamtkraft $\mathfrak{F}$ zu finden, die auf die Kugel als starren Körper wirkt, müssen wir $\mathfrak{p}$ über die Kugeloberfläche integrieren. Dazu bezeichnen wir den Winkel zwischen $\mathfrak{r}$ und der festen Richtung von $\mathfrak{E}_0$ mit ϑ. Dann ist

$$\mathfrak{F} = \int_0^\pi \mathfrak{p}\cdot 2\pi a \sin\vartheta \cdot a\,d\vartheta = 2\pi a^2 \int_{-1}^{+1} \mathfrak{p}\,d\cos\vartheta.$$

Zur Abkürzung setzen wir

$$\frac{\mathfrak{r}\,\mathfrak{E}_0}{a\,E_0} = \cos\vartheta = x$$

und integrieren zunächst die zu $\mathfrak{E}_0$ parallele Komponente von $\mathfrak{p}$, die den Betrag $cos\,\vartheta = p\,x$ hat. Das ergibt

$$2\pi a^2 \int_{-1}^{+1}\left\{\frac{9}{8\pi}E_0^2 x^2 + 2\pi\left(\frac{Q}{4\pi a^2}\right)^2 + 3\,\frac{Q}{4\pi a^2}E_0\,x\right\}x\,dx$$

$$= 2\pi a^2 \cdot 3\,\frac{Q}{4\pi a^2}E_0\cdot\frac{2}{3} = Q E_0.$$

Die zu dieser Komponente senkrechten Komponenten von $\mathfrak{F}$ sind Null. Demnach ergibt sich

$$\mathfrak{F} = Q\mathfrak{E}_0.$$

Sowohl die örtliche Kraft $\mathfrak{p}$, wie die resultierende Kraft $\mathfrak{F}$ auf den starren Körper drückt sich also nach dem Schema

Kraft = Elektrizitätsmenge × Feldstärke

aus. Während aber bei p die (mittlere) Stärke des vorhandenen gestörten Feldes einzusetzen ist, geht bei $\mathfrak{F}$ die Stärke des ursprünglichen ungestörten Feldes ein. Das Störungsfeld weckt also nur deformierende Kräfte, bewirkt aber keine Verschiebungen oder Drehungen. Bei dem gewöhnlichen Versuch wird $\mathfrak{F}$ gemessen, also das ursprüngliche Feld $\mathfrak{E}_0$. Der Übergang auf das tatsächliche (gestörte) Feld $\mathfrak{E}$ stellt sich als eine Verallgemeinerung des unmittelbaren Versuchsergebnisses dar.

Durch Verkleinerung des Durchmessers $2a$ und der Ladung Q kann man den Unterschied zwischen $\mathfrak{E}$ und $\mathfrak{E}_0$ beliebig klein machen.

Grundgleichungen des elektrostatischen Feldes mit Berücksichtigung der Dielektrizitätskonstante.

[101a.] Wir haben uns bis jetzt auf die Theorie beschränkt, nach der die Eigenschaften eines elektrischen Systems nur von der Form, Ladung und gegenseitigen Lage der Leiter abhängen, ohne daß das zwischenliegende dielektrische Medium irgendwie berücksichtigt würde.

Nach dieser Theorie besteht z. B. eine feste Beziehung zwischen der Oberflächendichte eines Leiters und dem elektrischen Felde nahe außerhalb, die in dem Coulombschen Gesetze ausgedrückt wird:

$$E = 4\pi\sigma.$$

Doch das trifft nur für das Medium zu, das wir als Vergleichsmedium gewählt haben; als solches können wir die Luft annehmen. In anderen Medien ist die Beziehung eine andere, wie Cavendish experimentell gezeigt hat, wenn er auch seine Versuche nicht veröffentlicht hat. Unabhängig von ihm entdeckte Faraday später die Erscheinung von neuem.

Um die Erscheinung vollständig zu fassen, müssen wir zwei Vektorgrößen betrachten, die in verschiedenen Medien verschiedene Beziehung zueinander haben. Eine dieser Größen ist die elektrische Feldstärke, die andere die elektrische Verschiebung. Die elektrische Feldstärke ist durch feststehende Formeln mit dem Potential verknüpft; die elektrische Verschiebung ebenso mit der Elektrizitätsverteilung, aber die Beziehung zwischen der elektrischen Feldstärke und der elektrischen Verschiebung ist von dem dielektrischen Medium abhängig und muß durch Gleichungen ausgedrückt werden, die in der allgemeinsten Form noch nicht aufgestellt worden sind und die überhaupt nur mit Hilfe von Versuchen über die Dielektrika aufgestellt werden können.

[101b.] Der die elektrische Feldstärke darstellende Vektor kann als die mechanische Kraft definiert werden, die auf eine kleine Elektrizitätsmenge e wirkt, dividiert durch diese Menge e. Wir wollen den Vektor mit $\mathfrak{E}$, seine Komponenten mit E_x, E_y, E_z bezeichnen.

In der Elektrostatik ist das Linienintegral von $\mathfrak{E}$ immer unabhängig vom Integrationswege, oder mit anderen Worten, $\mathfrak{E}$ ist das Gefälle eines Potentials. Daher ist

$$\mathfrak{E} = -\operatorname{grad} \Psi \quad \text{oder} \quad \operatorname{rot} \mathfrak{E} = 0.$$

[101c.] Die elektrische Verschiebung in irgend einer Richtung haben wir als die Elektrizitätsmenge definiert, die durch eine kleine zu jener Richtung senkrechte Fläche f hindurchgeht, dividiert durch diese Fläche f. Wir wollen diesen Vektor mit $\mathfrak{D}$, die zueinander senkrechten Komponenten der Verschiebung mit D_x, D_y, D_z bezeichnen.

Die Raumdichte der Elektrizität in einem beliebigen Punkte wird durch die Gleichung

$$\varrho = \operatorname{div} \mathfrak{D}$$

ausgedrückt, die Flächendichte an irgend einem Punkte einer geladenen Oberfläche durch

$$\sigma = \mathfrak{n}_1 \mathfrak{D}_1 + \mathfrak{n}_2 \mathfrak{D}_2 = \mathfrak{n}_2 (\mathfrak{D}_2 - \mathfrak{D}_1) = \operatorname{Div} \mathfrak{D},$$

wo $\mathfrak{n}_1$ und $\mathfrak{n}_2 = -\mathfrak{n}_1$ die von der Fläche wegweisenden Einheitsnormalen zu beiden Seiten der Fläche bedeuten ($\mathfrak{n}_1^2 = \mathfrak{n}_2^2 = 1$).

Wenn es sich um die Oberfläche eines L e i t e r s handelt, reduziert sich die Gleichung auf

$$\sigma = \mathfrak{n} \mathfrak{D},$$

wo $\mathfrak{n}$ die äußere Normale bedeutet, weil im Inneren des Leiters $\mathfrak{D} = 0$ ist.

Die Gesamtladung des Leiters ist daher

$$e = \oint \mathfrak{D}\, d\mathfrak{f},$$

wo $d\mathfrak{f} = \mathfrak{n}\, df$ den sogenannten Flächenvektor bedeutet.

[101 d.] Die elektrische Energie ist, wie früher gezeigt worden, gleich der halben Summe der Produkte aus Ladung und zugehörigem Potential. Nennen wir die Energie W, so ist

$$W = \frac{1}{2} \sum (e\,\Psi)$$
$$= \frac{1}{2} \int \varrho\,\Psi\,dv + \frac{1}{2} \oint \sigma\,\Psi\,df,$$

wobei das Raumintegral über das elektrische Feld und das Flächenintegral über die Oberflächen der Leiter genommen werden muß. Alle Punkte eines leitenden Körpers haben aber bei Gleichgewicht dasselbe Potential. Daher ist

$$\oint \sigma\,\Psi\,df = \sum_\nu \left(\Psi, \oint_{f_\nu} \sigma\,df \right) = \sum_\nu (\Psi_\nu\,e_\nu).$$

Hier ist über alle Leiter zu summieren. Damit erhalten wir

$$W = \frac{1}{2} \int \varrho\,\Psi\,dv + \frac{1}{2} \sum_\nu (\Psi_\nu\,e_\nu).$$

Andererseits ist

$$\operatorname{div}(\Psi\,\mathfrak{D}) = \Psi \operatorname{div}\mathfrak{D} + \mathfrak{D} \operatorname{grad}\Psi$$
$$= \Psi\varrho - \mathfrak{D}\,\mathfrak{E}.$$

Hiervon bilden wir das Raumintegral über das gesamte Feld. Nach dem Gaussschen Integralsatz entsteht links ein Hüllenintegral. Die Feldgrenze besteht außer aus der unendlich fernen Fläche, die keinen Beitrag zu dem Hüllenintegral liefert, aus den Leiteroberflächen. An diesen weist die Normale, die für das Feld die äußere ist, und der entsprechende Flächenvektor $d\mathfrak{f}$ in das Innere der Leiter hinein. Wir bekommen deshalb

$$\int \operatorname{div}(\Psi\mathfrak{D})\,dv = \oint \Psi\mathfrak{D}\,d\mathfrak{f} = \sum_\nu \left(\Psi_\nu \oint_{f_\nu} \mathfrak{D}\,d\mathfrak{f} \right) = -\sum_\nu (\Psi_\nu\,e_\nu)$$

und

$$-\sum_\nu (e_\nu\,\Psi_\nu) = \int \Psi\varrho\,dv - \int \mathfrak{D}\,\mathfrak{E}\,dv$$

und damit für die elektrische Energie den Ausdruck

$$W = \frac{1}{2} \int \mathfrak{D}\,\mathfrak{E}\,dv.$$

[101e.] Wir kommen nun zu der Beziehung zwischen $\mathfrak{D}$ und $\mathfrak{E}$. Die Einheit der Elektrizitätsmenge wird gewöhnlich durch Versuche definiert, die in Luft ausgeführt werden. Aus den Boltzmannschen Versuchen wissen wir aber nun, daß die Dielektrizitätskonstante der Luft etwas größer ist, als die des Vakuums, und daß sie von der Dichte der Luft abhängt. Genau genommen, müssen daher alle Messungen von Elektrizitätsmengen korrigiert und auf einen Normaldruck und eine Normaltemperatur oder, was wissenschaftlich vorzuziehen wäre, auf das Vakuum reduziert werden, ebenso wie ja auch die Brechungsquotienten, die in Luft gemessen sind, einer Korrektion bedürfen. Die Korrektion ist in beiden Fällen sehr klein, so daß sie nur bei Messungen von äußerster Genauigkeit in Frage kommen.

Im Normalmedium ist nach S. 20

$$4\pi\mathfrak{D} = \mathfrak{E},$$

in einem isotropen Medium mit der Dielektrizitätskonstante ε [1])

$$4\pi\mathfrak{D} = \varepsilon\,\mathfrak{E}.$$

Kapitel V.

Mechanische Kraft zwischen zwei elektrischen Systemen.

[103.] E_1 und E_2 seien zwei elektrische Systeme, deren Wirkung aufeinander wir untersuchen wollen. Die Elektrizitätsverteilung in E_1 sei durch die Raumdichte ϱ_1 eines Elementes dv_1

---

[1]) In der Elektrooptik (Art. 786) legt Maxwell der Größe ε unvermittelt eine andere Bedeutung bei. Schreibt man für ein beliebiges isotropes Medium $\mathfrak{D} = \varLambda\mathfrak{E}$ und für das Vakuum $\mathfrak{D} = \varLambda_0\mathfrak{E}$, so ist $\varLambda = \varepsilon\varLambda_0$, und der Zahlenwert $\varLambda_0$ ist rein konventionell. Im absoluten elektrostatischen Maßsystem ist

$$\varLambda_0 = \frac{1}{4\pi} = 0{,}0796$$

und im absoluten elektromagnetischen Maßsystem

$$\varLambda_0 = \frac{1}{4\pi c^2},$$

wenn $c = 3 \cdot 10^{10}$ cm/sec die Lichtgeschwindigkeit im Vakuum bedeutet, also

$$\varLambda_0 = 0{,}884 \cdot 10^{-22}.$$

Mißt man $\mathfrak{D}$ in Coulomb/cm^2 und $\mathfrak{E}$ in Volt/cm, so ist

$$\varLambda_0 = 0{,}884 \cdot 10^{-13}.$$

In der Elektrooptik versteht Maxwell unter ε die Größe $4\pi\varLambda$.

am Endpunkt des Ortsvektors $\mathfrak{r}_1 = \mathfrak{i} x_1 + \mathfrak{j} y_1 + \mathfrak{k} z_1$ definiert. Ebenso sei ϱ_2 die Raumdichte eines Elementes dv_2 von E_2 am Endpunkte des Ortsvektors $\mathfrak{r}_2 = \mathfrak{i} x_2 + \mathfrak{j} y_2 + \mathfrak{k} z_2$.

Dann ist die abstoßende Kraft des Elementes von E_2 auf das Element von E_1

$$\varrho_1 \varrho_2 \frac{\mathfrak{r}_1 - \mathfrak{r}_2}{|\mathfrak{r}_1 - \mathfrak{r}_2|^3} dv_1 dv_2$$

(die Kraft von dv_1 auf dv_2 ist

$$\varrho_1 \varrho_2 \frac{\mathfrak{r}_2 - \mathfrak{r}_1}{|\mathfrak{r}_2 - \mathfrak{r}_1|^3} dv_1 dv_2),$$

und wenn $\mathfrak{F}$ die ganze von E_2 auf E_1 wirkende Kraft ist,

$$(1) \qquad \mathfrak{F} = \int\!\!\int \frac{\mathfrak{r}_1 - \mathfrak{r}_2}{|\mathfrak{r}_1 - \mathfrak{r}_2|^3} \varrho_1 \, dv_1 \, \varrho_2 \, dv_2.$$

Die Integration nach x_1, y_1, z_1 ist über den ganzen von E_1 eingenommenen Raum auszudehnen, die Integration nach x_2, y_2, z_2 über den von E_2 eingenommenen Raum. Da aber ϱ_1 außerhalb des Systems E_1 überall Null ist und ϱ_2 ebenso außerhalb E_2 überall Null ist, so wird an dem Werte des Integrals nichts geändert, wenn wir die Integrationsgrenzen erweitern; wir können daher $\pm \infty$ als Grenzen einsetzen.

Dieser Ausdruck für die Kraft ist eine wörtliche Übersetzung der auf der Annahme einer direkten Wirkung in die Ferne beruhenden elektrischen Theorie in die mathematische Formelsprache.

Wenn wir nun das in dem Punkte $\mathfrak{r}_1$ durch die Anwesenheit von E_2 hervorgerufene Potential Ψ_2 durch die Gleichung

$$(2) \qquad \Psi_2 = \int \frac{\varrho_2 \, dv_2}{|\mathfrak{r}_1 - \mathfrak{r}_2|}$$

definieren, so wird Ψ_2 im Unendlichen Null und befriedigt ferner in jedem Punkte die Gleichung

$$(3) \qquad \operatorname{div} \mathfrak{E}_2 = - \nabla^2 \Psi_2 = 4 \pi \varrho_2,$$

wo

$$(3') \qquad \mathfrak{E}_2 = - \frac{\mathfrak{d} \Psi_2}{d \mathfrak{r}_1} = \int \frac{\varrho_2 \, dv_2}{|\mathfrak{r}_1 - \mathfrak{r}_2|^2} \cdot \frac{\mathfrak{r}_1 - \mathfrak{r}_2}{|\mathfrak{r}_1 - \mathfrak{r}_2|}.$$

Wir können nun $\mathfrak{F}$ als einfaches Raumintegral ausdrücken:

$$(4) \qquad \mathfrak{F} = \int \mathfrak{E}_2 \varrho_1 \, dv_1.$$

Es wird dabei angenommen, daß das Potential Ψ_2 und die Feldstärke $\mathfrak{E}_2$ in jedem Punkte des Feldes einen bestimmten Wert hat. In dem Ausdrucke für die Kraft kommt außer $\mathfrak{E}_2$ nur noch die Elektrizitätsverteilung ϱ_1 in dem ersten System E_1 vor; die Elektrizitätsverteilung des zweiten Systems tritt explizite nicht darin auf. Ebenso ergibt sich noch

$$(4') \qquad \mathfrak{F} = -\int \mathfrak{E}_1 \varrho_2 \, dv_2,$$

wo aber natürlich über E_2 zu integrieren ist.

[104.] Bei allen bis jetzt betrachteten Integrationen war es gleichgültig, was für Grenzen man annahm, vorausgesetzt, daß sie das gesamte System E_1 in sich schlossen. Im folgenden wollen wir die Lage von E_1 und E_2 so annehmen, daß eine bestimmte geschlossene Fläche oder Hülle H_1 das ganze System E_1, aber keinen Teil von E_2 einschließt. Wenn wir dann

$$(8) \qquad \varrho = \varrho_1 + \varrho_2, \quad \mathfrak{E} = \mathfrak{E}_1 + \mathfrak{E}_2$$

setzen, so ist innerhalb H_1

$$(9\,\mathrm{a}) \qquad \varrho_2 = 0, \quad \varrho = \varrho_1,$$

außerhalb H_1

$$(9\,\mathrm{b}) \qquad \varrho_1 = 0, \quad \varrho = \varrho_2.$$

Nun ist die durch die eigene Elektrizität auf das System E_1 wirkende Kraft

$$(10) \qquad \mathfrak{F}_{11} = \int \mathfrak{E}_1 \varrho_1 \, dv_1.$$

Aber nach der Theorie der direkten Wirkung in die Ferne muß diese Kraft Null sein; denn die Wirkung irgendeines Teilchens P auf ein anderes Q ist gleich und entgegengesetzt der Wirkung von Q auf P, und da beide Wirkungen in das Integral eingehen, heben sie sich gegenseitig auf.

Wir können daher schreiben

$$(11) \qquad \mathfrak{F} = \int_{(v_1)} \mathfrak{E} \varrho \, dv_1,$$

wo $\mathfrak{E}$ die von beiden Systemen herrührende Feldstärke bedeutet. Die Integration wird dabei auf den Raum v_1 innerhalb der Hülle H_1 beschränkt, die das ganze System E_1, aber keinen Teil von E_2 einschließt.

[105.] Wenn die Wirkung von E_2 auf E_1 keine direkte Wirkung in die Ferne ist, sondern durch Spannungen in einem Medium hervorgerufen wird, das den Raum zwischen E_1 und E_2 lückenlos erfüllt, so können wir offenbar die mechanischen Wirkungen zwischen E_1 und E_2 vollkommen bestimmen, sobald wir nur die Spannung an allen Punkten einer geschlossenen Fläche H kennen.

Wenn es daher möglich ist, die Wirkung zwischen E_1 und E_2 auf Spannungsverteilungen im Zwischenmedium zurückzuführen, so muß es auch möglich sein, diese Wirkung in Form eines Hüllenintegrals über eine Fläche H, die E_1 vollkommen von E_2 trennt, auszudrücken.

Wir wollen daher versuchen, das Raumintegral

$$(12) \qquad 4\pi\mathfrak{F} = \int \mathfrak{E}\operatorname{div}\mathfrak{E}\, dv$$

in die Form eines Hüllenintegrals zu bringen.

Aus den bekannten Formeln [1])

$$\oint d\mathfrak{f}\,\mathfrak{A}\cdot\mathfrak{B} = \int (\operatorname{grad}\mathfrak{A})\,\mathfrak{B}\, dv, \qquad (a)$$

$$(\operatorname{grad}\mathfrak{A})\,\mathfrak{B} = (\mathfrak{A}\operatorname{grad})\,\mathfrak{B} + \mathfrak{B}\operatorname{div}\mathfrak{A}, \qquad (b)$$

$$\oint \varphi\, d\mathfrak{f} = \int \operatorname{grad}\varphi\, dv, \qquad (c)$$

$$\operatorname{grad}(\mathfrak{A}\mathfrak{B}) = (\mathfrak{A}\operatorname{grad})\,\mathfrak{B} + (\mathfrak{B}\operatorname{grad})\,\mathfrak{A} + [\mathfrak{A}\operatorname{rot}\mathfrak{B}] + [\mathfrak{B}\operatorname{rot}\mathfrak{A}] \qquad (d)$$

folgt

$$\oint d\mathfrak{f}\,\mathfrak{A}\cdot\mathfrak{B} + \oint d\mathfrak{f}\,\mathfrak{B}\cdot\mathfrak{A} - \oint d\mathfrak{f}\cdot\mathfrak{A}\mathfrak{B}$$

$$= \int (\mathfrak{A}\operatorname{div}\mathfrak{B} + \mathfrak{B}\operatorname{div}\mathfrak{A} - [\mathfrak{A}\operatorname{rot}\mathfrak{B}] - [\mathfrak{B}\operatorname{rot}\mathfrak{A}])\, dv, \qquad (e)$$

und wenn man hierin $\mathfrak{B} = \mathfrak{A}$ setzt,

$$\oint d\mathfrak{f}\,\mathfrak{A}\cdot\mathfrak{A} - {}^1\!/_2 \oint d\mathfrak{f}\cdot\mathfrak{A}^2 = \int (\mathfrak{A}\operatorname{div}\mathfrak{A} - [\mathfrak{A}\operatorname{rot}\mathfrak{A}])\, dv. \qquad (f)$$

Da nun bei elektrischem Gleichgewicht $\operatorname{rot}\mathfrak{E} = 0$ ist, so erhalten wir nach (f)

---

[1]) Siehe z. B. W. v. Ignatowsky, Vektoranalysis I, S. 22, 23, 32, 25, 34, 65.

$$(13) \qquad 4\,\pi\,\mathfrak{F} = \int \mathfrak{E}\,\mathrm{div}\,\mathfrak{E}\,dv = 4\,\pi \oint \mathfrak{p}^{n}\,df$$

mit

$$(14\mathrm{a}) \qquad 4\,\pi\,\mathfrak{p}^{n} = \mathfrak{E}\cdot\mathfrak{E}\,\mathfrak{n} - \mathfrak{n}\cdot{}^{1}/_{2}\,\mathfrak{E}^{2}$$

oder

$$(14\mathrm{b}) \qquad 8\,\pi\,\mathfrak{p}^{n} = \mathfrak{E}\cdot\mathfrak{E}\,\mathfrak{n} + \big[\mathfrak{E}\,[\mathfrak{E}\,\mathfrak{n}]\big].$$

Das Hüllenintegral von $\mathfrak{p}^{n}$ in (13) ist über irgendeine Fläche zu nehmen, die E_1 vollständig, aber E_2 gar nicht einschließt [1]).

Wählt man die Normale parallel der x-Achse, ersetzt also $\mathfrak{n}$ durch $\mathfrak{i}$, so erhält man leicht

$$8\,\pi\,\mathfrak{p}^{x} = \mathfrak{i}\,(E_x^2 - E_y^2 - E_z^2) + \mathfrak{j}\,2\,E_x E_y + \mathfrak{k}\,2\,E_x E_z.$$

Wenn die Wirkung von E_2 auf E_1 wirklich eine Wirkung in die Ferne ohne Beteiligung des zwischenliegenden Mediums ist, so müssen wir die Größe $\mathfrak{p}^{n}$ nur als abgekürzte Form gewisser symbolischer Ausdrücke auffassen, denen keinerlei physikalische Bedeutung zukommt.

Wenn wir aber annehmen, daß die gegenseitige Beeinflussung von E_1 und E_2 durch Spannungen im zwischenliegenden Medium aufrecht erhalten wird, so müssen wir die Größe $\mathfrak{p}^{n}$ als eine im Medium wirklich vorhandene Spannung auffassen, da die Gleichung (13) die außerhalb H durch die Spannung hervorgerufene Kraft ausdrückt.

[106.] Um einen besseren Begriff von dem Wesen dieser Spannung zu bekommen, wollen wir die Fläche H teilweise so abändern, daß ein Stück von ihr mit den Elementen df ein Teil einer Äquipotentialfläche wird. (Eine solche Veränderung ist gestattet, so lange dadurch kein Teilchen von E_1 ausgeschlossen oder keines von E_2 von der Fläche H eingeschlossen wird.)

---

[1]) Maxwell berücksichtigt hier wieder nur den Spezialfall $\varepsilon = 1$, er denkt sich also nur Leiter in Luft vorhanden, aber keine Isolatoren. Bei Berücksichtigung der Dielektrizitätskonstante wird

$$\mathfrak{p}^{n} = \mathfrak{E}\cdot\mathfrak{D}\,\mathfrak{n} - \mathfrak{n}\cdot{}^{1}/_{2}\,\mathfrak{E}\,\mathfrak{D}$$

und

$$\mathfrak{F} = \int \Big\{ \mathfrak{E}\,\mathrm{div}\,\mathfrak{D} - \frac{1}{8\,\pi}\,\mathfrak{E}^{2}\,\mathrm{grad}\,\varepsilon + [\mathrm{rot}\,\mathfrak{E}\cdot\mathfrak{D}] \Big\}\,dv.$$

Dann wird die äußere Normale $\mathfrak{n}$ und der Flächenvektor $d\mathfrak{f}$ parallel zur Feldstärke $\mathfrak{E}$, folglich $[\mathfrak{E}\,\mathfrak{n}] = 0$ und nach (14b)

$$\mathfrak{p}^n = \frac{1}{8\pi}\,\mathfrak{E}\cdot|\mathfrak{E}| = \mathfrak{n}\cdot\frac{1}{8\pi}\,\mathfrak{E}^2,$$

wenn $\mathfrak{E}$ nach außen gerichtet ist, und

$$\mathfrak{p}^n = \frac{1}{8\pi}(-|\mathfrak{E}|)\cdot\mathfrak{E} = \frac{1}{8\pi}(-|\mathfrak{E}|)\cdot(-\mathfrak{n}\,|\mathfrak{E}|) = \mathfrak{n}\cdot\frac{1}{8\pi}\,\mathfrak{E}^2,$$

wenn $\mathfrak{E}$ nach innen gerichtet ist. Es kommt also auf den Richtungssinn von $\mathfrak{E}$ nicht an.

Demnach ist die Kraft, die von einem Teilchen des Mediums außerhalb df auf ein Teilchen des Mediums innerhalb df wirkt, senkrecht zu df nach außen gerichtet, d. h. sie ist von der Art einer Seilspannung, und ihre Größe pro Flächeneinheit ist $\frac{1}{8\pi}\,\mathfrak{E}^2$.

Wir wollen zweitens annehmen, daß das Element df rechtwinkelig von den Äquipotentialflächen geschnitten werde; in diesem Falle berühren $\mathfrak{n}$ und $d\mathfrak{f}$ die Äquipotentialfläche, sind also senkrecht zur Kraftlinie gerichtet. Daher ist $\mathfrak{E}\,\mathfrak{n} = 0$ und nach (14a)

$$\mathfrak{p}^n = -\,\mathfrak{n}\cdot\frac{1}{8\pi}\,\mathfrak{E}^2.$$

Ist also das Flächenelement df rechtwinkelig zu einer Äquipotentialfläche, so steht die darauf wirkende Kraft senkrecht zur Fläche und ist ihrem numerischen Werte nach ebenso groß, wie im vorhergehenden Falle; ihre Richtung ist aber eine andere, es ist ein Druck, kein Zug.

Damit haben wir die Art der Spannung in irgend einem gegebenen Punkte des Mediums vollkommen bestimmt.

Die Richtung der elektrischen Feldstärke bildet eine Hauptachse der Spannung, und die Spannung längs dieser Achse ist ein Zug von der Größe

$$(22)\qquad\qquad p = \frac{1}{8\pi}\,\mathfrak{E}^2,$$

wo $\mathfrak{E}$ die elektrische Feldstärke ist.

Jede Richtung senkrecht dazu bildet ebenfalls eine Hauptachse für die Spannung, und die Spannung längs einer solchen Achse besteht in einem Drucke gleichfalls von der Größe p.

Die so definierte Spannung bildet nicht den allgemeinsten Fall, denn zwei der Hauptspannungen sind einander gleich, die dritte hat dieselbe Größe mit umgekehrtem Vorzeichen.

Durch diese Bedingungen wird die Zahl der unabhängigen Variabeln, durch die die Spannung bestimmt wird, von sechs auf drei reduziert, und sie ist demgemäß durch den Vektor der elektrischen Feldstärke $\mathfrak{E}$ vollkommen bestimmt.

Schreibt man symbolisch

$$\mathfrak{p}^n = (\pi)\,\mathfrak{n},$$

so ist π der Spannungstensor. Er bedeutet die Drehstreckung, die man an dem variablen Einheitsvektor $\mathfrak{n}$ ausüben muß, um den zugehörigen Vektor $\mathfrak{p}^n$ zu erhalten.

[107.] Wir wollen nun untersuchen, ob die erhaltenen Resultate abzuändern sind, wenn wir es mit einer endlichen Elektrizitätsmenge zu tun haben, die auf einer endlichen Fläche angesammelt ist, so daß die Raumdichte an der Oberfläche unendlich groß wird.

$\mathfrak{E}$ sei die elektrische Feldstärke auf der Seite, wo die Normale gezogen ist, $\mathfrak{E}'$ auf der anderen Seite.

Dann ist die Flächendichte nach früherem

$$(24) \qquad \sigma = \frac{1}{4\pi}\,\mathfrak{n}\,(\mathfrak{E} - \mathfrak{E}').$$

Die Kraft auf die Flächeneinheit, die aus den Spannungen zu beiden Seiten der Fläche resultiert, ist also $\mathfrak{p}^n + \mathfrak{p}^{n'} = \mathfrak{p}^n + \mathfrak{p}^{-n}$. Wegen der Stetigkeit der Tangentialkomponenten von $\mathfrak{E}$ ist $[\mathfrak{E}\mathfrak{n}] = [\mathfrak{E}'\mathfrak{n}]$ und nach (14b)

$$8\pi\,(\mathfrak{p}^n + \mathfrak{p}^{-n}) = \mathfrak{E}\cdot\mathfrak{E}\mathfrak{n} + \big[\mathfrak{E}[\mathfrak{E}'\mathfrak{n}]\big] - \mathfrak{E}'\cdot\mathfrak{E}'\mathfrak{n} - \big[\mathfrak{E}'[\mathfrak{E}\mathfrak{n}]\big]$$

$$= (\mathfrak{E} + \mathfrak{E}')\cdot\mathfrak{n}(\mathfrak{E} - \mathfrak{E}') = (\mathfrak{E} + \mathfrak{E}')\cdot 4\pi\,\sigma,$$

also

$$(25) \qquad \mathfrak{p}^n + \mathfrak{p}^{-n} = \sigma\,\frac{\mathfrak{E} + \mathfrak{E}'}{2}.$$

Nehmen wir also die Spannung in jedem Punkte als durch die Gleichungen (14) gegeben an, so finden wir, daß die resultierende Kraft auf die Einheit einer geladenen Fläche gleich ist der Flächendichte, multipliziert mit dem arithmetischen Mittel aus den elektrischen Feldstärken zu beiden Seiten der Fläche.

Das ist dasselbe Ergebnis, zu dem wir auf S. 24 durch ein ähnliches Verfahren gelangt sind.

Die Hypothese einer Spannung im umgebenden Medium ist folglich auch auf den Fall anwendbar, wo eine endliche Elektrizitätsmenge auf einer endlichen Fläche angesammelt ist.

Hier ist wiederum die Dielektrizitätskonstante nicht berücksichtigt. Berücksichtigt man sie, so erhält man

$$2\,(\mathfrak{p}^n + \mathfrak{p}^{n'}) = \mathfrak{E} \cdot \mathfrak{D}\,\mathfrak{n} - \mathfrak{E}' \cdot \mathfrak{D}'\mathfrak{n} + \big[\mathfrak{D}\,[\mathfrak{E}\,\mathfrak{n}]\big] - \big[\mathfrak{D}'\,[\mathfrak{E}'\,\mathfrak{n}]\big].$$

Indem man

$$\big[\mathfrak{D}\,[\mathfrak{E}'\,\mathfrak{n}]\big] - \big[\mathfrak{D}'\,[\mathfrak{E}\,\mathfrak{n}]\big]$$

addiert und subtrahiert, bekommt man statt der beiden letzten Glieder

$$\big[\mathfrak{D}\,[\mathfrak{E}'\,\mathfrak{n}]\big] - \big[\mathfrak{D}'\,[\mathfrak{E}\,\mathfrak{n}]\big] + \big[\mathfrak{D}\,[(\mathfrak{E} - \mathfrak{E}')\,\mathfrak{n}]\big] + \big[\mathfrak{D}'\,[(\mathfrak{E} - \mathfrak{E}')\,\mathfrak{n}]\big]$$

$$= \mathfrak{E}' \cdot \mathfrak{D}\,\mathfrak{n} - \mathfrak{E} \cdot \mathfrak{D}'\mathfrak{n} - \mathfrak{n}\,(\mathfrak{D}\,\mathfrak{E}' - \mathfrak{D}'\,\mathfrak{E}) + \big[(\mathfrak{D} + \mathfrak{D}')\,[(\mathfrak{E} - \mathfrak{E}')\,\mathfrak{n}]\big],$$

folglich

$$2\,(\mathfrak{p}^n + \mathfrak{p}^{n'}) = (\mathfrak{E} + \mathfrak{E}')(\mathfrak{D}\,\mathfrak{n} - \mathfrak{D}'\,\mathfrak{n}) + \mathfrak{n}\,(\mathfrak{D}'\,\mathfrak{E} - \mathfrak{D}\,\mathfrak{E}')$$
$$+ \big[[\mathfrak{n}\,(\mathfrak{E} - \mathfrak{E}')](\mathfrak{D} + \mathfrak{D}')\big].$$

Hierin ist

$$\mathfrak{n}\,(\mathfrak{D} - \mathfrak{D}') = \mathrm{Div}\,\mathfrak{D} = \sigma$$

die Flächendichte der Elektrizität. Ferner

$$\mathfrak{D}'\,\mathfrak{E} - \mathfrak{D}\,\mathfrak{E}' = \frac{\varepsilon' - \varepsilon}{4\,\pi}\,\mathfrak{E}\,\mathfrak{E}',$$

und

$$\mathfrak{n}\,(\varepsilon - \varepsilon') = \mathrm{Grad}\,\varepsilon$$

ist der Flächengradient der Dielektrizitätskonstante. Endlich ist

$$[\mathfrak{n}\,(\mathfrak{E} - \mathfrak{E}')] = \mathrm{Rot}\,\mathfrak{E}$$

der Flächenwirbel der elektrischen Feldstärke. Somit erhalten wir als wahrnehmbare Kraft auf die Flächeneinheit

$$\mathfrak{p}^n + \mathfrak{p}^{n'} = \frac{\mathfrak{E} + \mathfrak{E}'}{2}\,\sigma - \frac{1}{8\,\pi}\,\mathfrak{E}\,\mathfrak{E}' \cdot \mathrm{Grad}\,\varepsilon + \Big[\mathrm{Rot}\,\mathfrak{E} \cdot \frac{\mathfrak{D} + \mathfrak{D}'}{2}\Big],$$

einen Ausdruck, der dem für die Kraft auf die Volumeneinheit vollkommen entspricht. Bei ruhenden Körpern fällt das letzte Glied sicherlich weg, weil an ihrer Oberfläche $\mathrm{Rot}\,\mathfrak{E} = 0$ ist. Bei elektrischem Gleichgewicht ist an der Oberfläche eines leitenden Körpers auch $\mathfrak{E}' = 0$, daher die Kraft $= \tfrac{1}{2}\,\mathfrak{E}\,\sigma$, wie Maxwell angibt. An der Oberfläche eines Isolators (oder an der Grenzfläche zweier Isolatoren) ist dagegen im allgemeinen das zweite Glied von Null verschieden. Zu der von Maxwell angegebenen Kraft kommt also im allgemeinen noch ein Zug auf den Körper mit größerer Dielektrizitätskonstante hinzu.

Die auf ein Flächenelement wirkende Kraft wird nach der Theorie der Wirkung in die Ferne gewöhnlich in der Weise abgeleitet, daß man einen Teil der Fläche in Betracht zieht, dessen Abmessungen gegen die Krümmungsradien der Fläche sehr klein sind [1]).

Auf der im Mittelpunkte dieses Flächenstückes errichteten Normalen nimmt man einen Punkt P an, dessen Entfernung von der Fläche sehr klein ist im Vergleich zu den Dimensionen dieses Flächenstückes. Die von dem kleinen Flächenstücke herrührende Feldstärke in jenem Punkte ist angenähert dieselbe, als wenn die ganze Fläche eine unendlich große Ebene wäre, d. h. $2\pi\sigma$ in Richtung der Normalen von der Fläche weg. Für einen Punkt P' auf der anderen Seite der Fläche ist die Feldstärke gleich groß, aber entgegengesetzt gerichtet.

Nun betrachten wir die elektrische Feldstärke, die von der übrigen Fläche und von anderen in endlicher Nähe befindlichen geladenen Körpern herrührt. Da die Punkte P und P' einander unendlich nahe sind, so sind die Komponenten der Feldstärke, die von Elektrizitätsmengen in endlicher Entfernung herrühren, für beide Punkte dieselben.

Wenn $\mathfrak{E}_0$ die von einer endlich entfernten Elektrizitätsmenge herrührende Feldstärke ist, dann ist die gesamte Feldstärke im Punkte A

$$\mathfrak{E} = \mathfrak{E}_0 + 2\pi\sigma\mathfrak{n}$$

und im Punkte A'

$$\mathfrak{E}' = \mathfrak{E}_0 - 2\pi\sigma\mathfrak{n}.$$

Daraus

$$\mathfrak{E}_0 = {}^1\!/_2(\mathfrak{E} + \mathfrak{E}').$$

Es muß aber die auf das Flächenelement wirkende Kraft ausschließlich von der in endlicher Entfernung befindlichen Elektrizitätsmenge herrühren, weil die Gesamtwirkung des Elementes auf sich selbst Null ist. Daher ist diese Kraft pro Flächeneinheit

$$\mathfrak{p} = \sigma\mathfrak{E}_0$$
$$= {}^1\!/_2\sigma(\mathfrak{E} + \mathfrak{E}').$$

---

[1]) Die Methode rührt von Laplace her. Siehe Poisson „Sur la Distribution de l'éléctricité etc." Mém. de l'Institut 1811, p. 30.

[109.] Die Spannungsverteilung, wie sie hier behandelt worden ist, ist genau dieselbe, zu der Faraday auf Grund seiner Untersuchung über die Induktion durch Dielektrika gelangt ist. Er faßt sie mit den folgenden Worten zusammen:

(1297) „Die direkte Induktionskraft, für die man sich als Wege Linien denken kann, die von der einen leitenden geladenen Grenzfläche zur anderen führen, wird von einer seitlichen oder Querkraft begleitet, die einer Ausdehnung oder Abstoßung dieser fiktiven Linien gleichkommt (1224); oder die Anziehungskraft, die zwischen den Teilchen des Dielektrikums in Richtung der Induktion herrscht, wird von einer abstoßenden oder auseinandertreibenden Kraft in transversaler Richtung begleitet.“

(1298) „Die Induktion scheint in einem gewissen polarisierten Zustand der Teilchen zu bestehen, der durch den einwirkenden elektrischen Körper hervorgerufen wird; die Teilchen erhalten positive und negative Punkte oder Seiten, die symmetrisch zueinander und zu den induzierenden Flächen oder Körpern angeordnet sind. Der Zustand muß ein erzwungener sein, denn es bedarf einer Kraft, um ihn hervorzurufen und zu erhalten, und er verwandelt sich sofort wieder in den gewöhnlichen Ruhezustand, sobald die Kraft aufhört. Der Zustand kann mit derselben Elektrizitätsmenge nur in isolierenden Stoffen andauern, da nur in diesen die Teilchen einen derartigen Zustand beibehalten können.“

Das sind genau die Folgerungen, zu denen wir auf Grund unserer mathematischen Untersuchungen gelangt sind. In jedem Punkte des Mediums besteht ein solcher Spannungszustand, daß längs den Linien ein Zug und in allen Richtungen senkrecht dazu ein Druck herrscht, wobei Druck und Zug numerisch gleich groß sind und sich proportional mit dem Quadrate der in dem betreffenden Punkte auftretenden Feldstärke ändern.

Der Ausdruck „elektrische Spannung“ ist von verschiedenen Forschern in verschiedenem Sinne gebraucht worden. Ich werde damit immer den Zug längs den Kraftlinien bezeichnen, der sich, wie wir sahen, von Punkt zu Punkt ändert und stets dem Quadrate der Feldstärke in jenem Punkte proportional ist.

[110.] Auf den ersten Blick mag es scheinen, als ob die Hypothese, daß ein solcher Spannungszustand in einer dielektrischen Flüssigkeit, wie etwa Luft oder Terpentin, bestehe, mit dem Satz im Widerspruch stehe, daß in einer Flüssigkeit der Druck überall nach allen Richtungen derselbe ist. Bei der Ableitung dieses Satzes aus Betrachtungen über die Beweglichkeit und das Gleichgewicht von Flüssigkeiten wird aber vorausgesetzt, daß in der Flüssigkeit solche Kräfte, wie wir sie längs den Kraftlinien wirkend annahmen, nicht bestehen. Der untersuchte Spannungszustand ist durchaus vereinbar mit der Beweglichkeit und dem Gleichgewicht der Flüssigkeit, denn wir haben gesehen, daß ein von elektrischer Ladung freier Flüssigkeitsteil an seiner Oberfläche keine resultierende Kraft durch die Spannungen erfährt, so groß diese auch sein mögen. Nur wenn ein Teil der Flüssigkeit geladen wird, wird sein Gleichgewicht durch die Spannungen an der Oberfläche gestört, und wie wir wissen, tritt dann tatsächlich ein Bewegungsbestreben auf. Infolgedessen ist der angenommene Spannungszustand mit dem Gleichgewicht einer dielektrischen Flüssigkeit nicht unvereinbar.

Erfahrungsmäßig wird der Zusammenhang zwischen den fiktiven Faraday-Maxwellschen und den gewöhnlichen elastischen Spannungen leicht mißverstanden. Das mag vielleicht daran liegen, daß einem zunächst folgendes Bild vorschwebt: Ein elastischer Körper befindet sich in einer inkompressiblen Flüssigkeit unter Druck in Ruhe. Auf ein Element der Oberfläche drückt von außen die Flüssigkeit. Diesem Flüssigkeitsdruck hält auf der Innenseite die durch die Deformation geweckte elastische Spannung das Gleichgewicht.

Bei den fiktiven Faraday-Maxwellschen Spannungen ist der Sachverhalt aber ganz anders. Es ist im allgemeinen nicht so, daß auf die eine Seite eines Flächenelementes die fiktive Faraday-Maxwellsche Spannung, auf die andere die elastische Spannung wirkt. Dies gilt nur für ein Element der Oberfläche eines stromfreien Leiters. Auf ein Flächenelement im Inneren eines Isolators wirken von beiden Seiten her fiktive Spannungen und halten sich das Gleichgewicht. Ganz unabhängig davon können noch auf beide Seiten elastische Spannungen wirken, und diese halten sich dann ebenfalls das Gleichgewicht.

Die mechanischen Kräfte elektrischen Ursprunges greifen an solchen Stellen an, an denen die elektrische Verschiebung eine Divergenz oder die Dielektrizitätskonstante einen Gradienten oder die Feldstärke einen Wirbel hat. Die Kräfte werden nach diesen Stellen hin nicht durch elastische Spannungen übertragen, sondern eben durch die fiktiven

Faraday-Maxwellschen Spannungen. Diese können auch in einem unverzerrten Körper bestehen.

Betrachten wir noch die Oberfläche eines ruhenden ungeladenen isolierenden Körpers, der sich in einem elektrischen Felde befindet und von Luft umgeben ist. Auf ein Element der Oberfläche wirken erstens von außen und von innen fiktive Spannungen, aber beide halten sich nicht das Gleichgewicht, ihre Resultante wirkt senkrecht nach außen. Zweitens wirkt auf das Element von außen der Luftdruck, von innen die elastische Spannung. Auch diese beiden sind miteinander nicht im Gleichgewicht. Erst alle vier Kräfte halten sich das Gleichgewicht.

Aus all dem geht recht deutlich hervor, daß weder die Größe, noch die Richtung der fiktiven Spannungen irgend welchen wahrnehmbaren Einfluß hat, sondern daß es allein auf die räumlichen Änderungen der Spannungen ankommt, mögen diese Änderungen nun stetig oder sprunghaft sein.

Um den Sachverhalt klarzustellen, genügt eigentlich schon die einfache Bemerkung, daß die fiktiven Spannungen nicht die elastischen sind.

Die Summe der drei fiktiven Hauptspannungen, die der Energiedichte entgegengesetzt gleich ist, genügt nicht der Laplaceschen Gleichung, die Divergenz ihres Gradienten verschwindet nicht, wie zuerst Minchin bemerkt hat. Der Faraday-Maxwellsche fiktive Spannungszustand kann daher nicht als elastische Spannung in einem festen isotropen Körper gedeutet werden, auf den keine Massenkräfte wirken und der von einem spannungslosen Zustand aus ein wenig verzerrt ist. Dieser Sachverhalt spricht aber nicht gegen die fiktiven Spannungen an sich. Eine Schwierigkeit bildet er nur für die Auffassung, daß die fiktiven Spannungen elastische Spannungen des Äthers seien.

Vgl. A. E. H. Love, Lehrbuch der Elastizität, deutsch von A. Timpe (1907 bei Teubner), S. 160, oder W. v. Ignatowsky, Vektoranalysis II, S. 86.

Die Größe W, die in Art. 99a behandelt worden ist, kann als die von der Spannungsverteilung herrührende Energie im Medium gedeutet werden. Aus den dort entwickelten Sätzen geht hervor, daß die Spannungsverteilung, die den dort angeführten Bedingungen genügt, zugleich W zu einem absoluten Minimum macht. Wenn aber die Energie in irgend einem Gebilde ein Minimum ist, so handelt es sich immer um einen Gleichgewichtszustand, und zwar ist das Gleichgewicht stabil. Ein Dielektrikum, das der Influenz durch geladene Körper ausgesetzt ist, wird daher von selbst den in der angegebenen Weise verteilten Spannungszustand annehmen.

Wir dürfen nicht vergessen, daß wir bis jetzt erst einen Schritt in der Theorie der Wirkung des Mediums getan haben. Wir haben angenommen, daß es sich in einem Spannungszustand befinde, haben aber in keiner Weise erklärt, wie dieser Spannungszustand zustande kommt und wie er aufrecht erhalten wird. Doch scheint mir dieser Schritt wichtig zu sein, weil damit Erscheinungen, die man früher nur durch die Annahme einer Wirkung in die Ferne glaubte erklären zu können, nun durch die Wirkung benachbarter Teile des Mediums aufeinander erklärt werden.

[**111.**] Es ist mir nicht gelungen, den nächsten Schritt zu tun, nämlich die Spannungen im Dielektrikum durch mechanische Überlegungen zu erklären. Ich verlasse daher die Theorie in diesem Punkte und führe nur noch die übrigen Induktionserscheinungen in einem Dielektrikum auf.

I. Elektrische Verschiebung. Wenn eine elektrische Induktion durch ein Dielektrikum übermittelt wird, so tritt zunächst eine elektrische Verschiebung in Richtung der Induktion auf. Bei einer Leidener Flasche z. B., bei der die innere Belegung positiv, die äußere negativ geladen ist, wird die positive Elektrizität im Glase von innen nach außen verschoben.

Jede Vergrößerung der Verschiebung ist auf die Dauer der Vergrößerung gleichwertig mit einem Strome positiver Elektrizität, der von innen nach außen gerichtet ist, jede Verkleinerung der Verschiebung ist gleichwertig mit einem Strome in umgekehrter Richtung.

Die ganze durch irgendein bestimmtes Flächenstück im Dielektrikum verschobene Elektrizitätsmenge wird durch die Größe gemessen, die wir schon als Flächenintegral der Induktion (Feldstärke) durch das betreffende Flächenstück kennen gelernt haben,

multipliziert mit $\dfrac{\varepsilon}{4\pi}$, wo ε die Dielektrizitätskonstante des Dielektrikums ist.

II. Oberflächenladung der Teilchen des Dielektrikums. Denkt man sich irgend einen Teil des Dielektrikums, gleichviel ob groß oder klein, von dem Reste durch eine geschlossene Fläche abgetrennt, so muß man auf jedem kleinsten Teile dieser Fläche eine Ladung annehmen, die durch die gesamte elektrische Verschiebung durch dieses Flächenteilchen, nach innen gerechnet, gemessen wird.

Im Falle der Leidener Flasche, bei der die innere Belegung positiv geladen ist, ist jedes kleinste Stück des Glases an der inneren Seite positiv, an der äußeren negativ geladen. Bei einem Stück im Inneren des Glases wird die Oberflächenladung von den entgegengesetzten Oberflächenladungen der angrenzenden Stücke neutralisiert; aber wo das Glas mit einem Leiter in Berührung ist, der ja nicht imstande ist, in seinem Inneren den induzierten Zustand aufrecht zu erhalten, wird die Oberflächenladung nicht neutralisiert, sondern sie bildet jene scheinbare Ladung, die gewöhnlich die Ladung des Leiters genannt wird.

Infolgedessen muß die Ladung an der Grenzfläche eines Leiters und des umgebenden Mediums, die in der alten Theorie als Ladung des Leiters galt, in der Induktionstheorie als Oberflächenladung des umgebenden Dielektrikums bezeichnet werden.

Nach dieser Theorie ist also jede Ladung das Endergebnis einer Polarisation im Dielektrikum. Die Polarisation besteht auch im Inneren der Substanz, aber sie wird hier durch das Nebeneinander entgegengesetzt geladener Teilchen aufgehoben, so daß die Wirkung der Ladungen sich nur an der Oberfläche des Dielektrikums bemerkbar macht.

Der früher (in Art. 76 und 77) gefundene Satz, daß der Induktionsfluß durch eine geschlossene Fläche gleich ist der gesamten Elektrizitätsmenge innerhalb der Fläche, multipliziert mit 4π, wird durch die Theorie vollkommen erklärt. Denn was wir den Induktionsfluß durch die Fläche genannt haben, ist nichts weiter als der mit 4π multiplizierte elektrische Verschiebungsfluß, und der gesamte Verschiebungsfluß nach außen muß notwendig gleich der Gesamtladung innerhalb der Fläche sein[1]).

Die Theorie erklärt auch, warum es unmöglich ist, einer Substanz eine „absolute Ladung" zu erteilen. Denn jedes

---

[1]) Maxwell nennt also die Größe $\mathfrak{D}$ „Polarisation" oder „Verschiebung" und die Größe $4\pi\mathfrak{D}$ „Induktion". — Vgl. hierzu auch Heaviside, Electromagnetic Theory I, p. 118.

Teilchen des Dielektrikums hat an seinen entgegengesetzten Seiten gleiche und entgegengesetzte Ladungen, wenn man nicht richtiger sagt, daß diese Ladungen nur Merkmale ein und derselben Erscheinung sind, die wir elektrische Polarisation nennen wollen.

Ein so polarisiertes dielektrisches Medium ist der Sitz elektrischer Energie, und die Energie in der Volumeneinheit ist numerisch gleich der elektrischen Spannung pro Flächeneinheit, nämlich gleich dem halben Produkt aus der Verschiebung und der elektrischen Feldstärke

$$p = \frac{1}{2}\,\mathfrak{D}\,\mathfrak{E} = \frac{\varepsilon}{8\,\pi}\,\mathfrak{E}^2 = \frac{2\,\pi}{\varepsilon}\,\mathfrak{D}^2,$$

wo p die elektrische Spannung, $\mathfrak{D}$ die Verschiebung, $\mathfrak{E}$ die elektrische Feldstärke und ε die Dielektrizitätskonstante ist.

Wenn das Medium nicht vollkommen isoliert, so läßt der Spannungszustand, den wir elektrische Polarisation nennen, dauernd nach. Das Medium weicht der elektrischen Kraft, die elektrische Spannung löst sich und die potentielle Energie des erzwungenen Zustandes verwandelt sich in Wärme. Die Geschwindigkeit dieser Entpolarisation hängt von der Art des Mediums ab. Bei manchen Glassorten können Tage und Jahre vergehen, bevor die Polarisation auf die Hälfte ihres ursprünglichen Wertes gesunken ist. Bei Kupfer erfolgt eine solche Abnahme in weniger als einer billionstel Sekunde. (Näheres darüber in Art. 325.)

Wir nahmen an, daß das Medium nach der Polarisation sich selbst überlassen bliebe. Bei der elektrischen Erscheinung, die wir elektrischen Strom nennen, sucht die dauernd durch das (leitende) Medium strömende Elektrizität den Polarisationszustand ebenso schnell wieder herzustellen als ihn die Leitfähigkeit verschwinden läßt. Der Stromerzeuger leistet also fortwährend Arbeit, um die Polarisation des Mediums aufrecht zu erhalten; die potentielle Polarisationsenergie wird dabei dauernd in Wärme verwandelt, so daß die zur Unterhaltung des Stromes aufgewendete Energie schließlich eine allmähliche Erwärmung des Leiters hervorruft so lange, bis durch Leitung und Strahlung so viel Wärme verloren geht, wie durch den Strom gleichzeitig erzeugt wird.

Kapitel VIII.

Einfache elektrische Felder.

Zwei parallele Ebenen.

[124.] Wir wollen zuerst zwei parallele, ebene, unendlich große Leiterflächen betrachten, die im Abstande c einander gegenüberstehen und von denen die eine auf dem Potential A, die andere auf dem Potential B erhalten wird.

Bekanntlich ist in diesem Falle das Potential V eine Funktion des Abstandes z von der Fläche A und hat auf einer zu den zwei Flächen A und B parallelen Ebene überall denselben Wert, mit Ausnahme an den Grenzen, die aber nach unserer Voraussetzung unendlich weit von dem betrachteten Punkte entfernt sind.

Daher wird die Laplacesche Gleichung div grad $V = 0$ auf die folgende reduziert:

$$\frac{d^2 V}{d z^2} = 0,$$

deren Lösung

$$V = C_1 + C_2 z$$

lautet; und da bei $z = 0$ $V = A$ und bei $z = c$ $V = B$ ist, so haben wir

$$V = A + (B - A)\frac{z}{c}.$$

Die elektrische Feldstärke ist in allen Punkten zwischen den Flächen senkrecht zu den Flächen und sie hat den Betrag

$$|\mathfrak{E}| = \frac{A - B}{c}.$$

Im Leitermaterial selbst ist $\mathfrak{E} = 0$. Die Elektrizitätsverteilung auf der ersten Fläche ist daher die Flächendichte σ, wenn

$$4\pi\sigma = |\mathfrak{E}| = \frac{A - B}{c}.$$

Auf der anderen Fläche mit dem Potential B ist die Flächendichte σ' gleich und entgegengesetzt σ, also

$$4\pi\sigma' = -|\mathfrak{E}| = \frac{B - A}{c}.$$

Wir wollen zunächst ein Stück der ersten Fläche vom Flächeninhalt S betrachten, das so gewählt ist, daß es in keinem Teile den Grenzen der Fläche nahe kommt.

Die Elektrizitätsmenge auf diesem Flächenstücke ist $e = S\sigma$, und nach Art. 79 wirkt auf jede Elektrizitätsmengeneinheit die Kraft $\frac{1}{2}|\mathfrak{E}|$, so daß eine Gesamtkraft von

$$F = \frac{1}{2}\,|\mathfrak{E}|\,S\sigma = \frac{1}{8\,\pi}\,\mathfrak{E}^2 S = \frac{S}{8\,\pi}\,\frac{(B-A)^2}{c^2}$$

auf das Flächenstück S wirkt und es gegen die andere Fläche zu ziehen strebt.

Die Anziehungskraft wird hier durch die Fläche S, die Differenz der zwei Flächenpotentiale $A - B$ und den Abstand c der Flächen ausgedrückt. Führt man die Ladung e_1 ein, so erhält man als Anziehungskraft auf die Fläche S

$$F = \frac{2\,\pi}{S}\,e_1^2.$$

Die elektrische Energie, die von der Elektrizitätsverteilung auf dem Flächenstücke S und einem entsprechenden Stücke S' auf der Fläche B herrührt, das dadurch bestimmt wird, daß S durch ein System von Kraftlinien, die in diesem Falle senkrecht zur Fläche stehen, auf die Fläche B projiziert wird, ist

$$W = \frac{1}{2}\,(e_1\,A + e_2\,B) = \frac{1}{2}\,\frac{S}{4\,\pi}\,\frac{(A-B)^2}{c}$$

$$= \frac{\mathfrak{E}^2}{8\,\pi}\,S c = \frac{2\,\pi}{S}\,e_1^2 c = F c.$$

Der erste Ausdruck ist der allgemeine Ausdruck für elektrische Energie (d. h. er gilt nicht nur für den Plattenkondensator, sondern für jedes System von zwei Leitern, wenigstens bei elektrischem Gleichgewicht).

Der zweite stellt die Energie durch die Flächenstücke, ihren Abstand und die Differenz ihrer Potentiale dar.

Der dritte durch die elektrische Feldstärke $\mathfrak{E}$ und durch das von den zwei Flächenstücken S und S' eingeschlossene Volumen $S c$ und zeigt, daß die Energie pro Volumeneinheit p ist, wenn $8\,\pi\,p = \mathfrak{E}^2$.

Die Anziehung zwischen den beiden Platten ist $p\,S$, oder mit anderen Worten, auf jede Flächeneinheit wirkt eine elektrische Spannung (oder ein negativer Druck) $= p$.

Der vierte Ausdruck stellt die Energie durch die Ladung dar.

Der fünfte zeigt, daß die elektrische Energie gleich der Arbeit ist, die von der elektrischen Kraft zu leisten wäre, um die beiden Flächen bei Parallelverschiebung und bei konstanter Ladung aneinander zu bringen.

Um die Ladung durch die Potentialdifferenz auszudrücken, haben wir die Gleichung

$$e_1 = \frac{1}{4\,\pi}\,\frac{S}{c}\,(A - B) = q\,(A - B).$$

q ist die Ladung bei der Potentialdifferenz Eins und wird die Kapazität der Fläche S, bezogen auf ihre Lage zur zweiten Fläche, genannt.

Wir wollen nun annehmen, daß das Medium zwischen den beiden Flächen nicht mehr Luft, sondern irgend ein anderes Dielektrikum mit der Dielektrizitätskonstante ε sei; dann ist die zu einer gewissen Potentialdifferenz gehörige Ladung ε mal so groß, wie bei Luft, oder

$$e_1 = \frac{\varepsilon\,S}{4\,\pi\,c}\,(A - B).$$

Die Gesamtenergie ist

$$W = \frac{\varepsilon\,S}{8\,\pi\,c}\,(A - B)^2 = \frac{2\,\pi}{\varepsilon\,S}\,e_1^2\,c.$$

Die zwischen den Flächen wirkende Kraft ist dann

$$F = p\,S = \frac{\varepsilon\,S}{8\,\pi}\,\frac{(A - B)^2}{c^2} = \frac{2\,\pi}{\varepsilon\,S}\,e_1^2.$$

Die Kraft zwischen zwei auf konstanten Potentialen erhaltenen Flächen ist also der Dielektrizitätskonstante ε direkt proportional; werden aber nicht die Potentiale, sondern die Ladungen der Flächen konstant erhalten, so ist die Kraft zwischen ihnen umgekehrt proportional ε.

Zwei konzentrische Kugelflächen.

[125.] Wenn zwei konzentrische Kugelflächen mit den Radien a und b, von denen b der größere ist, auf den konstanten Potentialen A und B erhalten werden, so ist das Potential V offenbar eine Funktion des Abstandes r vom Mittelpunkte. In diesem Falle heißt die Laplacesche Gleichung:

$$\frac{1}{r^2}\frac{d}{dr}\left(r^2\frac{dV}{dr}\right) = 0$$

oder

$$\frac{d^2V}{dr^2} + \frac{2}{r}\frac{dV}{dr} = 0.$$

Die Lösung davon ist zunächst $r^2 dV/dr = \text{konst}$ und weiter

$$V = C_1 + \frac{C_2}{r};$$

und die Bedingung, daß $V = A$ sein muß, wenn $r = a$, und $V = B$, wenn $r = b$, liefert für den Raum zwischen den Kugelflächen

$$V = \frac{Aa - Bb}{a - b} + \frac{A - B}{\dfrac{1}{a} - \dfrac{1}{b}}\frac{1}{r} = B + (A - B)\frac{\dfrac{1}{r} - \dfrac{1}{b}}{\dfrac{1}{a} - \dfrac{1}{b}};$$

$$|\mathfrak{E}| = -\frac{dV}{dr} = \frac{A - B}{\dfrac{1}{a} - \dfrac{1}{b}}\frac{1}{r^2}.$$

Wenn σ_1 und σ_2 die Flächendichten an den sich gegenüberliegenden Flächen einer festen Kugel vom Radius a und einer Hohlkugel vom Radius b sind, so ist

$$\sigma_1 = \frac{1}{4\pi a^2}\frac{A - B}{\dfrac{1}{a} - \dfrac{1}{b}}, \qquad \sigma_2 = \frac{1}{4\pi b^2}\frac{B - A}{\dfrac{1}{a} - \dfrac{1}{b}}.$$

Wenn e_1 und e_2 die Gesamtladungen auf diesen Flächen sind, so ergibt sich für sie

$$e_1 = 4\pi a^2 \sigma_1 = \frac{A - B}{\dfrac{1}{a} - \dfrac{1}{b}} = -e_2.$$

Die Kapazität der eingeschlossenen Fläche ist daher $\dfrac{ab}{b - a}$.

Wenn die äußere Oberfläche der Schale auch kugelförmig ist und den Radius c hat, so ist ihre Ladung, wenn keine weiteren Leiter in der Nähe sind,

$$e_3 = \frac{B - 0}{\dfrac{1}{c} - \dfrac{1}{\infty}} = Bc.$$

Die Gesamtladung der inneren Kugel ist daher

$$e_1 = \frac{ab}{b-a}(A-B)$$

und die der äußeren Hohlkugel

$$e_2 + e_3 = \frac{ab}{b-a}(B-A) + Bc.$$

Setzen wir $b = \infty$, so haben wir den Fall einer Kugel im unendlichen Raume. Die Kapazität einer solchen Kugel ist a, d. h. sie ist numerisch gleich dem Radius der Kugel.

Die elektrische Spannung (Flächenkraft) ist für die innere Kugel

$$p = \frac{1}{8\pi}\frac{b^2}{a^2}\left(\frac{A-B}{b-a}\right)^2.$$

Der daraus für die Halbkugel resultierende Zug ist $\pi a^2 p = F$ und ist senkrecht zur Basis der Halbkugel gerichtet; wenn diese durch eine Flächenspannung längs dem Grenzkreise der Halbkugel mit der Spannung T auf die Längeneinheit im Gleichgewicht erhalten wird, so haben wir

$$F = 2\pi a T.$$

Folglich

$$F = \frac{b^2}{8}\left(\frac{A-B}{b-a}\right)^2 = \frac{e_1^2}{8a^2},$$

$$T = \frac{b^2}{16\pi a}\left(\frac{A-B}{b-a}\right)^2.$$

Wenn eine runde Seifenblase vom Radius a auf das Potential A aufgeladen wird, so ist ihre Ladung Aa und ihre Flächendichte

$$\sigma = \frac{1}{4\pi}\frac{A}{a}.$$

Die Feldstärke dicht außerhalb der Fläche ist $4\pi\sigma$, innerhalb der Blase ist sie Null, so daß nach Art. 79 die elektrische Kraft auf die Einheit der Oberfläche $2\pi\sigma^2$ ist und nach außen gerichtet ist. Die elektrische Ladung vermindert daher den Luftdruck innerhalb der Blase um $2\pi\sigma^2$ oder

$$\frac{1}{8\pi}\frac{A^2}{a^2}.$$

Es kann andererseits gezeigt werden, daß wenn T_0 die Spannung des Flüssigkeitshäutchens quer zur Längeneinheit ist, daß dann ein innerer Druck von $\dfrac{2T_0}{a}$ nötig ist, um die Blase am

Zusammenfallen zu hindern. Ist die elektrische Kraft gerade so groß, daß sie die Blase im Gleichgewicht erhält, wenn innerer und äußerer Luftdruck gleich sind, so ist

$$A^2 = 16\,\pi\,a\,T_0.$$

Zwei unendlich lange konaxiale Zylinderflächen.

[126.] Es sei ein gut leitender Zylinder gegeben, dessen Mantelfläche außen den Radius a hat, und dazu konaxial ein Hohlzylinder, dessen innere Mantelfläche den Radius b hat. Die Potentiale der beiden Zylinder seien A und B. Da das Potential V in diesem Falle nur eine Funktion des Abstandes r von der Achse ist, so lautet die Laplacesche Gleichung hier

$$\frac{1}{r}\frac{d}{dr}\left(r\frac{dV}{dr}\right) = 0$$

oder

$$\frac{d^2 V}{dr^2} + \frac{1}{r}\frac{dV}{dr} = 0,$$

woraus zunächst $r\,dV/dr = $ konst und weiter

$$V = C_1 + C_2 \ln r$$

folgt. Da $V = A$, wenn $r = a$, und $V = b$, wenn $r = b$, so ist

$$V = \frac{A \ln \dfrac{b}{r} + B \ln \dfrac{r}{a}}{\ln \dfrac{b}{a}} = B + (A - B)\frac{\ln \dfrac{b}{r}}{\ln \dfrac{b}{a}}.$$

Wenn σ_1 und σ_2 die Flächendichten an der inneren und an der äußeren Fläche sind, ist ferner

$$4\,\pi\,\sigma_1 = \frac{A - B}{a \ln \dfrac{b}{a}}, \qquad 4\,\pi\,\sigma_2 = \frac{B - A}{b \ln \dfrac{b}{a}}.$$

Sind e_1 und e_2 die Ladungen von zwei Stücken der beiden Zylinder zwischen zur Achse senkrechten Querschnitten mit dem Abstande l voneinander, so ist

$$e_1 = 2\,\pi\,a\,l\,\sigma_1 = \frac{1}{2}\frac{A - B}{\ln \dfrac{b}{a}}\,l = -\,e_2.$$

Die Kapazität eines Stückes des inneren Zylinders von der Länge l ist daher

$$\frac{1}{2}\frac{l}{\ln\dfrac{b}{a}}.$$

Ist der Raum zwischen den Zylindern statt mit Luft mit einem Dielektrikum von der Dielektrizitätskonstante ε erfüllt, dann ist die Kapazität des inneren Zylinders für die Länge l

$$\frac{1}{2}\frac{\varepsilon l}{\ln\dfrac{b}{a}}.$$

Die Energie der Elektrizitätsverteilung auf dem betrachteten Stücke des unendlich langen Zylinders ist [1])

$$\frac{1}{4}\frac{\varepsilon l(A-B)^2}{\ln\dfrac{b}{a}}.$$

[127.] Es seien zwei hohle zylindrische Leiter A und B (Fig. 2) von unbestimmter Länge gegeben. Ihre gemeinschaftliche Achse diene als x-Achse. Der eine erstrecke sich nach der positiven, der andere nach der negativen Seite der Koordinatenachse, und im Koordinatennullpunkt seien sie durch eine kurze Strecke voneinander getrennt.

Ein Zylinder C von der Länge $2l$ sei so angebracht, daß sein Mittelpunkt im Abstande x nach der positiven Seite vom Nullpunkt liegt, daß er aber in beide Zylinder hineinragt.

---

[1]) In den Formeln der Art. 124 bis 126 offenbart sich, daß das absolute elektrostatische Maßsystem dem Kugeloberflächenfaktor 4π eine unpassende Stellung anweist. Führen wir wieder die willkürliche Konstante $\varDelta_0$ aus der Anmerkung zu Art. 101 e (S. 30) ein, so ist die Kapazität des Plattenkondensators, des Kugelkondensators und des Zylinderkondensators

$$\varDelta_0\frac{S}{c},\qquad \varDelta_0\frac{4\pi}{\dfrac{1}{a}-\dfrac{1}{b}},\qquad \varDelta_0\frac{2\pi l}{\ln\dfrac{b}{a}}.$$

Die Multiplikation mit $A-B$ ergibt die Ladung e_1 und die Multiplikation mit $\frac{1}{2}(A-B)^2$ die Energie. Die Energie kann man auch dadurch erhalten, daß man $\frac{1}{2}e_1^2$ durch die Kapazität dividiert. Das absolute elektrostatische Maßsystem setzt unzweckmäßigerweise $\varDelta_0=\dfrac{1}{4\pi}.$

Das Potential des Zylinders auf der positiven Seite sei A, das des anderen B und das des inneren C. α sei die Kapazität pro Längeneinheit von C gegen A, β gegen B.

Die Flächendichte auf den Zylindern in der Nähe des Koordinatennullpunktes und in gegebenen kleinen Abständen von den inneren Zylinderenden wird durch den Wert von x nicht beeinflußt, solange der innere Zylinder einigermaßen weit in die beiden äußeren hineinragt. Die Elektrizitätsverteilung in der Nähe der Enden der beiden Hohlzylinder und des inneren Zylinders sind wir vorläufig noch nicht imstande zu berechnen; aber in der Nähe des

Fig. 2.

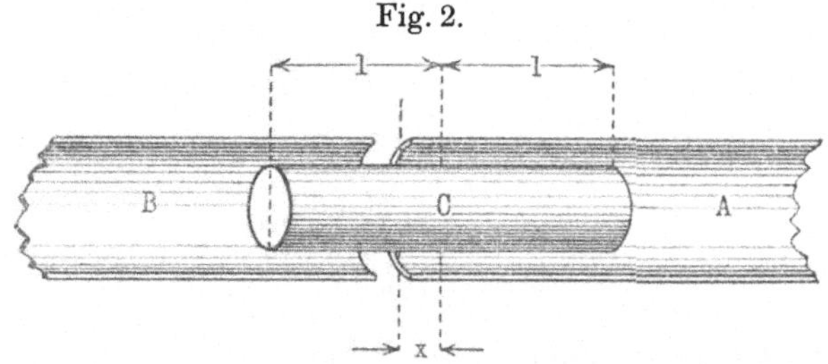

Nullpunktes wird an der Elektrizitätsverteilung durch eine Verschiebung des inneren Zylinders nichts geändert, solange nicht seine Enden dem Nullpunkte nahe kommen, und an den Enden macht die Elektrizitätsverteilung die Bewegung des Zylinders mit, so daß die einzige Wirkung einer Verschiebung des inneren Zylinders die ist, daß der Teil des inneren Zylinders, an dem die Elektrizitätsverteilung angenähert so ist, wie bei einem unendlich langen Zylinder, größer oder kleiner wird.

Demnach ist die Gesamtenergie des Systems, soweit sie von x abhängt,

$$Q = \tfrac{1}{2}\alpha\,(l + x)\,(C - A)^2 + \tfrac{1}{2}\beta\,(l - x)\,(C - B)^2$$
$$+ \text{ von } x \text{ unabhängige Größen.}$$

Da die Energie durch die Potentiale ausgedrückt ist, so ist die resultierende Kraft, parallel zur Zylinderachse[1]),

$$X = \frac{\partial Q}{\partial x} = \tfrac{1}{2}\alpha\,(C - A)^2 - \tfrac{1}{2}\beta\,(C - B)^2.$$

[1]) Bei konstanten Elektrizitätsmengen ist die Arbeit, die die mechanischen Kräfte elektrischen Ursprungs bei einer Verrückung oder Verzerrung der Körper leisten, gleich der Abnahme der elektrischen Energie. Die Arbeit wird also auf Kosten der Feldenergie geleistet. Bei konstanten Potentialen

Wenn die Zylinder A und B gleichen Querschnitt haben, so ist $\alpha = \beta$ und

$$X = \alpha\,(B - A)\,[C - \tfrac{1}{2}\,(A + B)].$$

Es geht daraus hervor, daß eine konstante Kraft auf den inneren Zylinder wirkt, die ihn in denjenigen Zylinder hineinzuziehen sucht, dessen Potential mehr von dem seinigen abweicht.

Wenn C numerisch groß ist und $A + B$ dagegen klein, so ist die Kraft angenähert

$$X = \alpha\,(B - A)\,C,$$

so daß wir die Potentialdifferenz der zwei Zylinder ermitteln können, wenn wir X messen können; die Genauigkeit der Messung kann dadurch gesteigert werden, daß wir das Potential C des inneren Zylinders erhöhen.

Dieses Prinzip liegt in einer modifizierten Form dem Quadrantenelektrometer von Thomson zugrunde.

Verbindet man B mit C, so kann dieselbe Anordnung zu Kapazitätsmessungen benutzt werden. Wenn das Potential von A Null und das von B und C V ist, dann ist die auf A befindliche Elektrizitätsmenge

$$e_3 = [q_{13} + \alpha\,(l + x)]\,V;$$

wo q_{13} eine Größe ist, die von der Elektrizitätsverteilung an den Zylinderenden, aber nicht von x abhängt, so daß bei einer Verschiebung von C nach rechts von x bis $x + \xi$ die Kapazität des Zylinders C um die endliche Größe $\alpha\xi$ zunimmt, wo

$$\alpha = \frac{1}{2\ln\dfrac{b}{a}}.$$

a und b sind hierbei die Radien der sich gegenüberstehenden Zylinderflächen.

---

ist dagegen die Arbeit gleich der Zunahme der elektrischen Energie. Um die Potentiale bei der Bewegung konstant zu halten, müssen die Elektrizitätsquellen eine Energiemenge zuführen, deren eine Hälfte in mechanische Arbeit übergeht und deren andere Hälfte sich im Felde aufspeichert. (Vgl. die hier nicht wiedergegebenen Art. 93a—c.)

II. Aus der Elektrokinematik.

Leitung in Dielektriken.

[325.] Wir haben gesehen, daß in einem dielektrischen Medium durch eine elektrische Feldstärke ein Zustand hervorgerufen wird, den wir elektrische Polarisation nannten. Er besteht nach unseren früheren Angaben aus einer elektrischen Verschiebung innerhalb des Mediums in einer Richtung, die bei isotropen Medien mit der Richtung der elektrischen Feldstärke zusammenfällt, und aus einer Oberflächenladung aller der Volumenelemente, aus denen man sich das Medium bestehend denken kann; ist die Feldstärke von der Seite 1 nach der Seite 2 eines Volumenelementes gerichtet, so ist seine Oberfläche auf der Seite 1 positiv, auf der Seite 2 negativ geladen.

In leitenden Medien ruft die elektrische Feldstärke das hervor, was wir einen elektrischen Strom nennen.

Nun sind aber alle dielektrischen Medien mit wenig oder gar keinen Ausnahmen auch nichts anderes als mehr oder weniger schlechte Leiter, und sehr viele nicht gut isolierende Stoffe zeigen die Erscheinung einer dielektrischen Induktion. Wir wollen daher den Zustand eines Mediums untersuchen, in dem zu gleicher Zeit Induktion und Leitung zustande kommt.

Der Einfachheit wegen wollen wir annehmen, daß das Medium überall isotrop ist, es braucht aber nicht notwendig überall homogen zu sein. Die Poissonsche Gleichung heißt in diesem Falle

$$\text{div}\,(\varepsilon\,\mathfrak{E}) = 4\,\pi\,\varrho, \tag{1}$$

wo ε die Dielektrizitätskonstante ist.

Die Kontinuitätsgleichung für elektrische Ströme wird hier

$$\text{div}\left(\frac{1}{r}\,\mathfrak{E}\right) = -\frac{d\varrho}{dt}, \tag{2}$$

wobei r der spezifische Widerstand, bezogen auf die Volumeneinheit, ist.

Wenn ε oder r unstetig sind, so müssen diese Gleichungen so umgewandelt werden, daß sie für Unstetigkeitsflächen gelten.

In einem absolut homogenen Medium sind r und ε beide konstant, so daß

$$(3) \qquad \operatorname{div}\mathfrak{E} = 4\,\pi\,\frac{\varrho}{\varepsilon} = -\,r\,\frac{d\varrho}{dt},$$

woraus folgt

$$(4) \qquad \varrho = C\,e^{-\frac{4\pi}{\varepsilon r}t};$$

oder wenn wir

$$(5\,\mathrm{a}) \qquad T = \frac{\varepsilon\,r}{4\,\pi}$$

setzen,

$$(5\,\mathrm{b}) \qquad \varrho = C\,e^{-\frac{t}{T}}.$$

Dieses Ergebnis zeigt, daß in einem beliebig geladenen homogenen Medium, das irgendeinem äußeren elektrischen Felde ausgesetzt wird, die ursprünglichen inneren Ladungen mit einer von dem äußeren Felde unabhängigen Schnelligkeit verklingen, so daß schließlich innerhalb des Mediums keine elektrische Ladung mehr vorhanden ist. Hinterdrein können äußere Felder eine Ladung im Innern des Mediums weder hervorrufen, noch aufrecht erhalten, wenn nur überall im Medium dieselbe Beziehung zwischen elektrischer Feldstärke, elektrischer Polarisation und Leitung besteht, wenn also das Medium homogen ist. Sonst können z. B. bei plötzlichen Entladungen innere Ladungen entstehen[1]).

Maxwell berücksichtigt hier nicht, daß da, wo sich Dielektrizitätskonstante und spezifischer Widerstand räumlich ändern, im allgemeinen noch eine eingeprägte Feldstärke $\mathfrak{E}^e$ einzuführen sein wird (sogenannte elektromotorische Kraft der galvanischen und Thermoelemente, Thomsoneffekt usw.). Das ist ein zeitlich konstanter Vektor, der nur in heterogenen Leitern von Null verschieden ist. Die Stromdichte $\mathfrak{K}$ ist nicht einfach $=\mathfrak{E}:r$, sondern das Ohmsche Gesetz wird ausgedrückt durch

$$r\,\mathfrak{K} = \mathfrak{E} + \mathfrak{E}^e.$$

Wir beschränken uns auf den Fall einer sprunghaften Änderung von ε und r an einer Fläche. Die Flächendichte der Elektrizität ist

$$\sigma = \operatorname{Div}\mathfrak{D} = \frac{\mathfrak{n}}{4\,\pi}(\varepsilon\,\mathfrak{E} - \varepsilon'\,\mathfrak{E}').$$

---

[1]) Siehe den hier nicht wiedergegebenen Art. 329, ferner K. W. Wagner, Arch. f. Elektrotechn. 1914, S. 371 (Erklärung der dielektrischen Nachwirkungsvorgänge auf Grund Maxwellscher Vorstellungen).

Nehmen wir zunächst an, daß kein Strom fließt ($\Re = o$), so ist $\mathfrak{E} = - \mathfrak{E}^e$, und σ nimmt den Wert an

$$\sigma_0 = - \frac{\mathfrak{n}}{4\,\pi}\,(\varepsilon\,\mathfrak{E}^e - \varepsilon'\,\mathfrak{E}^{e'}).$$

Wenn dagegen Strom fließt, wird σ von σ_0 verschieden, nämlich, da

$$\frac{\varepsilon}{4\,\pi}\,(\mathfrak{E} + \mathfrak{E}^e) = T\Re$$

ist ($T = $ Relaxationszeit),

$$\sigma - \sigma_0 = \mathfrak{n}\,(T\Re - T'\,\Re') = \mathrm{Div}\,T\Re.$$

Nun kann man schreiben

$$\mathfrak{n}\,(T\Re - T'\,\Re') = \frac{T + T'}{2}\,\mathfrak{n}\,(\Re - \Re') + \frac{\Re + \Re'}{2}\,\mathfrak{n}\,(T - T')$$

oder

$$\mathrm{Div}\,T\Re = \frac{T + T'}{2}\,\mathrm{Div}\,\Re + \frac{\Re + \Re'}{2}\,\mathrm{Grad}\,T.$$

Hierin ist $\mathrm{Div}\,\Re = - \dfrac{\partial\,\sigma}{\partial\,t}$, also

$$\sigma - \sigma_0 = - \frac{T + T'}{2}\,\frac{\partial\,\sigma}{\partial\,t} + \frac{\Re + \Re'}{2}\,\mathrm{Grad}\,T.$$

Im Beharrungszustande ist $\mathfrak{n}\,\Re = \mathfrak{n}\,\Re'$, daher

$$\sigma = \sigma_0 + \Re\,\mathrm{Grad}\,T.$$

Vgl. E. Cohn, Das elektromagnetische Feld, S. 126.

IĪI. Aus dem Magnetismus.

Kapitel II.

Magnetische Feldstärke und magnetische Induktion.

[395.] Wir haben in Art. 385 das magnetische Potential eines Magneten, dessen Magnetisierung in jedem Punkte bekannt ist, bestimmt und haben gezeigt, daß das mathematische Ergebnis entweder durch die Magnetisierung jedes Magnetelementes ausgedrückt werden kann oder durch die gedachte Verteilung einer „magnetischen Substanz", die teils auf der Oberfläche des Magneten kondensiert ist, teils sein Inneres durchzieht.

Das so definierte Potential wird für jeden Punkt auf dieselbe Weise gefunden, einerlei ob der Punkt innerhalb oder

außerhalb des Magneten liegt. Die Kraft, die auf einen außerhalb des Magneten liegenden Einheitsmagnetpol wirkt — wir
wollen sie die **magnetische Feldstärke** nennen —, erhält man
aus dem Potential V durch denselben Differentialoperator, wie bei
dem analogen elektrischen Problem. Die Feldstärke $\mathfrak{H}$ ist also

$$\mathfrak{H} = -\operatorname{grad} V.$$

Wollen wir die magnetische Feldstärke innerhalb eines Magneten experimentell bestimmen, so müssen wir den Magneten an
dem betreffenden Punkte **aushöhlen** und in die Höhlung einen
magnetischen Einheitspol einführen. Im allgemeinen wird dann
die auf den Pol wirkende Kraft auch von der Form der Höhlung
und von der Neigung ihrer Wandungen zur Magnetisierungsrichtung abhängen. Wenn man daher von magnetischer Feldstärke
innerhalb des Magneten spricht, ist es nötig, um eindeutig zu
sein, Form und Lage der Höhlung anzugeben, in der die Feldstärke gemessen worden ist. Es ist klar, daß wenn Form und
Lage der Höhlung bestimmt sind, der Einheitspol nicht mehr als
innerhalb der magnetischen Substanz liegend angesehen werden
kann, und daß daher die gewöhnlichen Methoden zur Messung
der Feldstärke anwendbar sind.

[396.] Wir wollen nun ein Stück des Magneten ins Auge
fassen, in dem Magnetisierungsrichtung und -stärke gleichförmig
sind, und dort eine Höhlung annehmen, deren Achse parallel zur
Magnetisierungsrichtung liegt; in den Achsenmittelpunkt werde
ein Einheitspol gebracht.

Da die Erzeugenden des Zylinders in der Magnetisierungsrichtung liegen, entsteht auf der Zylinderfläche kein Oberflächenmagnetismus; an den kreisförmigen Zylinderendflächen, die senkrecht zur Magnetisierungsrichtung stehen, bildet sich ein gleichförmiger Oberflächenmagnetismus aus, dessen Flächendichte am
negativen Ende $+J$, am positiven Ende $-J$ ist.

Die Länge der Zylinderachse sei $2b$, der Radius des Zylinders a.
Die Kraft, die von einem so verteilten Oberflächenmagnetismus
auf den im Achsenmittelpunkt liegenden Einheitspol ausgeübt
wird, setzt sich aus der anziehenden Kraft der südmagnetischen
Scheibe auf der positiven Seite und der abstoßenden Kraft der
nordmagnetischen Scheibe auf der negativen Seite zusammen.

Diese zwei Kräfte sind gleich und gleichgerichtet, und ihre Summe ist[1])

$$H_h'' = 4\,\pi\,J\left(1 - \frac{b}{\sqrt{a^2 + b^2}}\right).$$

Daraus geht hervor, daß die Kraft nicht von der Größe der Höhlung abhängt, sondern von dem Verhältnis der Länge zum Durchmesser des Zylinders. Wie klein wir folglich auch die Höhlung machen mögen, so bleibt doch die von ihrer Oberflächenmagnetisierung ausgehende Kraft im allgemeinen endlich.

[397.] Bisher hatten wir angenommen, daß in dem Teile des Magnets, aus dem der Zylinder ausgehöhlt ist, Magnetisierungsrichtung und -stärke gleichförmig seien. Läßt man diese Einschränkung fallen, so wird im allgemeinen die gedachte magnetische Substanz im ganzen Magneten verteilt sein. Durch das

---

[1]) Dieser Wert von H_h'' ergibt sich folgendermaßen. Das magnetische Potential an einem Punkte der Zylinderachse, der von der Mitte um die Strecke y nach der südmagnetischen Stirnfläche hin abliegt, ist

$$\psi = \oint \frac{\sigma\,d o}{r} = \int_0^a \frac{(+\,\sigma)\cdot 2\,\pi\,\xi\cdot d\xi}{\sqrt{\xi^2 + (b + y)^2}} + \int_0^a \frac{(-\,\sigma)\cdot 2\,\pi\,\xi\cdot d\xi}{\sqrt{\xi^2 + (b - y)^2}}$$

$$= 2\,\pi\,\sigma\left[\sqrt{a^2 + (b + y)^2} - \sqrt{a^2 + (b - y)^2} - 2\,y\right].$$

Die y-Komponente der magnetischen Feldstärke an jenem Punkte ist

$$-\frac{\partial\psi}{\partial y} = 2\,\pi\,\sigma\left(2 - \frac{b + y}{\sqrt{a^2 + (b + y)^2}} - \frac{b - y}{\sqrt{a^2 + (b - y)^2}}\right).$$

Aus Symmetriegründen müssen die anderen Komponenten auf der Zylinderachse gleich Null sein. Die Feldstärke auf der Mitte der Zylinderachse $y = 0$ ist daher

$$H_h'' = 4\,\pi\,\sigma\left(1 - \frac{b}{\sqrt{a^2 + b^2}}\right).$$

Man kann natürlich auch erst nach y differentiieren und dann nach ξ integrieren:

$$-\frac{\partial\psi}{\partial y} = 2\,\pi\,\sigma\int_0^a \xi\,d\xi\left(\frac{y + b}{[\xi^2 + (y + b)^2]^{3/2}} - \frac{y - b}{[\xi^2 + (y - b)^2]^{3/2}}\right).$$

Setzt man hierin $y = 0$, so findet man

$$H_h'' = 2\,\pi\,\sigma\,b\int_0^a \frac{2\,\xi\,d\xi}{(\xi^2 + b^2)^{3/2}} = 2\,\pi\,\sigma\,b\left(\frac{2}{b} - \frac{2}{\sqrt{a^2 + b^2}}\right) = 4\,\pi\,\sigma\left(1 - \frac{b}{\sqrt{a^2 + b^2}}\right)$$

Aushöhlen des Zylinders wird ein Teil dieser Substanz entfernt; da aber bei solchen festen Körpern die Kräfte an korrespondierenden Punkten proportional zu den linearen Dimensionen sind, so wird die von der Raumdichte der magnetischen Substanz herrührende Kraftwirkung auf den Magnetpol mit abnehmender Größe der Höhlung unendlich klein, während die von der Flächendichte an den Wänden herrührende Kraftwirkung im allgemeinen endlich bleibt.

Wenn wir daher den Zylinder so klein annehmen, daß die Magnetisierungsrichtung in dem ausgeschnittenen Teile überall als parallel zur Zylinderachse und die Magnetisierungsstärke überall als gleich und von der Größe J angesehen werden kann, so setzt sich die auf einen in der Mitte der Zylinderachse des Loches befindlichen Magnetpol wirkende Kraft $\mathfrak{H}_h$ aus zwei Kräften $\mathfrak{H}_h'$ und $\mathfrak{H}_h''$ zusammen. Die erste $\mathfrak{H}_h'$ rührt von der Verteilung der magnetischen Substanz auf den Oberflächen des Magneten und in seinem Inneren mit Ausnahme der Höhlung her. Diese Kraft ist das Potentialgefälle. Die zweite ist die Kraft $\mathfrak{H}_h''$; sie wirkt längs der Zylinderachse in der Magnetisierungsrichtung. Die Größe H_h'' dieser Kraft hängt von dem Verhältnis der Länge der zylindrischen Höhlung zu ihrem Durchmesser ab.

[398.] I. Fall. Dieses Verhältnis sei sehr groß, d. h. der Zylinderdurchmesser sei im Verhältnis zur Länge klein. Entwickeln wir den Ausdruck für H_h'' nach Potenzen von a/b, so finden wir

$$H_h'' = 4\,\pi\,J\left(\frac{1}{2}\,\frac{a^2}{b^2} - \frac{3}{8}\,\frac{a^4}{b^4} + \cdots\right).$$

Danach verschwindet H_h'', wenn das Verhältnis b/a unendlich groß wird. Ist die Höhlung also sehr eng und liegt ihre Achse parallel zur Magnetisierungsrichtung, so wird die magnetische Feldstärke im Inneren der Höhlung durch die Oberflächenverteilung an den Zylinderenden nicht beeinflußt, und sie ist einfach

$$\mathfrak{H}_h = \mathfrak{H}_h' = -\operatorname{grad} V.$$

Wir wollen die Feldstärke in einer Höhlung von solcher Form als die magnetische Feldstärke **innerhalb des Magneten** bezeichnen und ihr das Vektorzeichen $\mathfrak{H}$ erteilen. Sir William Thomson nannte dies die Polardefinition der magnetischen Kraft.

[399.] II. Fall. Die Zylinderhöhe sei sehr klein im Vergleich zum Durchmesser, so daß aus dem Zylinder eine dünne Scheibe wird. Entwickeln wir den Ausdruck für H''_h nach Potenzen von b/a, so erhalten wir

$$H''_h = 4\,\pi\,J\left(1 - \frac{b}{a} + \frac{1}{2}\,\frac{b^3}{a^3} - \cdots\right).$$

Für unendlich großes a/b nähert sich also H''_h dem Grenzwert $4\,\pi\,J$.

Wenn also die Höhlung die Form einer dünnen Scheibe hat, deren Ebene senkrecht zur Magnetisierungsrichtung steht, so wirkt der Flächenmagnetismus auf den Kreisflächen der Scheibe mit der Kraft $H''_h = 4\,\pi\,J$ in der Magnetisierungsrichtung auf einen im Scheibenmittelpunkt stehenden Einheitspol.

Die Kraft $\mathfrak{H}''_h$ muß mit der Kraft $\mathfrak{H}'_h$ zusammengesetzt werden:

$$\mathfrak{H}_h = \mathfrak{H}'_h + \mathfrak{H}''_h = -\operatorname{grad} V + 4\,\pi\,\mathfrak{J}.$$

[400.] Die Feldstärke $\mathfrak{H}_h$ innerhalb einer scheibenförmigen Höhlung, deren ebene Wände senkrecht zur Magnetisierungsrichtung stehen, wollen wir als **magnetische Induktion** $\mathfrak{B}$ im **Magneten** bezeichnen. Sir William Thomson nannte dies die elektromagnetische Definition der magnetischen Kraft.

Die drei Vektoren: die Magnetisierung $\mathfrak{J}$, die magnetische Feldstärke $\mathfrak{H}$ und die magnetische Induktion $\mathfrak{B}$ sind miteinander durch die Vektorgleichung

$$\mathfrak{B} = \mathfrak{H} + 4\,\pi\,\mathfrak{J}$$

verknüpft.

Die Definition der magnetischen Feldstärke im Eisen durch die Feldstärke in einer fadenförmigen Höhlung und die Definition der magnetischen Induktion im Eisen durch die Feldstärke in einer scheibenförmigen Höhlung werden wohl jeden damit noch nicht vertrauten anfänglich befremden. Diese Definitionsweise ist aber nur der Form nach von der folgenden verschieden: Die magnetische Feldstärke $\mathfrak{H}$ im Eisen wird dadurch erhalten, daß man das äußere Feld mit stetigen Tangentialkomponenten in das Eisen hinein fortsetzt, und die magnetische Induktion $\mathfrak{B}$ im Eisen dadurch, daß man das äußere Feld mit stetigen Normalkomponenten in das Eisen hinein fortsetzt, also $\mathfrak{H}$ durch wirbelfreie, $\mathfrak{B}$ durch quellenfreie Fortsetzung des äußeren Feldes. In der Tat war in der fadenförmigen Höhlung das Feld parallel zur Höhlenwand, in der scheibenförmigen senkrecht zu ihr. Bringen wir einen Eisenstab in ein

Magnetfeld und halten ihn parallel zu den Kraftlinien, so stimmt die Feldstärke im Eisen überein mit dem Feld in der Luft nahe an der Mantelfläche in der Mitte des Stabes (Feld in der „neutralen Zone") und die Induktion im Eisen mit dem Feld in der Luft nahe an den Stirnflächen auf der Mittelachse des Stabes. Die für diese Erklärung nötige Gleichförmigkeit des Feldes im Eisen können wir etwa dadurch erreichen, daß wir den Stab in eine lange Spule stecken.

Zu der Gleichung $\mathfrak{B} = \mathfrak{H} + 4\pi\mathfrak{J}$ ist noch zu bemerken, daß Maxwell unter $\mathfrak{J}$ im allgemeinen die scheinbare Magnetisierung, d. h. die Summe aus der permanenten und der induzierten verstanden wissen will, wie aus seinen Ausführungen in dem hier nicht wiedergegebenen Kap. IV (Art. 424 bis 430) hervorgeht.

Um das äußere Feld permanent magnetischer „Kreise" zu berechnen, empfiehlt es sich, für das Innere der permanenten Magnete eine lineare Gleichung $\mathfrak{B} = \mu(\mathfrak{H} + \mathfrak{H}^e)$ und darin die „Permeabilität" μ und die „eingeprägte Feldstärke" $\mathfrak{H}^e$ als konstant anzunehmen. μ ist für harten Stahl von der Größenordnung 150. Sind keine fremden Felder vorhanden, so ist $\mu\mathfrak{H}^e$ die Maximalinduktion. Die Feldstärke $\mathfrak{H}$ ist beim geschlitzten magnetischen Kreise das, was man die entmagnetisierende Kraft der Enden zu nennen pflegt, sie wirkt der eingeprägten Feldstärke entgegen. Hierbei ist vorausgesetzt, daß sich in der Nähe keine Ströme befinden. Dann ist auch noch überall rot $\mathfrak{H} = 0$, insbesondere auch an der Oberfläche des Magnets. Im „geschlossenen magnetischen Kreis", d. h. im pollosen Ringmagneten ist $\mathfrak{H} = 0$.

Die induzierte Magnetisierung ist $\mathfrak{J}^i = \dfrac{\mu - 1}{4\pi}\mathfrak{H}$ und die permanente $\mathfrak{J}^p = \dfrac{\mu}{4\pi}\mathfrak{H}^e$. Die Dichte des permanenten Magnetismus ist $+\dfrac{1}{4\pi}\operatorname{div}\mu\mathfrak{H} = -\dfrac{1}{4\mu}\operatorname{div}\mu\mathfrak{H}^e$, die Dichte des induzierten Magnetismus $-\dfrac{1}{4\pi}\operatorname{div}(\mu-1)\mathfrak{H}$ und die Dichte des scheinbaren Magnetismus $+\dfrac{1}{4\pi}\operatorname{div}\mathfrak{H}$. Allgemein ist also die Dichte des Magnetismus entgegengesetzt gleich der Divergenz der entsprechenden Magnetisierung.

In Art. 428 definiert Maxwell μ als relative Permeabilität. Dagegen versteht er in den Art. 615, 628, 786 unter μ die absolute Permeabilität. Deswegen mögen noch die folgenden Bemerkungen Platz finden. Ist die Dichte des permanenten Magnetismus

$$-\operatorname{div}\mathfrak{J} = -\operatorname{div}\Pi\mathfrak{H}^e = +\operatorname{div}\Pi\mathfrak{H},$$

so ist
$$\Pi\mathfrak{H} + \mathfrak{J} = \Pi(\mathfrak{H} + \mathfrak{H}^e)$$

ein quellenfreier Vektor, folglich, wenn β eine Konstante bedeutet, auch

$$\mathfrak{B} = \beta\,(\Pi\,\mathfrak{H} + \mathfrak{J}) = \beta\,\Pi\,(\mathfrak{H} + \mathfrak{H}^e).$$

Dabei soll die (Coulombsche) Kraftdichte durch $\mathfrak{k} = \mathfrak{H}\,\mathrm{div}\,\Pi\,\mathfrak{H}$ und die Energiedichte durch $t = {}^1/_2\,\Pi\,\mathfrak{H}^2$ angegeben werden. Wir nennen Π die absolute Permeabilität und bezeichnen ihren willkürlich wählbaren Wert für Luft mit Π_0. Die relative Permeabilität μ wird dann definiert durch $\Pi = \mu\,\Pi_0$. Das absolute magnetische Maßsystem setzt

$$\Pi_0 = \frac{1}{4\,\pi} \quad \text{und} \quad \beta = 4\,\pi.$$

Das Linienintegral der magnetischen Feldstärke.

[401.] Da die magnetische Feldstärke nach der Definition in Art. 398 nur von der Verteilung des freien Magnetismus auf der Oberfläche und im Inneren des Magneten abhängt und gar nicht von dem Flächenmagnetismus der Höhlung, so kann sie auch direkt aus dem allgemeinen Ausdruck für das Potential des Magneten abgeleitet werden; das Linienintegral der magnetischen Feldstärke vom Punkte A zum Punkte B längs einer beliebigen Kurve ist

$$\int_{(A)}^{(B)} \mathfrak{H}\,d\mathfrak{r} = V_A - V_B,$$

wobei V_A und V_B die Potentiale in den Punkten A und B angeben.

Das Flächenintegral der magnetischen Induktion oder der Induktionsfluß.

[402]. Der magnetische Induktionsfluß durch die Fläche f ist durch das Integral

$$Q = \int \mathfrak{B}\,d\mathfrak{f}$$

definiert, wobei $\mathfrak{B}$ die magnetische Induktion im Flächenelement $d\mathfrak{f}$, und $d\mathfrak{f}$ ein zum Flächenelement senkrechter Vektor vom Betrage df ist; die Integration hat sich über die ganze Fläche zu erstrecken, die entweder in sich geschlossen oder von einer geschlossenen Kurve begrenzt sein kann.

Führen wir statt der magnetischen Induktion nach Art. 400 die magnetische Feldstärke und die Magnetisierung ein, so finden wir

$$(11) \qquad Q = \int \mathfrak{H}\,d\mathfrak{f} + 4\,\pi \int \mathfrak{J}\,d\mathfrak{f}.$$

Wir wollen nun annehmen, daß die Fläche eine geschlossene sei, und die Bedeutung der zwei Glieder auf der rechten Seite der Gleichung daraufhin untersuchen. Die Richtung von $d\mathfrak{f}$ sei die der äußeren Normalen der geschlossenen Fläche.

Da die mathematische Beziehung zwischen magnetischer Feldstärke und freiem Magnetismus dieselbe ist, wie zwischen elektrischer Feldstärke und freier Elektrizität, so können wir unser Ergebnis aus Art. 77 auf das erste Glied von Q anwenden, indem wir dort statt der elektrischen Feldstärke $\mathfrak{E}$ nun die magnetische Feldstärke $\mathfrak{H}$ setzen und statt e, der algebraischen Summe der freien Elektrizität, M, die Summe des freien Magnetismus innerhalb der geschlossenen Fläche.

Dadurch erhalten wir die Gleichung:

$$(12) \qquad \oint \mathfrak{H}\, d\mathfrak{f} = 4\,\pi\,M.$$

Da jedes magnetische Teilchen zwei Pole von gleicher Stärke, aber umgekehrtem Vorzeichen hat, so ist die algebraische Summe seines Magnetismus Null. Die Teilchen, die sich ganz innerhalb der geschlossenen Fläche f befinden, können daher nichts zu der algebraischen Summe des Magnetismus innerhalb S beitragen. Der Wert von M kann allein von den Teilchen abhängen, die von der Fläche geschnitten werden.

Betrachten wir ein kleines Magnetstück von der Länge s und dem Querschnitt k^2, das in seiner Längsrichtung magnetisiert ist; seine Polstärke sei m. Das Moment dieses kleinen Magneten ist $m s$ und seine Magnetisierung, d. h. das Verhältnis des magnetischen Momentes zum Volumen ist

$$J = m\,/\,k^2.$$

Dieser kleine Magnet werde von der Fläche f geschnitten; bezeichnen wir mit $d\mathfrak{f}$ den Vektor der Schnittfläche df, so ist

$$J k^2 = \mathfrak{J}\, d\mathfrak{f}.$$

Der negative Pol $-m$ dieses Magneten liege innerhalb der Fläche f.

Der von diesem kleinen Magneten beigetragene Teil von freiem Magnetismus dM ist daher

$$d M = -m = -J k^2 = -\mathfrak{J}\, d\mathfrak{f}.$$

Um die gesamte algebraische Summe des freien Magnetismus innerhalb der Fläche f zu finden, müssen wir den Ausdruck über die geschlossene Fläche integrieren:

$$(16) \qquad M = - \oint \mathfrak{J}\, d\mathfrak{f}.$$

Dies liefert uns den Wert des Integrals in dem zweiten Gliede der rechten Seite von Gleichung (11). Setzen wir also (12) und (16) in diese Gleichung ein, so erhalten wir für Q den Wert

$$Q = 4\,\pi\,M - 4\,\pi\,M = 0,$$

d. h. das Flächenintegral der magnetischen Induktion durch irgend eine geschlossene Fläche ist Null:

$$\oint \mathfrak{B}\, d\mathfrak{f} = 0.$$

[403]. Nehmen wir als geschlossene Fläche die Oberfläche eines Volumenelements an, so erhalten wir die Gleichung

$$\operatorname{div} \mathfrak{B} = 0.$$

Die magnetische Induktion ist stets quellenfrei verteilt. Daher hängt der Induktionsfluß durch irgendeine von einer geschlossenen Kurve begrenzte Fläche nur von der Form und Lage dieser Randkurve und nicht von der sonstigen Form der Fläche selbst ab.

[404]. Flächen, auf denen überall

$$\mathfrak{B}\, d\mathfrak{f} = 0$$

ist, nennt man induktionslose Flächen und die Schnittlinie zweier solcher Flächen eine Induktionslinie. Die Bedingung dafür, daß ein Bogenelement $d\mathfrak{r}$ einer Induktionslinie angehört, lautet:

$$[\mathfrak{B}\, d\mathfrak{r}] = 0.$$

Ein System von Induktionslinien, das man durch alle Punkte einer geschlossenen Kurve zieht, bildet eine röhrenförmige Fläche, Induktionsröhre genannt.

Bei einer solchen Röhre ist der Induktionsfluß durch jeden Querschnitt derselbe. Ist er gleich 1, so haben wir eine Einheitsröhre der Induktion.

Alles was Faraday über magnetische Kraftlinien und magnetische Sphondyloide sagt, ist, auf die magnetischen Induktionslinien und -röhren angewendet, mathematisch vollkommen richtig.

Außerhalb des Magneten ist magnetische Induktion und magnetische Feldstärke ein und dasselbe, aber innerhalb der magnetischen Substanz müssen sie sorgfältig auseinander gehalten werden.

Bei einem geraden, gleichförmig magnetisierten Stabe geht die vom Magnet selbst herrührende magnetische Feldstärke, sowohl innerhalb, als außerhalb des Magneten, von dem Stabende aus, das nach Norden weist und das wir den positiven Pol nennen, nach dem südlichen Ende oder negativen Pole hin.

Die magnetische Induktion dagegen geht außerhalb des Magneten vom positiven Pole zum negativen, innerhalb des Magneten vom negativen Pole zum positiven, so daß die Induktionslinien und -röhren in sich zurücklaufende Gebilde sind.

Die Wichtigkeit der magnetischen Induktion als physikalischer Größe wird bei Erörterung der elektromagnetischen Erscheinungen deutlicher werden. Bei der Untersuchung eines magnetischen Feldes durch einen bewegten Draht, wie sie Faraday beschreibt (Exp. Res. 3076), wird die magnetische Induktion, nicht die magnetische Feldstärke gemessen.

Das Vektorpotential der magnetischen Induktion.

[405]. Da der magnetische Induktionsfluß durch eine von einer geschlossenen Kurve begrenzte Fläche nach dem in Art. 403 auf S. 64 gesagten nur von der Randkurve und nicht von der Form der Fläche abhängt, so muß es möglich sein, den „Induktionsfluß durch eine geschlossene Kurve" durch ein Verfahren zu ermitteln, bei dem nur die Form und Lage dieser Kurve, nicht aber die Konstruktion einer der Kurve als Membran angehefteten Fläche benutzt wird.

Dies kann dadurch geschehen, daß wir einen Vektor $\mathfrak{A}$ suchen, der zur magnetischen Induktion $\mathfrak{B}$ in solcher Beziehung steht, daß das Linienintegral von $\mathfrak{A}$ über die geschlossene Kurve gleich ist dem Flächenintegral von $\mathfrak{B}$ über eine von der Kurve berandete Fläche.

Nach dem Integralsatz von Stokes ist die gesuchte Beziehung

$$\mathfrak{B} = \operatorname{rot} \mathfrak{A}. \tag{A}$$

Den Vektor $\mathfrak{A}$ nennt man das Vektorpotential der magnetischen Induktion.

Um das Vektorpotential eines Magneten zu berechnen, werde
zunächst ein magnetisches Molekül betrachtet. Am Endpunkt Q
des Ortsvektors $\mathfrak{r}_q$ (Quellpunkt) befinde sich die magnetische
Menge $-m$ und am Endpunkt des Ortsvektors $\mathfrak{r}_q + d\mathfrak{r}_q$ die
magnetische Menge $+m$. Dann ist das magnetische Potential im
Endpunkt P des Ortsvektors $\mathfrak{r}_a$ (Aufpunkt)

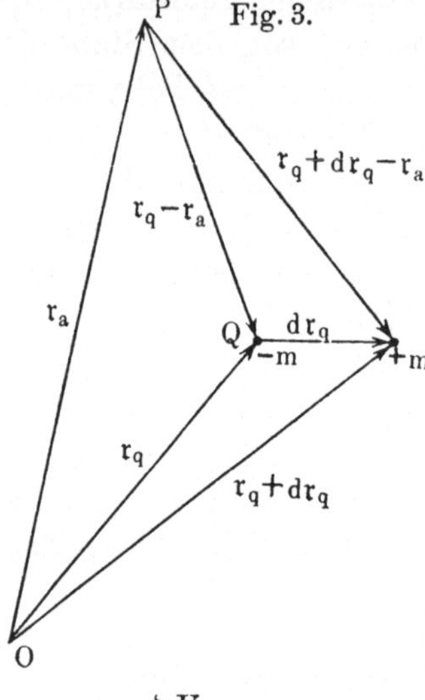

$$V = \frac{-m}{|\mathfrak{r}_q - \mathfrak{r}_a|} + \frac{+m}{|\mathfrak{r}_q + d\mathfrak{r}_q - \mathfrak{r}_a|}$$
$$= m\, d\mathfrak{r}_q \frac{\mathfrak{d}}{d\mathfrak{r}_q}\frac{1}{|\mathfrak{r}_q - \mathfrak{r}_a|},$$

oder wenn man das magnetische
Moment des Polpaares

$$m\, d\mathfrak{r}_q = \mathfrak{M} \quad \text{und} \quad \frac{1}{|\mathfrak{r}_q - \mathfrak{r}_a|} = p$$

setzt,

$$V = \mathfrak{M}\frac{\mathfrak{d}p}{d\mathfrak{r}_q} = -\mathfrak{M}\frac{\mathfrak{d}p}{d\mathfrak{r}_a}$$
$$= -\mathfrak{M}\,\mathrm{grad}\,p.$$

Die Feldstärke ist das Potentialgefälle, also

$$\mathfrak{H} = -\frac{\mathfrak{d}V}{d\mathfrak{r}_a} = -\mathrm{grad}\,V = \mathrm{grad}\,(\mathfrak{M}\,\mathrm{grad}\,p) = (\mathfrak{M}\,\mathrm{grad})\,\mathrm{grad}\,p.$$

Andererseits ist

$$\mathrm{rot}\,[\mathfrak{M}\,\mathrm{grad}\,p] = \mathfrak{M}\,\mathrm{div}\,\mathrm{grad}\,p - (\mathfrak{M}\,\mathrm{grad})\,\mathrm{grad}\,p.$$

Da $\mathrm{div}\,\mathrm{grad}\,p = \nabla^2 p = 0$ ist, so ist die rechte Seite $= -\mathfrak{H}$.
Soll nun außerhalb des Polpaares $\mathfrak{H} = \mathfrak{B} = \mathrm{rot}\,\mathfrak{A}$ werden, so
muß demnach

$$\mathrm{rot}\,\mathfrak{A} = \mathrm{rot}\,[\mathrm{grad}\,p \cdot \mathfrak{M}]$$

sein. Wählen wir

$$\mathfrak{A} = [\mathrm{grad}\,p \cdot \mathfrak{M}],$$

d. h. nehmen wir den Gradienten, um den sich die beiden Vektoren noch unterscheiden können, gleich Null an, so wird überdies

$$\mathrm{div}\,\mathfrak{A} = 0.$$

Wegen

$$\mathrm{grad}\,p = -\frac{\mathfrak{r}_a - \mathfrak{r}_q}{|\mathfrak{r}_a - \mathfrak{r}_q|^3}$$

können wir auch schreiben

$$\mathfrak{A} = \frac{[\mathfrak{M}\,(\mathfrak{r}_a - \mathfrak{r}_q)]}{|\mathfrak{r}_a - \mathfrak{r}_q|^3}.$$

Wir sehen daraus, daß der Betrag des Vektorpotentials eines magnetisierten Teilchens gleich ist dem magnetischen Moment des betreffenden Teilchens, dividiert durch das Quadrat des Abstandes $r = |\mathfrak{r}_a - \mathfrak{r}_q|$ und multipliziert mit dem Sinus des Winkels zwischen der Magnetisierungsachse und dem Radiusvektor $\mathfrak{r}_a - \mathfrak{r}_q$, die Richtung ist senkrecht zur Ebene durch die Magnetisierungsachse und den Fahrstrahl $\mathfrak{r}_a - \mathfrak{r}_q$ und weist einem in der positiven Richtung der Magnetisierungsachse blickenden Auge den Uhrzeigersinn.

Bei einem Magneten von beliebiger Form, in dem $\mathfrak{I}_q$ die Magnetisierung am Endpunkt des Ortsvektors $\mathfrak{r}_q$ ist, ist folglich das Vektorpotential im Endpunkt des Ortsvektors $\mathfrak{r}_a$

$$\mathfrak{A}_a = \int [\operatorname{grad} p \cdot \mathfrak{I}_q] \, dv = \int \left[\mathfrak{I}_q \frac{\mathfrak{d} p}{d\, \mathfrak{r}_q} \right] dv.$$

Hierbei ist die Integration über den ganzen vom Magneten eingenommenen Raum auszudehnen.

Das Vektorpotential $\mathfrak{A}$ ist demnach der quellenfreie, im Unendlichen verschwindende Vektor, dessen Wirbel die magnetische Induktion $\mathfrak{B}$ ergibt.

[**406.**] Das skalare oder gewöhnliche Potential der magnetischen Feldstärke ist, in denselben Bezeichnungen ausgedrückt,

$$V = \int \mathfrak{I}_q \frac{\mathfrak{d} p}{d\, \mathfrak{r}_q} \, dv = - \int \mathfrak{I}_q \frac{\mathfrak{d} p}{d\, \mathfrak{r}_a} \, dv.$$

Beachtet man, daß das Integral

$$\int \mathfrak{I}_q \, \nabla^2 p \, dv$$

den Wert $-4\pi \mathfrak{I}_a$ hat, wenn der Endpunkt von $\mathfrak{r}_a$ innerhalb des Integrationsgebietes liegt, und den Wert Null, wenn er außerhalb liegt, wobei $\mathfrak{I}_a$ den Wert von $\mathfrak{I}$ im Endpunkte von $\mathfrak{r}_a$ bedeuten soll, so finden wir als Wert für die magnetische Induktion [1])

---

[1]) Man beachte, daß eine Verlegung des Aufpunktes ($\mathfrak{r}_a$) an der Magnetisierung $\mathfrak{I}_q$ im Quellpunkt ($\mathfrak{r}_q$) nichts ändert, daß also $\mathfrak{I}_q$ bei der Differentiation $\dfrac{\mathfrak{d}}{d\,\mathfrak{r}_a}$ als konstant zu behandeln ist. Veränderlich ist $\mathfrak{I}_q$ hier nur bei der Integration über das Volumen des Magnets.

$$\mathfrak{B}_a = \operatorname{rot}\mathfrak{A}_a = \int \operatorname{rot}[\operatorname{grad} p \cdot \mathfrak{J}_q]\, dv,$$

$$= \int \left\{ (\operatorname{grad}\mathfrak{J}_q)\operatorname{grad} p - (\operatorname{grad}\operatorname{grad} p)\mathfrak{J}_q \right\} dv,$$

$$= \int \left\{ (\mathfrak{J}_q\operatorname{grad})\operatorname{grad} p - \mathfrak{J}_q\operatorname{div}\operatorname{grad} p \right\} dv,$$

$$= \operatorname{grad}\int \mathfrak{J}_q\operatorname{grad} p\, dv - \int \mathfrak{J}_q \nabla^2 p\, dv.$$

Das erste Glied dieses Ausdruckes ist offenbar $-\operatorname{grad} V$ oder $\mathfrak{H}_a$, die magnetische Feldstärke.

Der Integrand im zweiten Gliede ist für jedes Raumelement Null mit Ausnahme von dem, das den Endpunkt von $\mathfrak{r}_a$ in sich schließt. Ist der Wert von $\mathfrak{J}$ im Endpunkte von $\mathfrak{r}_a$ gleich $\mathfrak{J}_a$, so läßt sich leicht zeigen, daß das zweite Glied den Wert $4\pi\mathfrak{J}_a$ hat, wobei $\mathfrak{J}_a$ offenbar in allen Punkten außerhalb des Magneten Null ist.

Wir können nun den Ausdruck für die magnetische Induktion schreiben:

$$\mathfrak{B}_a = \mathfrak{H}_a + 4\pi\mathfrak{J}_a,$$

eine Gleichung, die identisch ist mit der in Art. 400, S. 60.

Kapitel III.

Magnetische Solenoide und Schalen.

Bestimmte Formen von Magneten.

[407.] Wenn ein langer dünner Faden magnetischer Substanz, etwa ein Draht, überall in seiner Längsrichtung magnetisiert ist, so nennt man das Produkt aus irgendeinem Querschnitte des Fadens und der mittleren Magnetisierung auf diesem Querschnitte die Stärke des Magneten an dieser Stelle. Würde der Faden dort auseinandergeschnitten, ohne daß sich dabei die Magnetisierung veränderte, so würde man finden, daß die zwei Schnittflächen nach ihrer Trennung gleich große und entgegengesetzte Mengen von Oberflächenmagnetismus haben, von denen jede numerisch gleich der Magnetstärke in jenem Querschnitte ist.

Ein Faden magnetischer Substanz, der so magnetisiert ist, daß die Magnetstärke an allen Querschnitten dieselbe ist, wird ein magnetisches Solenoid genannt.

Wenn m die Stärke des Solenoides ist, $d\mathfrak{r}_q$ ein Längenelement am Endpunkte des Ortsvektors $\mathfrak{r}_q$, wobei $\mathfrak{r}_q$ vom negativen zum positiven Pole wachsend zu rechnen ist, so ist das zu dem Element gehörige Potential im Endpunkt des Ortsvektors $\mathfrak{r}_a$ (Aufpunkt)

$$\frac{m}{(\mathfrak{r}_a - \mathfrak{r}_q)^2}\,\frac{(\mathfrak{r}_a - \mathfrak{r}_q)\,d\,\mathfrak{r}_q}{|\,\mathfrak{r}_a - \mathfrak{r}_q\,|} = m\,d\,\mathfrak{r}_q\,\frac{\mathfrak{d}}{d\,\mathfrak{r}_q}\,\frac{1}{|\,\mathfrak{r}_q - \mathfrak{r}_a\,|}.$$

Das Potential V findet man durch Integration dieses Ausdruckes entlang dem Solenoid, so daß alle Elemente des Solenoids in Betracht gezogen werden:

$$V = \frac{m}{|\,\mathfrak{r}_{q_2} - \mathfrak{r}_a\,|} - \frac{m}{|\,\mathfrak{r}_{q_1} - \mathfrak{r}_a\,|} = m\left(\frac{1}{r_2} - \frac{1}{r_1}\right).$$

r_1 ist der Abstand des Aufpunktes vom negativen Ende des Solenoids, r_2 vom positiven Ende.

Das Potential und damit auch alle magnetischen Wirkungen eines Solenoids hängen demnach nur von seiner Stärke und von der Lage seiner Enden, aber gar nicht von seiner Form ab; es ist ganz gleichgültig, ob es gekrümmt oder gerade ist.

Die Enden des Solenoids können daher in strengem Sinne als seine Pole bezeichnet werden.

Wenn ein Solenoid eine geschlossene Kurve bildet, so ist sein Potential überall Null; ein solches Solenoid kann folglich keinerlei magnetische Wirkung ausüben, und seine Magnetisierung kann überhaupt nicht nachgewiesen werden, ohne daß es irgendwo aufgeschnitten und die Enden getrennt werden. (Polloser Ringmagnet.)

Wenn ein Magnet in lauter Solenoïde aufgeteilt werden kann, die alle entweder geschlossene Kurven bilden oder auf der äußeren Magnetfläche enden, so nennt man die Magnetisierung solenoidal; da die Wirkung des Magneten nur von den Solenoidenden abhängt, so ist die Verteilung der magnetischen Substanz in diesem Falle eine rein oberflächliche.

Die Bedingung für solenoidale Magnetisierung ist daher

$$\operatorname{div}\mathfrak{J} = 0,$$

wo $\mathfrak{J}$ die Magnetisierung an einem beliebigen Punkte des Magneten bedeutet. Die Magnetisierung $\mathfrak{J}$ muß also quellenfrei verteilt sein.

[408.] Ein in der Längsrichtung magnetisierter Faden, dessen Dicke mit der Länge wechselt, kann als ein Bündel von verschieden langen Solenoiden aufgefaßt werden; die Summe der Stärken der durch einen beliebigen Querschnitt gehenden Solenoide bildet dann die Magnetstärke in jenem Querschnitt. Folglich kann jeder in der Längsrichtung magnetisierte Faden ein zusammengesetztes Solenoid genannt werden.

Wenn die Stärke eines zusammengesetzten Solenoids in irgend einem Querschnitt m ist, so ist das zugehörige Potential

$$V = \int m \frac{\partial}{\partial s}\left(\frac{1}{r}\right) ds = \frac{m_2}{r_2} - \frac{m_1}{r_1} - \int \frac{1}{r}\frac{dm}{ds}\,ds$$

mit $ds = |d\mathfrak{r}_q|$.

Das zeigt, daß neben der Wirkung der Enden, die in diesem Falle verschieden groß sein kann, auch eine Wirkung der längs dem Faden mit der linearen Dichte

$$\lambda = -\frac{dm}{ds}$$

verteilten imaginären Substanz auftritt.

Das solenoidale Vektorfeld ist identisch mit dem quellenfreien Vektorfelde. Der Feldvektor $\mathfrak{J}$ läßt sich also durch einen Hilfsvektor $\mathfrak{P}$ (Vektorpotential) in der Form $\mathfrak{J} = \mathrm{rot}\,\mathfrak{P}$ darstellen. Ein Vektorfeld wird nach Lord Kelvin als komplex-solenoidal bezeichnet, insofern es sich in der Form $\mathfrak{J} = \lambda\,\mathrm{rot}\,\mathfrak{P}$ darstellen läßt. Das ist aber bei jedem beliebigen Vektorfelde $\mathfrak{J}$ möglich, es kann also auch jedes Vektorfeld als komplex-solenoidales bezeichnet werden, daher ist diese Bezeichnung überflüssig und wertlos. Sie ist nur aufgestellt worden als Seitenstück zu dem komplex-lamellaren oder flächennormalen Felde (vgl. Art. 413). Darüber war sich natürlich auch Lord Kelvin selbst klar. (Siehe Reprint, § 509.)

Magnetische Schalen.

[409.] Wenn eine dünne Schale magnetischer Substanz überall senkrecht zu ihrer Oberfläche magnetisiert ist, so nennt man die Magnetisierung in irgendeinem Punkte, multipliziert mit der Dicke der Schale an diesem Punkte, die Magnetstärke in jenem Punkte.

Ist die Magnetstärke in allen Punkten dieselbe, so hat man eine einfache magnetische Schale; ändert sie sich von Punkt zu Punkt, so kann man die Schale als aus einfachen Schalen zusammengesetzt auffassen, die übereinandergelegt sich gegenseitig überlappen; man spricht dann von einer zusammengesetzten Magnetschale.

Es sei df ein Oberflächenelement der Schale bei Q (Ortsvektor $\mathfrak{r}_q$), $\mathfrak{n}\,df = d\mathfrak{f}$ der entsprechende Flächenvektor von der negativen nach der positiven Seite der Schale und Φ die Stärke der Schale; dann ist das in irgendeinem Punkte P (Ortsvektor $\mathfrak{r}_a$) von dem Schalenelement herrührende Potential

$$d V = \Phi\, d\mathfrak{f}\, \frac{\mathfrak{d}}{d\mathfrak{r}_q}\, \frac{1}{|\mathfrak{r}_q - \mathfrak{r}_a|} = \Phi\, \frac{(\mathfrak{r}_a - \mathfrak{r}_q)\,d\mathfrak{f}}{|\mathfrak{r}_a - \mathfrak{r}_q|^3}\,.$$

Ist aber $d\omega$ der räumliche Winkel von df im Punkte P, und zwar positiv gerechnet, wenn von P aus die positive Seite von df sichtbar ist, so gilt

$$(\mathfrak{r}_a - \mathfrak{r}_q)^2\, d\omega = \frac{(\mathfrak{r}_a - \mathfrak{r}_q)\,d\mathfrak{f}}{|\mathfrak{r}_a - \mathfrak{r}_q|}\,, \qquad d\omega = d\mathfrak{f}\, \frac{\mathfrak{d}}{d\mathfrak{r}_q}\, \frac{1}{|\mathfrak{r}_q - \mathfrak{r}_a|}\,,$$

woraus folgt

$$d V = \Phi\, d\omega.$$

Für den Fall der einfachen Magnetschale ist infolgedessen

$$V = \Phi\, \omega,$$

oder das Potential einer magnetischen Schale in irgendeinem Punkte ist gleich dem Produkte aus ihrer Stärke und dem räumlichen Winkel, aus dem der Rand der Schale in dem gegebenen Punkte gesehen wird.

[410.] Zu demselben Resultat gelangt man auf anderem Wege, wenn man sich die magnetische Schale in einem Magnetfelde liegend denkt und die Lagenenergie der Schale bestimmt.

Ist V das Potential des Elementes df, so ist die zugehörige Energie

$$- \Phi\, \mathfrak{H}\, d\mathfrak{f} = \Phi\, d\mathfrak{f}\, \operatorname{grad} V$$

oder in Worten: sie ist das Produkt aus der Magnetstärke der Schale und dem Teile des Flächenintegrals von $\operatorname{grad} V$, das dem Element df der Schale zugehört.

Integriert man daher über alle diese Elemente, so ist die von der Lage im Magnetfelde herrührende Energie der Schale gleich dem Produkt aus der Stärke der Schale und dem Flächenintegral der magnetischen Induktion (eigentlich: Feldstärke) von der positiven nach der negativen Seite über die Schalenfläche.

Da bei Flächen, die denselben Rand haben und die kein Kraftzentrum zwischen sich einschließen, das Flächenintegral dasselbe ist, so hängt die Wirkung einer Schale nur von der Form ihres Randes ab.

Wir wollen nun annehmen, daß das Kraftfeld dasjenige eines Magnetpoles von der Stärke m sei. (Von dem Pol aus sei etwa die positive Seite der Schale sichtbar.) Das Flächenintegral über eine Fläche, die von einer bestimmten Randkurve begrenzt wird, ist gleich dem Produkt aus der Polstärke und dem räumlichen Winkel, den Randkurve und Pol bilden. Infolgedessen ist die auf der gegenseitigen Wirkung von Pol und Schale beruhende Energie

$$\Phi\, m\, \omega,$$

und das ist nach dem **Greenschen** Satze gleich dem Produkt aus der Polstärke und dem Potential der Schale am Pole. Das Potential der Schale ist daher $\Phi\, \omega$.

[411.] Wenn ein Magnetpol m von einem Punkte auf der negativen Fläche einer Magnetschale aus auf irgendeinem Wege so durch den Raum um den Rand der Schale herumgeführt wird, daß er in der Nähe seines Ausgangspunktes, aber auf der entgegengesetzten, positiven Seite der Schale landet, so ändert sich dabei der räumliche Winkel stetig und wächst im Laufe des Vorganges um $4\,\pi$ an. Die von dem Pole geleistete Arbeit beträgt $4\,\pi\,\Phi\,m$, und das Potential an irgendeinem Punkte auf der positiven Schalenseite ist um $4\,\pi\,\Phi$ größer als das Potential an dem benachbarten Punkte der negativen Schalenseite. An der Schale hat das Potential den **Flächengradienten** $\operatorname{grad} V = 4\,\pi\,\Phi\,\mathfrak{n}$.

Bildet die Magnetschale eine geschlossene Fläche, so ist das Potential außerhalb der Schale überall Null, innerhalb überall $4\,\pi\,\Phi$, und zwar positiv, wenn die positive Schalenseite nach innen gekehrt ist. Eine solche Schale übt daher überhaupt keine Wirkung auf einen Magneten aus, gleichviel, ob er innerhalb oder außerhalb der Schale liegt.

[412.] Wenn ein Magnet in einfache Magnetschalen aufgeteilt werden kann, die entweder in sich geschlossen sind oder mit ihren Rändern auf der Magnetoberfläche enden, so nennt man die Verteilung des Magnetismus eine **lamellenförmige**. Ist Φ die Summe der Magnetstärken aller Schalen, die von einem Punkte geschnitten werden, der von einem gegebenen Punkte aus auf einer innerhalb des Magneten gelegenen Linie zu einem Aufpunkt wandert, so lautet die Bedingung für Lamellenmagnetisierung

$$\mathfrak{J} = \operatorname{grad} \Phi.$$

Die Größe Φ, durch die demnach die Magnetisierung in jedem Punkte vollständig bestimmt ist, kann Magnetisierungspotential genannt werden; sie darf durchaus nicht mit dem magnetischen Potential verwechselt werden.

Die Magnetisierung ist hier also wirbelfrei verteilt:

$$\operatorname{rot} \mathfrak{J} = 0.$$

[413.] Von einem Magneten, der sich in zusammengesetzte Magnetschalen aufteilen läßt, sagt man, er habe eine zusammengesetzte Lamellenmagnetisierung. Die Bedingung für eine solche Verteilung der Magnetisierung ist, daß die Magnetisierungslinien derart verlaufen, daß ein System von Flächen konstruiert werden kann, das rechtwinkelig von ihnen geschnitten wird. Diese Bedingung wird durch die folgende bekannte Gleichung ausgedrückt:

$$\mathfrak{J} \operatorname{rot} \mathfrak{J} = 0.$$

Das lamellare Vektorfeld ist mit dem wirbelfreien identisch. Der Feldvektor $\mathfrak{J}$ läßt sich durch einen Hilfsskalar φ (Potential) in der Form $\mathfrak{J} = \operatorname{grad} \varphi$ darstellen. (Deshalb auch potentielles Feld genannt.) Lord Kelvin nennt ein Vektorfeld komplex-lamellar, wenn es sich in der Form $\mathfrak{J} = \lambda \operatorname{grad} \varphi$ darstellen läßt. Es ist dann überall einem wirbelfreien parallel, verläuft also normal zu den Flächen $\varphi = $ konst. Deshalb wird ein solches Feld auch als flächennormales bezeichnet. (Auch die Bezeichnung „geschichtet" ist gebräuchlich.) Da $\operatorname{rot} \mathfrak{J} = [\operatorname{grad} \lambda \operatorname{grad} \varphi]$ ist, so wird $\mathfrak{J} \operatorname{rot} \mathfrak{J} = 0$. In einem flächennormalen Felde ist also der Wirbel überall senkrecht zum Feldvektor, er berührt die Normalflächen $\varphi = $ konst.

Jedes Vektorfeld läßt sich in ein potentielles und ein flächennormales zerlegen.

Daß nicht jedes Vektorfeld ein flächennormales ist, ist insofern bemerkenswert, als es nicht sofort anschaulich klar wird, woran die Konstruktion von Normalflächen scheitert. Ein einfaches Beispiel für ein nicht flächennormales Feld ist das magnetische Feld im Innern eines durchströmten geraden Drahtes, der in ein ursprünglich gleichförmiges Magnet-

feld (z. B. in das Erdfeld) gebracht worden ist und dessen Achse den Kraftlinien des ursprünglichen Feldes parallel ist. Siehe J. Spielrein, Archiv
für Elektrotechnik **3**, 364 (1915).

IV. Aus dem Elektromagnetismus.

Das magnetische Feld elektrischer Ströme.

[**498.**] Wir wollen nun die magnetischen Erscheinungen des
elektrischen Kreises, soweit wir sie kennen gelernt haben, zusammenfassen.

Unter dem elektrischen Kreise können wir uns entweder eine
galvanische Batterie vorstellen, deren Enden durch einen Draht
verbunden sind, oder eine thermoelektrische Anordnung oder eine
geladene Leidener Flasche mit metallisch verbundenen Belegungen
oder sonst irgendeine Anordnung, durch die ein elektrischer
Strom auf einer bestimmten Bahn erzeugt wird.

Der Strom ruft in seiner Nachbarschaft magnetische Erscheinungen hervor.

Zieht man irgendeine geschlossene Kurve und nimmt das
Linienintegral der magnetischen Feldstärke an ihr ganz herum
(Randintegral), so ist es Null, wenn die geschlossene Kurve nicht
mit dem Stromkreise verkettet
ist; wenn sie aber damit verkettet ist, so daß der Strom i
durch die geschlossene Kurve
fließt, dann ist das Randintegral $4\pi i$, und zwar positiv,
wenn die Richtung der Integration um die geschlossene
Kurve für einen in der Stromrichtung durch die Kurve
tretenden Beobachter mit dem
Uhrzeigersinn zusammenfällt.

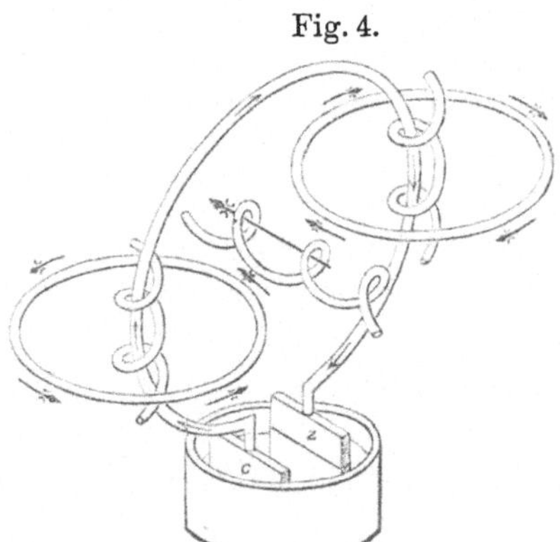

Fig. 4.

Bewegt sich ein Beobachter in
der Integrationsrichtung längs der geschlossenen Kurve, so sieht er
beim Durchgang durch den Stromkreis den Strom im Uhrzeiger-
sinne fließen. Wir können dies auch so ausdrücken, daß wir sagen,
die Richtungen der zwei geschlossenen Kurven zueinander werden

dadurch gegeben, daß man sich eine rechtsgängige Schraubenlinie um den elektrischen Strom und eine ebensolche um die geschlossene Kurve gelegt denkt; wenn der Drehsinn des Gewindes auf der einen Kurve, während wir an ihr entlang gleiten, mit dem positiven Sinne der anderen zusammenfällt, dann ist das Randintegral positiv, im anderen Falle ist es negativ (siehe Fig. 4).

[499.] Anmerkung. — Das Randintegral $4\pi i$ hängt ganz allein von der Stromstärke und sonst von gar nichts ab. Die Art des Leiters, durch den der Strom fließt, spielt dabei gar keine Rolle; es ist z. B. ganz gleichgültig, ob er metallisch oder elektrolytisch oder ein schlechter Leiter ist. Wir haben guten Grund, anzunehmen, daß selbst da, wo es sich um keine eigentliche elektrische Leitung, sondern nur um eine Änderung der elektrischen Verschiebung handelt, wie sie im Glase bei der Ladung und Entladung einer Leidener Flasche auftritt, die magnetische Wirkung der elektrischen Bewegung genau dieselbe ist.

Der Wert des Randintegrals $4\pi i$ hängt auch nicht von dem Medium ab, in dem die geschlossene Kurve liegt; er bleibt derselbe, ob die Kurve ganz in Luft verläuft oder einen Magneten oder ein Stück weiches Eisen oder sonst eine para- oder diamagnetische Substanz durchsetzt[1]).

[500.] Wenn ein Stromkreis in ein magnetisches Feld gebracht wird, so hängt die Wechselwirkung zwischen dem Strom und den anderen Konstituenten oder Trägern des Feldes von dem Flächenintegral der magnetischen Induktion durch irgendeine von dem

---

1) Auf die große Bedeutung des Artikels 499, des ersten Absatzes für die Theorie, des zweiten für die Technik, sei hier noch besonders aufmerksam gemacht. Dieser Artikel ist nicht etwa erst ein Zusatz späterer Auflagen er findet sich schon in der ersten Auflage vom Jahre 1873. Bei der Mitteilung seiner angenäherten Berechnung des Randintegrals für „magnetische Kreise" (1886), die bekanntlich für die Elektrotechnik grundlegend geworden ist, beruft sich John Hopkinson auf Maxwells Artikel 499.

Ist die geschlossene Integrationskurve mit mehreren Strömen verkettet oder mit einem Strome mehrfach verkettet, so ist i natürlich durch die „Durchflutung" $\varSigma i$ zu ersetzen:

$$\oint \mathfrak{H}\,d\mathfrak{r} = 4\,\pi\,\varSigma\,i.$$

(Durchflutungsgesetz.)

Stromkreise begrenzte Fläche ab. Wenn dieses Flächenintegral durch die Bewegung des ganzen Stromkreises oder eines seiner Teile vergrößert werden kann, so ist immer auch eine mechanische Kraft vorhanden, die eine solche Bewegung auszuführen trachtet.

Jede solche das Flächenintegral vergrößernde Bewegung des Leiters erfolgt senkrecht zum Strome und schneidet die Induktionslinien.

Zeichnet man ein Parallelogramm, dessen Seiten parallel und proportional zur Stromstärke und zur magnetischen Induktion in irgendeinem Punkte sind, dann ist die Kraft, die pro Längeneinheit auf den Leiter wirkt, numerisch gleich der Fläche des Parallelogrammes und steht senkrecht darauf; sie wirkt in der Richtung, in der eine rechtsgängige Schraube vorwärts getrieben wird, wenn sie (auf kürzestem Wege) aus der Stromrichtung nach der Richtung der magnetischen Induktion gedreht wird.

Die mechanische Kraft auf die Längeneinheit der Strombahn ist also gleich dem Vektorprodukt aus der Einheitstangente an der Strombahn und aus der magnetischen Induktion, multipliziert mit der Stromstärke.

Wir erhalten dadurch eine neue elektromagnetische Definition der magnetischen Induktionslinie: es ist die Linie, die stets senkrecht zu der Kraft steht, die auf den Leiter wirkt. Oder man kann auch sagen, es ist die Linie, längs der ein stromführender Leiter bewegt werden kann, ohne daß eine Kraft auf ihn wirkt (genauer: ohne daß mechanische Arbeit geleistet wird).

Betrachtet man nur eine einzige Stellung (Richtung) des Leiterelementes, so ist auf die angegebene Weise zunächst noch nicht eine Linie, sondern erst eine Fläche definiert. Aber jede andere Stellung des Leiterelementes ist auch zulässig und liefert im allgemeinen eine neue Fläche. Die Schnittlinien dieser Flächen sind die Induktionslinien.

[501.] Man muß scharf im Auge behalten, daß die mechanische Kraft, die einen stromführenden Leiter quer durch die magnetischen Kraftlinien treibt, nicht auf den elektrischen Strom selbst wirkt, sondern auf den Leiter, in dem er fließt. Der Leiter folgt dieser Kraft, gleichviel ob er aus einer rotierenden Scheibe oder aus einer Flüssigkeit besteht; der Strom kann dabei seine Lage ändern oder auch nicht. [Hat der Strom freie Bahn in einem festen Leiter oder in einem Drahtnetze, dann wird der Stromweg in dem Leiter durch eine konstante magnetische Kraft nicht dauernd geändert, sondern nachdem gewisse vorübergehende Erscheinungen, Induktionsströme genannt, verklungen sind, stellt sich wieder dieselbe Stromverteilung ein, die ohne Magnetfeld vorhanden war[1])].

Die einzige Kraft, die auf elektrische Ströme wirkt, ist die „elektromotorische" (d. h. die elektrische Feldstärke); sie · darf durchaus nicht mit der mechanischen verwechselt werden, von der in diesem Kapitel die Rede war.

Ampère und Faraday.

[528.] Örsteds Entdeckung von der magnetischen Wirkung eines elektrischen Stromes führte durch reine Überlegung auf die Magnetisierung durch elektrische Ströme und auf die mechanische Wirkung zwischen elektrischen Strömen. Aber erst im Jahre 1831 fand Faraday, der seit längerer Zeit versuchte, elektrische Ströme auf magnetischem oder elektrischem Wege zu erzeugen, die Gesetze der magneto-elektrischen Induktion. Faradays Forschungsweise ist eine ständige Anwendung des Versuches zur Prüfung der Richtigkeit seiner Ideen und eine ständige Ausbildung der Ideen unter dem direkten Einfluß der Versuche. Diese Ideen finden wir in seinen Schriften in einer Sprache ausgedrückt, die einigermaßen von der üblichen Sprache der Physiker abweicht, die gewohnt sind, ihre Gedanken in mathematische Formen zu pressen; aber nur um so besser paßt diese Faradaysche Ausdrucksweise für eine im Entstehen begriffene Wissenschaft.

Die experimentelle Untersuchung, durch die Ampère die Gesetze der mechanischen Wirkung zwischen elektrischen Strömen aufstellte, ist eine der glänzendsten Taten der Wissenschaft.

Beides, Theorie wie Experiment, scheinen in voller Größe aus dem Kopfe dieses „Newtons der Elektrizität" entsprungen zu sein. Das Ganze ist vollendet in der Form, von unangreifbarer Genauigkeit und in einer Formel zusammengefaßt, aus der alle Erscheinungen abgeleitet werden können und die stets die Grundformel der Elektrodynamik bilden wird.

---

[1]) Hall hat gefunden, daß ein konstantes Magnetfeld die Stromverteilung in den meisten Leitern um ein weniges ändert, so daß das hier Gesagte nur angenähert richtig ist. (Phil. Mag. IX, 225, 301, 1880.)

Obgleich Ampères Methode induktiv ist, so kann man doch den leitenden Gedankengang bei ihm nicht erkennen. Wir können wohl kaum annehmen, daß Ampère das Gesetz wirklich aus den beschriebenen Experimenten abgeleitet hat. Vielmehr müssen wir vermuten, daß er, wie er auch selbt sagt, das Gesetz auf irgendeinem von ihm nicht angegebenen Wege entdeckt hat und dann nachträglich, nachdem er den vollgültigen Beweis aufgebaut hatte, alle Spuren des Baugerüstes entfernt hat.

Faraday zeigt uns dagegen alle seine Versuche, sowohl die erfolgreichen, als auch die erfolglosen, und seine ersten rohen Ideen sowohl, als seine völlig ausgereiften; dadurch kommt es, daß der Leser, auch wenn er ihm in induktiver Kraft nachsteht, mehr Teilnahme als Bewunderung für ihn fühlt und sich versucht fühlt zu glauben, daß er selbst auch einen Entdecker abgeben könnte, wenn er nur die Gelegenheit dazu hätte. Ampères Untersuchung sollte daher jeder Student als ein glänzendes Beispiel wissenschaftlichen Stiles für die Darstellung einer Entdeckung lesen, aber Faraday sollte er studieren, um seinen Geist wissenschaftlich zu bilden durch die Wechselwirkung zwischen den von Faraday mitgeteilten neuen Entdeckungen und den auftauchenden eigenen Ideen.

Vielleicht war es für die Wissenschaft von Nutzen, daß Faraday kein Mathematiker von Fach war, wenn er sich auch der fundamentalen Anschauungen von Zeit, Raum und Kraft vollkommen bewußt war. Er geriet dadurch nicht in die Versuchung, die vielen rein mathematischen Probleme zu verfolgen, die seine Entdeckungen aufgeworfen hätten, wenn sie in mathematischer Form dargestellt worden wären, und er fühlte sich auch nicht berufen, seine Ergebnisse dem mathematischen Geschmack der Zeit anzupassen oder sie in einer von Mathematikern angreifbaren Form darzustellen. So war er frei, sein Werk im eigenen Geiste zu vollenden, seine Ideen mit den gefundenen Tatsachen zu verknüpfen und sie in natürlicher statt in einer Fachsprache auszudrücken.

Hauptsächlich mit der Hoffnung, diese Ideen zur Grundlage einer mathematischen Methode zu machen, habe ich es unternommen, dieses Lehrbuch zu schreiben.

[529.] Wir sind gewohnt, das Weltall als aus einzelnen Teilen bestehend anzusehen, und der Mathematiker beginnt seine

Untersuchung meistens damit, daß er zuerst ein einzelnes Teilchen, dann dessen Beziehung zu einem anderen Teilchen und so fort untersucht. Das galt im allgemeinen für die natürlichste Methode. Die Vorstellung eines einzelnen Teilchens verlangt aber schon einen Abstraktionsprozeß, da sich alle unsere Beobachtungen auf ausgedehnte Körper beziehen, so daß die Idee des Alls in unserem Geiste vielleicht ebenso primitiv ist, wie die Idee irgendeines einzelnen Dinges. Es kann daher auch mathematische Methoden geben, bei denen man vom Ganzen zum einzelnen Teile fortschreitet, anstatt von den einzelnen Teilen zum Ganzen. So stellt z. B. Euklid in seinem ersten Buche die Entstehung der Linie aus dem Punkte dar, die Entstehung der Fläche aus der Linie, die Entstehung des Körpers aus der Fläche; aber er definiert die Fläche auch als Grenze eines Körpers, die Linie als Kante einer Fläche und den Punkt als das Ende einer Linie.

In gleicher Weise können wir das Potential eines materiellen Systems als eine Funktion auffassen, die durch einen bestimmten Integrationsprozeß in bezug auf die Körpermassen in einem Felde gefunden wird, oder aber wir können annehmen, daß diese Massen selbst keine andere mathematische Bedeutung haben, als die Raumintegrale von $-\dfrac{1}{4\,\pi}\,\nabla^2\,\Psi$, wo Ψ das Potential ist.

Bei elektrischen Untersuchungen können wir zweierlei Formeln benutzen; bei den einen geht der Abstand gewisser Körper und die elektrische Ladung oder der elektrische Strom dieser Körper ein; die anderen enthalten lauter Größen, die überall im Raume stetig sind.

Im ersten Falle besteht die mathematische Behandlung in Integrationen über Linien oder Flächen und endliche Räume; im zweiten Falle in partiellen Differentialgleichungen und Integrationen über den unendlichen Raum.

Die Faradaysche Methode scheint eng an die zweite dieser Methoden geknüpft zu sein. Er betrachtet die Körper nie so, als ob nichts anderes zwischen ihnen wirksam wäre, als allein ihr Abstand, und als ob sie nur nach irgendeiner Funktion dieses Abstandes aufeinander wirkten, sondern er faßt den ganzen Raum als Kraftfeld auf, in dem die Kraftlinien im allgemeinen gekrümmt sind; von einem Körper ausgehend, breiten sie sich nach allen Richtungen aus, wobei ihre Richtung durch die Gegenwart anderer Körper abgelenkt wird. Er spricht sogar davon, daß die Kraftlinien einem Körper angehören, gewissermaßen also einen Teil von ihm selbst bilden, so daß man auch da, wo eine Wirkung auf entfernte Körper auftritt, nicht sagen kann, daß der Körper da wirke, wo er selbst gar nicht gegenwärtig. Aber es ist dies keine vorherrschende Idee bei Faraday. Ich glaube eher, daß er sagen wollte, der Raum sei mit Kraftlinien angefüllt, deren Anordnung von der Anordnung der Körper im Felde abhängt, und daß alle mechanischen und elektrischen Einwirkungen auf die Körper durch die auf sie treffenden Kraftlinien bestimmt würden.

Das Induktionsgesetz.

[531.] Die Gesamtheit der Induktionserscheinungen läßt sich in einem Gesetz zusammenfassen. Wenn die Zahl der magnetischen Induktionslinien, die in positiver Richtung durch den Sekundärkreis gehen, verändert wird, so entsteht in dem Kreise eine elektromotorische Kraft, für die die Schnelligkeit der Verminderung des magnetischen Induktionsflusses durch den Kreis das Maß ist.

Kapitel IX.

Die allgemeinen Gleichungen des elektromagnetischen Feldes.

Die allgemeine Gleichung für die elektrische Feldstärke.

[598.] Wir haben gesehen, daß die durch Induktion im sekundären Kreise hervorgerufene elektromotorische Kraft

$$E = -\frac{dp}{dt} = -\frac{d}{dt} \oint \mathfrak{A}\, d\mathfrak{r}$$

ist, wo p den Induktionsfluß durch den sekundären Kreis bedeutet.

Um den Wert von E zu bestimmen, wollen wir die Größe unter dem Integralzeichen nach t differenzieren, wobei zu beachten ist, daß der Ortsvektor $\mathfrak{r}$ eines Längenelementes $d\mathfrak{r}$ eine Funktion der Zeit ist, wenn der Sekundärkreis in Bewegung ist. Wir erhalten

$$- E = \oint \frac{d\mathfrak{A}}{dt}\, d\mathfrak{r} + \oint \mathfrak{A}\, (d\mathfrak{r}\, \mathrm{grad})\, \mathfrak{G},$$

wo $\mathfrak{G} = \dfrac{d'\mathfrak{r}}{dt}$ die Geschwindigkeit von $d\mathfrak{r}$ bedeutet [1]), oder

$$- E = \oint \left\{ \frac{\partial \mathfrak{A}}{\partial t} + (\mathfrak{G}\,\mathrm{grad})\,\mathfrak{A} \right\} d\mathfrak{r} + \oint \mathfrak{A}\,(d\mathfrak{r}\,\mathrm{grad})\,\mathfrak{G}$$

$$= \oint \frac{\partial \mathfrak{A}}{\partial t}\, d\mathfrak{r} + \oint \mathfrak{G}\,(d\mathfrak{r} \cdot \mathrm{grad} \cdot \mathfrak{A}) + \oint \mathfrak{A}\,(d\mathfrak{r}\,\mathrm{grad})\,\mathfrak{G}.$$

In dem zweiten Integral ist [2])

$$(d\mathfrak{r} \cdot \mathrm{grad} \cdot \mathfrak{A}) = (d\mathfrak{r}\,\mathrm{grad})\,\mathfrak{A} + [d\mathfrak{r}\,\mathrm{rot}\,\mathfrak{A}]$$
$$= (d\mathfrak{r}\,\mathrm{grad})\,\mathfrak{A} + [d\mathfrak{r}\,\mathfrak{B}]$$

nach Gleichung (A) in Art. 405, S. 65, mithin

$$- E = \oint \frac{\partial \mathfrak{A}}{\partial t}\, d\mathfrak{r} + \oint \mathfrak{G}\,[d\mathfrak{r}\,\mathfrak{B}] + \oint \mathfrak{G}\,(d\mathfrak{r}\,\mathrm{grad})\,\mathfrak{A} + \oint \mathfrak{A}\,(d\mathfrak{r}\,\mathrm{grad})\,\mathfrak{G}.$$

Die beiden letzten Glieder fallen weg, denn es ist

$$\mathfrak{G}\,(d\mathfrak{r}\,\mathrm{grad})\,\mathfrak{A} + \mathfrak{A}\,(d\mathfrak{r}\,\mathrm{grad})\,\mathfrak{G} = d\mathfrak{r}\,\mathrm{grad}\,(\mathfrak{A}\,\mathfrak{G})$$

und

$$\int_{(1)}^{(2)} d\mathfrak{r}\,\mathrm{grad}\,(\mathfrak{A}\,\mathfrak{G}) = \mathfrak{A}_2\,\mathfrak{G}_2 - \mathfrak{A}_1\,\mathfrak{G}_1,$$

so daß also dieses Integral für eine geschlossene Kurve verschwindet. So ergibt sich

$$E = \oint \left([\mathfrak{G}\,\mathfrak{B}] - \frac{\partial \mathfrak{A}}{\partial t} \right) d\mathfrak{r}.$$

Diesen Ausdruck können wir in der Form

$$E = \oint \mathfrak{E}\, d\mathfrak{r}$$

schreiben, wo

$$\mathfrak{E} = [\mathfrak{G}\,\mathfrak{B}] - \frac{\partial \mathfrak{A}}{\partial t} - \mathrm{grad}\,\Psi. \qquad \text{\small Gleichung der elektrischen Feldstärke (Induktionsgesetz)} \qquad \text{(B)}$$

Das Glied mit der neuen Größe Ψ ist eingeführt worden, um dem Ausdruck für $\mathfrak{E}$ Allgemeinheit zu geben. Es verschwindet

---

[1]) $d\mathfrak{r}$ ist der Zuwachs, den der Ortsvektor $\mathfrak{r}$ erfährt, wenn wir an der ruhend gedachten Strombahn entlang gehen, und $d'\mathfrak{r}$ sein Zuwachs, wenn wir der Bewegung der Strombahn folgen. Bei der Bewegung bestreicht das Element $d\mathfrak{r}$ der Strombahn die Flächen $[d\mathfrak{r}\,d'\mathfrak{r}]$.

[2]) Zu der Bezeichnung $(\mathfrak{U} \cdot \mathrm{grad} \cdot \mathfrak{B})$ sei bemerkt, daß es sich hierbei darum handelt, das Produkt aus dem Skalar $\mathfrak{U}\mathfrak{B}$ und dem symbolischen Vektor grad so zu schreiben, daß dieser Vektor zwischen den beiden Faktoren des skalaren Produktes steht. Das soll durch die Schreibweise $(\mathfrak{U} \cdot \mathrm{grad} \cdot \mathfrak{B})$ angedeutet werden. Man vergleiche hierzu die im Text benutzten Formeln

$$\big[\mathfrak{U}[\mathrm{grad}\,\mathfrak{B}]\big] = (\mathfrak{U} \cdot \mathrm{grad} \cdot \mathfrak{B}) - \mathfrak{U}\,\mathrm{grad} \cdot \mathfrak{B}$$
$$\mathfrak{T}\,(\mathfrak{U} \cdot \mathrm{grad} \cdot \mathfrak{B}) = \mathfrak{U} \cdot \mathfrak{T}\,\mathrm{grad} \cdot \mathfrak{B}.$$

aus dem Integral, sobald dieses über die geschlossene Kurve genommen wird. Die Größe Ψ ist daher unbestimmt, soweit es das vorliegende Problem angeht, die gesamte elektromotorische Kraft ringsherum im Stromkreise zu bestimmen. Wir werden aber sehen, daß wir der Größe Ψ einen ganz bestimmten Wert zuschreiben können, sobald wir alle Umstände des Problems kennen, und daß dieser Wert nach einer gewissen Definition das elektrische Potential im Endpunkte von $\mathfrak{r}$ darstellt.

Im wirbelfreien oder potentiellen Felde ist das Verschwinden der Randintegrale nur dann gesichert, wenn das wirbelfreie Feld für sich einfach zusammenhängend ist. Im mehrfach zusammenhängenden wirbelfreien Felde verschwinden die Randintegrale nur für die vollständigen Begrenzungslinien solcher Flächen, die ganz im wirbelfreien Felde, also nicht zum Teil in Wirbelfeldern liegen. Das läßt sich mit Hilfe des Stokesschen Satzes sofort einsehen. Auch beim Induktionsgesetz können solche nicht verschwindende Randintegrale in mehrfach zusammenhängenden wirbelfreien Feldern praktische Bedeutung erlangen. Man denke etwa an eine Kurve, die einen Transformatorkern in verhältnismäßig weitem Abstande umschlingt (Sekundärwindung). Die Verteilung des Potentiales im einzelnen wird auch hier durch das Induktionsgesetz allein nicht bestimmt, wohl aber die Periode des Potentials, die eben die elektromotorische Kraft ist.

Allerdings braucht in wirbelfreien elektrischen Feldern nicht $\partial \mathfrak{A} / \partial t = 0$ zu sein. Es ist zwar dort $\partial \operatorname{rot} \mathfrak{A} / \partial t = \partial \mathfrak{B} / \partial t = 0$, aber nicht $\mathfrak{A}$ selbst stationär, wenn man

$$\mathfrak{A} = \int_{\infty} \frac{\operatorname{rot} \mathfrak{B}\, dv}{4 \pi r}$$

annimmt, d. h. $\mathfrak{A}$ so bestimmt, daß es nirgends Quellen hat. Dann wird also auch im wirbelfreien Felde nur ein Teil der Feldstärke als Potentialgefälle dargestellt, obgleich sich auch die ganze Feldstärke als Potentialgefälle auffassen läßt. Und dann kann man es so einrichten, daß Ψ auch im mehrfach zusammenhängenden Felde eine einwertige Funktion des Ortes wird, daß Ψ also auf Randintegrale (auf die elektromotorische Kraft) keinen Einfluß hat. Im Falle des kreiszylindrischen Transformatorkernes denke man sich z. B. $\mathfrak{A}$ von tangentialer Richtung und außerhalb des Kernes im Abstand r von der Zylinderachse vom Betrage

$$\frac{E}{2\pi r} \frac{\cos \omega t}{\omega}.$$

Ist div $\mathfrak{A} = 0$, so ist Ψ durch die Verteilung der freien Elektrizität bestimmt.

Setzt man also in einem zyklischen wirbelfreien Felde, das ein wirbelhaftes Feld umschlingt,

$$\mathfrak{E} = -\frac{\partial \mathfrak{A}}{\partial t} - \operatorname{grad} \Psi = -\operatorname{grad} \varphi,$$

so ist das Teilpotential Ψ einwertig, das Gesamtpotential φ unendlich vielwertig.

Die (skalare) Größe $\mathfrak{E} \dfrac{d\mathfrak{r}}{|d\mathfrak{r}|}$ bedeutet die Komponente der elektrischen Feldstärke, die auf das Element $d\mathfrak{r}$ des Kreises wirkt.

Der Vektor $\mathfrak{E}$ ist die elektrische Feldstärke bei dem bewegten Elemente $d\mathfrak{r}$. Ihre Richtung und Größe hängen von der Lage und dem Bewegungszustande von $d\mathfrak{r}$ und von der Änderung des magnetischen Feldes, aber nicht von der Richtung von $d\mathfrak{r}$ ab. Wir können daher den Umstand, daß $d\mathfrak{r}$ einen Teil eines Stromkreises bildet, außer acht lassen und $d\mathfrak{r}$ einfach als ein Stück eines bewegten Körpers ansehen, auf den die elektrische Feldstärke $\mathfrak{E}$ wirkt. Die Definition der elektrischen Feldstärke ist schon in Art. 68 gegeben worden. Die Feldstärke ist die Kraft, die in diesem Punkte auf die Einheit der positiven Elektrizitätsmenge wirken würde. Wir sind nun zu dem allgemeinsten Ausdruck für diese Größe gelangt, für den Fall eines Körpers, der sich in einem durch ein variables elektrisches System hervorgerufenen Magnetfeld bewegt.

Wenn der Körper ein Leiter ist, so ruft die elektrische Feldstärke einen Strom in ihm hervor; wenn er ein Dielektrikum ist, so erzeugt sie nur eine elektrische Verschiebung.

Nimmt man von der Gleichung (B) den Rotor, so erhält man

$$-\operatorname{rot}\mathfrak{E} = \operatorname{rot}[\mathfrak{B}\mathfrak{G}] + \frac{\partial \mathfrak{B}}{\partial t}.$$

Aus dieser Gleichung ist sowohl das Vektorpotential $\mathfrak{A}$, wie das skalare Potential Ψ verschwunden, die beide nur Hilfsgrößen der Rechnung sind. Es kommen nur noch die Vektoren $\mathfrak{E}$, $\mathfrak{B}$, $\mathfrak{G}$ vor, die unmittelbar physikalische Zustände an den betrachteten Punkten charakterisieren und Beobachtungsgrößen sind.

Es ist bemerkenswert, daß Maxwell bei der Gleichung (B) stehen geblieben ist. Er hat dadurch zwar einen Ausdruck für die Feldstärke selbst, aber das Induktionsgesetz, um das es sich doch hier handelt, bestimmt eben nicht die Feldstärke selbst, sondern nur ihren Wirbel. Um in einem gegebenen Spezialfalle die Feldstärke zu bestimmen, müssen noch andere physikalische Gesetze herangezogen werden. Hiermit hängt es zusammen, daß in der Gleichung (B) die erst noch anderweitig zu bestimmende Größe ψ auftritt.

Maxwell wirft nirgends die Frage auf: Wo befinden sich elektrische Wirbel? Diese Frage haben sich erst Heaviside und Hertz gestellt. Wohl aber hat sich Maxwell die Frage vorgelegt und beantwortet: Wo befinden sich magnetische Wirbel? (Art. 607, S. 99).

Um bequem überblicken zu können, wo in einem bewegten Körper elektrische Wirbel auftreten, beachte man, daß identisch

$$\operatorname{rot}[\mathfrak{B}\,\mathfrak{G}] + \mathfrak{G}\operatorname{div}\mathfrak{B} = (\mathfrak{G}\operatorname{grad})\,\mathfrak{B} - (\mathfrak{B}\operatorname{grad})\,\mathfrak{G} + \mathfrak{B}\operatorname{div}\mathfrak{G}$$

und $\operatorname{div}\mathfrak{B} = 0$ ist. Bei einem Körper, der sich ohne Formänderung mit der Winkelgeschwindigkeit $\mathfrak{w}$ bewegt, ist

$$\operatorname{div}\mathfrak{G} = 0 \quad \text{und} \quad (\mathfrak{B}\operatorname{grad})\,\mathfrak{G} = [\mathfrak{w}\,\mathfrak{B}].$$

Für einen starren Körper ist daher

$$-\operatorname{rot}\mathfrak{E} = (\mathfrak{G}\operatorname{grad})\,\mathfrak{B} + [\mathfrak{B}\,\mathfrak{w}] + \frac{\partial\mathfrak{B}}{\partial t}.$$

In einem starren Körper finden sich also elektrische Wirbel, wenn er sich durch ein in der Bewegungsrichtung ungleichförmiges Magnetfeld bewegt, oder wenn er sich in einem Magnetfeld dreht (und zwar da, wo die Drehungsachse keine Kraftlinientangente ist), oder wenn er sich in einem schwankenden Magnetfeld befindet.

Ferner können an der Oberfläche eines bewegten Körpers (wegen der Unstetigkeit von $\mathfrak{G}$) elektrische Flächenwirbel auftreten, d. h. die Tangentialkomponente der elektrischen Feldstärke kann sich hier sprunghaft ändern. Es ist (wenn wir die Flächenoperatoren durch große Anfangsbuchstaben und Mittelwerte durch Überstreichen andeuten)

$$\operatorname{Rot}[\mathfrak{B}\,\mathfrak{G}] = (\mathfrak{G}\operatorname{Grad})\,\mathfrak{B} - (\mathfrak{B}\operatorname{Grad})\,\mathfrak{G} + \overline{\mathfrak{B}}\operatorname{Div}\mathfrak{G}$$

$$= \frac{\mathfrak{G}_1 + \mathfrak{G}_2}{2}\,\mathfrak{n}\cdot(\mathfrak{B}_2 - \mathfrak{B}_1) - \frac{\mathfrak{B}_1 + \mathfrak{B}_2}{2}\,\mathfrak{n}\cdot(\mathfrak{G}_2 - \mathfrak{G}_1)$$

$$+ \frac{\mathfrak{B}_1 + \mathfrak{B}_2}{2}\cdot\mathfrak{n}\,(\mathfrak{G}_2 - \mathfrak{G}_1)$$

$$= \frac{G_{1n} + G_{2n}}{2}\,(\mathfrak{B}_2 - \mathfrak{B}_1) - B_n\,(\mathfrak{G}_2 - \mathfrak{G}_1)$$

$$+ \frac{\mathfrak{B}_1 + \mathfrak{B}_2}{2}\,(G_{2n} - G_{1n}).$$

Dies muß $= - \operatorname{Rot} \mathfrak{E} = [\mathfrak{n}(\mathfrak{E}_1 - \mathfrak{E}_2)]$ sein. Bleiben die Körper bei der Bewegung in Berührung, so ist $G_{1n} = G_{2n} = G_n$, mithin

$$[\mathfrak{n}(\mathfrak{E}_1 - \mathfrak{E}_2)] = G_n(\mathfrak{B}_2 - \mathfrak{B}_1) + B_n(\mathfrak{G}_1 - \mathfrak{G}_2).$$

Haben die sich berührenden Körper gleiche Permeabilität, so ist $\mathfrak{B}_1 = \mathfrak{B}_2 = \mathfrak{B}$, daher

$$[\mathfrak{n}(\mathfrak{E}_1 - \mathfrak{E}_2)] = B_n(\mathfrak{G}_1 - \mathfrak{G}_2) + (G_{2n} - G_{1n})\mathfrak{B}.$$

Bewegt sich z. B. ein stromloser Kupferstab (1) im leeren Raume (2), so ist $\mathfrak{E}_1 = 0$ und $\mathfrak{G}_2 = 0$, folglich die Tangentialkomponente der elektrischen Feldstärke an der Oberfläche des Stabes

$$\left[\mathfrak{n}[\mathfrak{E}_2\,\mathfrak{n}]\right] = B_n[\mathfrak{n}\,\mathfrak{G}_1] + G_{1n}[\mathfrak{B}\,\mathfrak{n}].$$

$\mathfrak{n}$ ist hierbei die äußere Normale des Kupferstabes. Die Vektoren $\mathfrak{E}_2$ und $[\mathfrak{B}\,\mathfrak{G}_1]$ haben gleiche und gleichgerichtete Tangentialkomponenten.

[599.] Die elektrische Feldstärke, die durch die Gleichung (B) bestimmt ist, hängt von dreierlei Umständen ab. Erstens von der Bewegung des Teilchens durch das Magnetfeld. Dieser Teil der Feldstärke wird durch das erste Glied auf der rechten Seite der Gleichung (B) ausgedrückt. Er ist eine Funktion der Geschwindigkeit, mit der das Teilchen die magnetischen Induktionslinien schneidet. Wenn $\mathfrak{E}_1$ den Teil der elektrischen Feldstärke bedeutet, der von der Bewegung abhängt, so ist

$$\mathfrak{E}_1 = [\mathfrak{G}\,\mathfrak{B}]$$

oder in Worten: die elektrische Feldstärke ist das Vektorprodukt aus Geschwindigkeit und magnetischer Induktion, d. h. die elektrische Feldstärke wird der Größe nach durch die Fläche des Parallelogrammes dargestellt, dessen Seiten die Geschwindigkeit und die magnetische Induktion darstellen, und der Richtung nach durch die Normale dieses Parallelogrammes, die so zu ziehen ist, daß Geschwindigkeit, magnetische Induktion und elektrische Feldstärke in rechtsgängiger zyklischer Ordnung aufeinander folgen.

Das zweite Glied in der Gleichung (B) hängt von der zeitlichen Änderung des Magnetfeldes ab. Diese kann entweder durch die zeitlichen Änderungen des elektrischen Stromes im primären Stromkreise oder durch die Bewegung des primären Stromkreises hervorgerufen werden. Der von diesem Gliede abhängige Teil der elektrischen Feldstärke ist

$$\mathfrak{E}_2 = - \frac{\partial \mathfrak{A}}{\partial t}.$$

Es sei nochmals darauf hingewiesen, daß auch außerhalb der Magnetfelder oder in einem stationären magnetischen Felde (also in einem wirbelfreien elektrischen Felde) — $\partial \mathfrak{A} / \partial t = \mathfrak{E}_2$ im allgemeinen nicht verschwindet. Man hat sich also nicht etwa das Vektorpotential $\mathfrak{A}$ als der Induktion $\mathfrak{B}$ proportional zu denken, es braucht seine größten Werte nicht dort zu erreichen, wo die Induktionslinien am dichtesten sind. Groß ist an diesen Stellen nur die räumliche Änderung des Vektorpotentials. Die Gleichung (B) und die Zerlegung der Feldstärke $\mathfrak{E}$ in Teile, je nachdem das elektrische Feld durch Bewegung oder durch (vielleicht weit entfernte) Elektrizitätsmengen und Magnetfeldschwankungen „entstanden" oder „verursacht" ist, sind eben durchaus der Vorstellung einer Wirkung in die Ferne angepaßt. Will man den Induktionsvorgang als eine Nahewirkung begreifen, so muß man die elektrische Feldstärke, ohne Rücksicht auf ihre verschiedenen „Ursachen", als einheitliches Ganzes auffassen. Um eine Gleichung zu erhalten, an die sich Nahewirkungsvorstellungen anknüpfen lassen, hat man von Gleichung (B) den Rotor zu bilden.

Das letzte Glied der Gleichung (B) beruht auf der Veränderlichkeit der Funktion Ψ an verschiedenen Stellen des Feldes. Der davon herrührende dritte Teil der elektrischen Feldstärke ist

$$\mathfrak{E}_3 = - \operatorname{grad} \Psi.$$

Zur Veranschaulichung diene noch folgendes Beispiel: Ein fast widerstandsloser Leiter (Kupferstab) werde schnell durch ein stationäres Magnetfeld bewegt. Er sei durch zwei lange, ebenfalls fast widerstandslose Drähte mit einer Glühlampe von hohem Widerstand verbunden, die sich außerhalb des Magnetfeldes in Ruhe befindet. Dann ist überall $\mathfrak{E}_2 = 0$ und in der Glühlampe auch $\mathfrak{E}_1 = 0$. Hier ist also $\mathfrak{E}_3$ allein vorhanden. Im Kupferstab heben sich $\mathfrak{E}_1$ und $\mathfrak{E}_3$ fast auf. Im Kupferstab und in den Drähten ist die elektrische Feldstärke $\mathfrak{E}$ (der Ohmsche Spannungsabfall auf der Längeneinheit) verschwindend klein, in der Glühlampe groß.

Über die Modifikation der Gleichungen, wenn sich die Koordinatenachsen, auf die sie bezogen sind, im Raume bewegen.

[600.] Es sei $\mathfrak{r}'$ der Ortsvektor eines Punktes, bezogen auf ein im Raume bewegtes Koordinatensystem, und $\mathfrak{r}$ der Ortsvektor desselben Punktes, bezogen auf ein feststehendes System [1]).

---

[1]) Der Ortsvektor des Nullpunktes des bewegten Systems sei, vom ruhenden System aus gemessen, $\mathfrak{r}_0$. Dann ist $\mathfrak{r} = \mathfrak{r}_0 + \mathfrak{r}'$ und daher auch

Ferner sei $\mathfrak{G}_0$ die Geschwindigkeit des Ursprungspunktes des beweglichen Systems und $\mathfrak{w}$ die Winkelgeschwindigkeit dieses Systems gegen das feststehende System. Die Achsen des feststehenden Systems seien so gelegt, daß sie in dem betrachteten Augenblick mit den Achsen des bewegten Systems zusammenfallen, dann sind für die beiden Systeme nur die nach der Zeit differenzierten Größen verschieden. Wenn $\mathfrak{G}_1$ die Geschwindigkeit eines Punktes ist, der mit dem bewegten System starr verbunden ist, und $\mathfrak{G}$ und $\mathfrak{G}'$ die Geschwindigkeiten eines bewegten Punktes, der momentan dieselbe Lage hat gegen das feste und gegen das bewegte System, dann ist

$$\mathfrak{G} = \mathfrak{G}_1 + \mathfrak{G}'.$$

Nach der Theorie der Bewegung eines starren Körpers ist

$$\mathfrak{G}_1 = \mathfrak{G}_0 + [\mathfrak{w}\,\mathfrak{r}'].$$

$\mathfrak{A}$ sei eine gerichtete Größe und $\dfrac{\partial'\mathfrak{A}}{\partial t}$ die zeitliche Änderung von $\mathfrak{A}$, von dem bewegten System aus gemessen. Dann ist

$$\frac{\partial'\mathfrak{A}}{\partial t} = (\mathfrak{G}_1\,\mathrm{grad})\,\mathfrak{A} + [\mathfrak{A}\,\mathfrak{w}] + \frac{\partial\mathfrak{A}}{\partial t}.$$

Um diesen Ausdruck auf eine andere Form zu bringen, gehen wir von der Identität

$$\mathrm{grad}\,(\mathfrak{G}_1\,\mathfrak{A}) = (\mathfrak{G}_1 \cdot \mathrm{grad} \cdot \mathfrak{A}) + (\mathfrak{A} \cdot \mathrm{grad} \cdot \mathfrak{G}_1)$$

aus. Hierin ist

$$(\mathfrak{G}_1 \cdot \mathrm{grad} \cdot \mathfrak{A}) = (\mathfrak{G}_1\,\mathrm{grad})\,\mathfrak{A} + [\mathfrak{G}_1\,\mathrm{rot}\,\mathfrak{A}]$$

und

$$(\mathfrak{A} \cdot \mathrm{grad} \cdot \mathfrak{G}_1) = (\mathfrak{A} \cdot \mathrm{grad} \cdot [\mathfrak{w}\,\mathfrak{r}']) = ([\mathfrak{A}\,\mathfrak{w}] \cdot \mathrm{grad} \cdot \mathfrak{r}')$$
$$= ([\mathfrak{A}\,\mathfrak{w}]\,\mathrm{grad})\,\mathfrak{r}' = [\mathfrak{A}\,\mathfrak{w}].$$

Setzen wir diese beiden Werte ein, so ergibt sich

$$(\mathfrak{G}_1\,\mathrm{grad})\,\mathfrak{A} + [\mathfrak{A}\,\mathfrak{w}] = \mathrm{grad}\,(\mathfrak{G}_1\,\mathfrak{A}) - [\mathfrak{G}_1\,\mathrm{rot}\,\mathfrak{A}],$$

mithin

$$\frac{\partial'\mathfrak{A}}{\partial t} = \mathrm{grad}\,(\mathfrak{G}_1\,\mathfrak{A}) - [\mathfrak{G}_1\,\mathrm{rot}\,\mathfrak{A}] + \frac{\partial\mathfrak{A}}{\partial t}.$$

$d\,\mathfrak{r} = d\,\mathfrak{r}_0 + d\,\mathfrak{r}'$. Ist die Änderung von $\mathfrak{r}'$, vom bewegten System aus beurteilt, $d'\mathfrak{r}'$ und $\mathfrak{w}$ die Winkelgeschwindigkeit des bewegten Systems gegen das feste, so ist $d\,\mathfrak{r}' = [\mathfrak{w}\,d\,t\,\mathfrak{r}'] + d'\mathfrak{r}'$. Im Text sind folgende Abkürzungen gebraucht

$$\frac{d\,\mathfrak{r}}{d\,t} = \mathfrak{G}, \qquad \frac{d\,\mathfrak{r}_0}{d\,t} = \mathfrak{G}_0, \qquad \frac{d'\mathfrak{r}'}{d\,t} = \mathfrak{G}'.$$

Nach Maxwells Annahme ist vor der Verrückung $\mathfrak{r}_0 = 0$, $\mathfrak{r}' = \mathfrak{r}$.

Bedeutet im besonderen $\mathfrak{A}$ wieder das Vektorpotential, so ist $\mathrm{rot}\,\mathfrak{A} = \mathfrak{B}$.

Setzen wir nun

$$- \mathit{\Psi}' = \mathfrak{G}_1\,\mathfrak{A},$$

so wird schließlich

$$\frac{\partial'\mathfrak{A}}{\partial t} = -\,\mathrm{grad}\,\mathit{\Psi}' - [\mathfrak{G}_1\,\mathfrak{B}] + \frac{\partial\mathfrak{A}}{\partial t}.$$

Die Gleichung der elektrischen Feldstärke $\mathfrak{E}$ lautet für ein festes System nach (B)

$$\mathfrak{E} = [\mathfrak{G}\,\mathfrak{B}] - \frac{\partial\mathfrak{A}}{\partial t} - \mathrm{grad}\,\mathit{\Psi}.$$

Durch Addition der beiden letzten Gleichungen erhalten wir [1])

$$\mathfrak{E} = [\mathfrak{G}'\,\mathfrak{B}] - \frac{\partial'\mathfrak{A}}{\partial t} - \mathrm{grad}\,(\mathit{\Psi} + \mathit{\Psi}').$$

[601.] Daraus geht hervor, daß die elektrische Feldstärke durch ganz gleich gebaute Formeln dargestellt wird, ob die Bewegung der Leiter auf ein feststehendes oder auf ein im Raume bewegtes Achsensystem bezogen wird; der einzige Unterschied besteht darin, daß man im Falle des bewegten Achsensystems das elektrische Potential $\mathit{\Psi}$ in $\mathit{\Psi} + \mathit{\Psi}'$ umändern muß.

In allen Fällen, wo im Leiterkreise ein Strom erzeugt wird, bildet die elektromotorische Kraft stets das Randintegral

$$E = \oint \mathfrak{E}\,d\mathfrak{r}.$$

Die Größe $\mathit{\Psi}$ geht in dieses Integral gar nicht ein, so daß die Einführung von $\mathit{\Psi}'$ keinen Einfluß auf seinen Wert hat. Bei allen Erscheinungen, die sich auf geschlossene Kreise und darin fließende Ströme beziehen, ist es daher gleichgültig, ob wir ein ruhendes oder ein bewegtes Koordinatensystem zugrunde legen.

Auch die Gleichung für den Wirbel der elektrischen Feldstärke behält ihre Form, wenn wir auf ein bewegtes Koordinatensystem übergehen. Da nämlich

$$\mathrm{rot}\,[\mathfrak{B}\,\mathfrak{G}_1] = (\mathfrak{G}_1\,\mathrm{grad})\,\mathfrak{B} - (\mathfrak{B}\,\mathrm{grad})\,\mathfrak{G}_1 = (\mathfrak{G}_1\,\mathrm{grad})\,\mathfrak{B} + [\mathfrak{B}\,\mathfrak{w}]$$

---

[1]) Bei **Maxwell** steht in der folgenden Gleichung $\mathfrak{E}'$ statt $\mathfrak{E}$. Eine Unterscheidung ist hier aber wohl nicht erforderlich.

ist, so kann man statt

$$\frac{\partial' \mathfrak{B}}{\partial t} = (\mathfrak{G}_1 \operatorname{grad}) \mathfrak{B} + [\mathfrak{B} \mathfrak{w}] + \frac{\partial \mathfrak{B}}{\partial t}$$

auch schreiben

$$\frac{\partial' \mathfrak{B}}{\partial t} = \operatorname{rot} [\mathfrak{B} \mathfrak{G}_1] + \frac{\partial \mathfrak{B}}{\partial t}.$$

Addiert man diese Gleichung zu der für den elektrischen Wirbel

$$\operatorname{rot} \mathfrak{E} = - \operatorname{rot} [\mathfrak{B} \mathfrak{G}] - \frac{\partial \mathfrak{B}}{\partial t},$$

so erhält man

$$\operatorname{rot} \mathfrak{E} = - \operatorname{rot} [\mathfrak{B} \mathfrak{G}'] - \frac{\partial' \mathfrak{B}}{\partial t}.$$

Die mechanische Kraft auf einen durchströmten Leiter im Magnetfelde.

Bei ruhenden Körpern und im stationären Zustande geht die elektrische Arbeit, die die Stromquellen leisten, teils in Joulesche Wärme über, teils in umkehrbaren Prozessen in „innere Energie" von Akkumulatoren und Thermoelementen. Ist der Zustand veränderlich, so geht der Überschuß der elektrischen Arbeit der Stromquellen über ihre „stationäre Arbeit" bei ruhenden Körpern ganz in magnetische Feldenergie über, bei bewegten Körpern teils in magnetische Feldenergie, teils in mechanische Arbeit. Daher ist die mechanische Arbeit, die die Feldkräfte leisten, gleich der Differenz zwischen der „überschüssigen" elektrischen Arbeit der Stromquellen und dem Zuwachs der magnetischen Energie.

Die überschüssige elektrische Arbeit der Stromquellen ist aber nach dem Induktionsgesetz

$$A_e = \sum_\nu \int_{p'_\nu}^{p''_\nu} i_\nu \, dp_\nu,$$

wenn i_ν den Strom und p_ν den Induktionsfluß durch den ν ten Stromkreis bedeuten und wenn die einfach gestrichenen Größen sich auf den Anfangszustand beziehen, die doppelt gestrichenen auf den Endzustand. Die magnetische Feldenergie ist

$$T = \tfrac{1}{2} \sum_\nu i_\nu \, p_\nu.$$

Bleiben beim Übergang aus dem Anfangszustand in den Endzustand die Ströme i_ν konstant, so ist die überschüssige elektrische Arbeit

$$A_e = \sum_\nu i_\nu (p''_\nu - p'_\nu).$$

Die Hälfte davon ist der gleichzeitige Zuwachs der magnetischen Energie, die andere Hälfte ist die mechanische Arbeit. Bei konstanten Strömen ist daher die mechanische Arbeit der Feldkräfte dem Zuwachs der magnetischen Energie gleich.

Sind nur zwei Stromkreise vorhanden und bewegen sie sich bei konstant gehaltenen Strömen gegeneinander als starre Körper im eisenfreien Felde, so ist die mechanische Arbeit der Feldkräfte gleich dem Zuwachs der wechselseitigen magnetischen Energie der beiden Stromkreise, da ihre Eigenenergien sich nicht ändern.

[602 [1]).] Bei der Untersuchung der mechanischen Kraft zwischen zwei Stromkreisen (Art. 583) haben wir gesehen, daß, wenn i_1, i_2 die Ströme in zwei Stromkreisen und M ihre Gegeninduktivität bedeuten, bei einer Verrückung des Sekundärkreises im Felde des Primärkreises die mechanische Arbeit

$$\mathrm{d} A = i_1\, i_2\, d M$$

geleistet wird [2]). Der Induktionsfluß, den der Primärstrom durch den Sekundärkreis schickt, ist

$$M i_1 = p_2^{(1)} = \oint\limits_{(2)} \mathfrak{A}^{(1)} d\mathfrak{r}$$

und seine Änderung durch die Bewegung des Sekundärkreises

$$i_1\, d M = \delta p_2^{(1)}.$$

Wir wollen nun annehmen, daß die Verschiebung darin bebesteht, daß jeder Teil des Kreises eine Verrückung $\delta\mathfrak{r}$ erleidet, wobei $\delta\mathfrak{r}$ irgendeine stetige Funktion der Bogenlänge s ist, so daß sich die verschiedenen Teile des Kreises unabhängig voneinander bewegen, während der Kreis selbst stetig und geschlossen bleibt. (Doch müssen wir vorläufig noch voraussetzen, daß sich der Sekundärkreis nur als starrer Körper bewegt.)

---

[1]) Der Artikel 602 ist keine wörtliche Übersetzung, sondern eine freie Wiedergabe von Maxwells Gedankengang.

[2]) Hierbei ist vorausgesetzt, daß sich die Selbstinduktivität des Sekundärkreises nicht ändert. Das trifft zu, wenn sich der Sekundärkreis als starrer Körper bewegt und wenn sich kein Eisen im Felde befindet. Diese Beschränkung ist notwendig, wenn wir den Sekundärkreis als linearen Leiter behandeln wollen. Denn für einen linearen Leiter läßt sich eine Selbstinduktivität nicht definieren, man würde auf unendliche Werte stoßen.

Die Änderung des Randintegrales p können wir in derselben Weise berechnen, wie in Art. 598 und 600 (S. 81 und 87). Danach ist die Änderung des Linienintegrals

$$\delta \int \mathfrak{A}\, d\mathfrak{r} = \int d\mathfrak{r}\left\{ \mathrm{grad}\,(\mathfrak{A}\,\delta\mathfrak{r}) - [\delta\mathfrak{r}\,\mathrm{rot}\,\mathfrak{A}] \right\},$$

folglich die Änderung des Randintegrals

$$\delta p = \oint d\mathfrak{r}\,[\mathfrak{B}\,\delta\mathfrak{r}] = \oint [d\mathfrak{r}\,\mathfrak{B}]\,\delta\mathfrak{r}$$

und daher die mechanische Arbeit

$$\mathfrak{d} A = i_2 \oint_{(2)} [d\mathfrak{r}\,\mathfrak{B}^{(1)}]\,\delta\mathfrak{r}.$$

Wirkt auf das Längenelement ds des Sekundärkreises die Kraft $\mathfrak{P}\,ds$, so ist andererseits die Arbeit identisch mit

$$\oint_{(2)} \mathfrak{P}\,ds\,\delta\mathfrak{r}.$$

Für beliebige Verschiebungen $\delta\mathfrak{r}$ des starren Sekundärkreises können die beiden Ausdrücke nur dann übereinstimmen, wenn

$$\oint \mathfrak{P}\,ds = i_2 \oint [d\mathfrak{r}\,\mathfrak{B}^{(1)}]$$

ist. Auch für die einzelnen Elemente ds des Sekundärkreises gilt die Beziehung

$$\mathfrak{P}\,ds = i_2\,[d\mathfrak{r}\,\mathfrak{B}^{(1)}],$$

wie sich zeigt, wenn man die Teile des Sekundärkreises gegeneinander beweglich macht.

[603.] Wenn der Leiter nicht als Linie, sondern als Körper zu behandeln ist, so müssen wir die Kraft pro Längeneinheit und den Strom durch den Gesamtquerschnitt in Zeichen ausdrücken, die die Kraft pro Volumeneinheit (Kraftdichte) und den Strom pro Flächeneinheit (Stromdichte) bedeuten.

$\mathfrak{F}$ sei jetzt die Kraftdichte und $\mathfrak{C}$ die Stromdichte. Dann ist, wenn q den als klein angenommenen Querschnitt des Leiters bedeutet, das Volumen des Elementes ds gleich $q\,ds$ und

$$\mathfrak{C} = \frac{i_2}{q}\frac{d\mathfrak{r}}{ds}.$$

Die letzte Gleichung des vorigen Artikels verwandelt sich daher in

$$\mathfrak{F}\, q\, ds = q\, ds\, [\mathfrak{C}\,\mathfrak{B}]$$

oder $\qquad \mathfrak{F} = [\mathfrak{C}\,\mathfrak{B}].$ (Gleichung der elektromagnetischen Kraft) $\qquad$ (C)

Statt der Gesamtinduktion $\mathfrak{B}$ sollte der Ableitung nach eigentlich nur die fremde Induktion $\mathfrak{B}^{(1)}$ stehen. Aber vom Standpunkt der Vorstellung einer Nahewirkung müssen wir annehmen, daß die verschiedenen Teile, in die man die Induktion $\mathfrak{B}$ je nach ihrer Herkunft zerlegen kann, in derselben Weise wirken. Der Ersatz von $\mathfrak{B}$ durch $\mathfrak{B}^{(1)}$ ändert natürlich im allgemeinen auch die Kraftdichte $\mathfrak{F}$ nach Größe und Richtung an den einzelnen Punkten im Inneren des Leiters. Diese Abweichung steht aber im Zusammenhang damit, daß wir, solange wir den Sekundärkreis als linearen Leiter behandelten, eine Änderung der Selbstinduktivität nicht berücksichtigen konnten. Z. B. werden bei einem geraden Draht mit Kreisquerschnitt, der in einem gleichförmigen fremden Magnetfelde senkrecht zu den Kraftlinien steht und von den übrigen Teilen des Stromkreises weit entfernt ist, Kräfte hinzutreten, die nach der Drahtachse hin gerichtet sind, also den Draht zu komprimieren suchen.

Einen genaueren Einblick bekommt man, wenn man das gestörte Feld betrachtet. Ein langer gerader Draht von Kreisquerschnitt werde in ein ursprünglich gleichförmiges Feld $\mathfrak{H}_0$ gebracht. Der Drahtdurchmesser sei $2b$, die Permeabilität des Drahtmaterials μ, der Strom im Draht J. Der Draht werde in eine zu dem Felde $\mathfrak{H}_0$ senkrechte Lage gebracht, parallel zu einem Einheitsvektor $\mathfrak{a}$, der die Stromrichtung anzeigt. Von einem Punkte der Drahtachse aus werde, senkrecht zu ihr, ein Ortsvektor $\mathfrak{r}$ gezogen ($\mathfrak{a}\,\mathfrak{r} = 0$), und es sei $\mathfrak{r}_0 = \mathfrak{r}/r$ der Einheitsvektor in Richtung von $\mathfrak{r}$. Dann ist die magnetische Feldstärke am Endpunkt von $\mathfrak{r}$, wenn er außerhalb des Drahtes liegt,

$$\mathfrak{H}_a = \mathfrak{H}_0 + \frac{\mu-1}{\mu+1}\,(2\,\mathfrak{r}_0\,\mathfrak{H}_0\boldsymbol{\cdot}\mathfrak{r}_0 - \mathfrak{H}_0)\,\frac{b^2}{r^2} + 2J\frac{[\mathfrak{a}\,\mathfrak{r}]}{r^2},$$

und wenn er innerhalb des Drahtes liegt,

$$\mathfrak{H}_i = \frac{2}{\mu+1}\,\mathfrak{H}_0 + 2J\frac{[\mathfrak{a}\,\mathfrak{r}]}{b^2}.$$

Für $\mu = 1$ und $J = 0$ wird $\mathfrak{H}_a = \mathfrak{H}_i = \mathfrak{H}_0$, wie es sein muß.

Für die mechanische Kraft $\mathfrak{F}\,dv$, die auf ein Volumenelement dv des Drahtes wirkt, erhalten wir, wenn $\mathfrak{K}$ die Stromdichte bedeutet,

$$\mathfrak{F} = [\mathfrak{K}\,\mathfrak{B}] = \frac{J\mu}{\pi\,b^2}\,[\mathfrak{a}\,\mathfrak{H}_i]$$

$$= \frac{J}{\pi\,b^2}\,\frac{2\,\mu}{\mu+1}\,[\mathfrak{a}\,\mathfrak{H}_0] - 2\,\pi\,\mu\left(\frac{J}{\pi\,b^2}\right)^2\mathfrak{r}.$$

Für die Gesamtkraft auf das Innere der Längeneinheit des Drahtes kommt
nur das erste Glied in Betracht. Denn das zweite Glied bedeutet eine
Kraft, die überall auf die Drahtachse zu gerichtet ist. Ihr Betrag ist
dem Abstande des Feldpunktes von der Drahtachse proportional. Als
Gesamtkraft ergibt sich somit

$$\int \mathfrak{F}\, dv = \frac{2\,\mu}{\mu+1} J\,[\mathfrak{a}\,\mathfrak{H}_0],$$

das ist für

$$\mu = 1 \ \text{(Kupferdraht)} \qquad\qquad J\,[\mathfrak{a}\,\mathfrak{H}_0]$$

und für

$$\mu = \infty \ \text{(Eisendraht)} \qquad\qquad 2J\,[\mathfrak{a}\,\mathfrak{H}_0].$$

Hierzu kommt aber im allgemeinen noch eine Kraft auf die Drahtoberfläche. An der Drahtoberfläche $(r = b)$ haben wir

$$\mathfrak{H}_i = \frac{2}{\mu+1}\,\mathfrak{H}_0 + \frac{2J}{b}\,[\mathfrak{a}\,\mathfrak{r}_0],$$

$$\mathfrak{H}_a = \mathfrak{H}_i + 2\,\frac{\mu-1}{\mu+1}\,\mathfrak{r}_0\,\mathfrak{H}_0 \cdot \mathfrak{r}_0,$$

folglich

$$\mathfrak{H}_a\,\mathfrak{H}_i = \left(\frac{2}{\mu+1}\,\mathfrak{H}_0\right)^2 + \left(\frac{2J}{b}\right)^2 + 2\,\frac{2}{\mu+1}\,\frac{2J}{b}\,[\mathfrak{H}_0\,\mathfrak{a}]\,\mathfrak{r}_0 + 4\,\frac{\mu-1}{(\mu+1)^2}\,(\mathfrak{r}_0\,\mathfrak{H}_0)^2.$$

Auf ein Element der Drahtoberfläche wirkt eine Kraft $\mathfrak{p}\,do$ normal zur
Drahtoberfläche, nämlich

$$\mathfrak{p} = -\frac{1}{8\,\pi}\,\mathfrak{H}_a\,\mathfrak{H}_i \cdot \operatorname{Grad}\mu = +\frac{\mu-1}{8\,\pi}\,\mathfrak{H}_a\,\mathfrak{H} \cdot \mathfrak{r}_0$$

$$= \frac{\mu-1}{2\,\pi}\left\{\left(\frac{\mathfrak{H}_0}{\mu+1}\right)^2 + \left(\frac{J}{b}\right)^2 + \frac{2}{\mu+1}\,\frac{J}{b}\,[\mathfrak{H}_0\,\mathfrak{a}]\,\mathfrak{r}_0 + \frac{\mu-1}{(\mu+1)^2}(\mathfrak{r}_0\,\mathfrak{H}_0)^2\right\} \cdot \mathfrak{r}_0.$$

Die durch die beiden ersten Glieder dargestellten Kräfte haben längs dem
Umfang des Drahtquerschnittes konstanten Betrag. Bezeichnen wir den
im positiven Sinne um $\mathfrak{a}$ herum genommenen Winkel zwischen $\mathfrak{H}_0$ und $\mathfrak{r}$
mit φ, so variiert das dritte Glied wie $-\sin\varphi$ und das vierte wie $\cos^2\varphi$.
An zwei diametral gegenüberliegenden Punkten der Drahtoberfläche hat
also das dritte Glied entgegengesetzt gleiche Werte, das vierte gleiche
Werte. Als positiv gilt dabei immer die Richtung nach außen. Für die
Gesamtkraft auf die starr gedachte Drahtoberfläche kommt also nur das
dritte Glied in Betracht. Demnach wirkt auf die Oberfläche der Längeneinheit des Drahtes die Kraft

$$\oint \mathfrak{p}\,do = \int_0^{2\pi} \mathfrak{p}\,b\,d\varphi = \frac{1}{\pi}\,\frac{\mu-1}{\mu+1}\,J\int_0^{2\pi}[\mathfrak{H}_0\,\mathfrak{a}]\,\mathfrak{r}_0 \cdot \mathfrak{r}_0 \cdot d\varphi.$$

Die Richtung dieser Kraft wird die sein, für die $-\sin\varphi = +1$ wird, das ist die Richtung von $[\mathfrak{H}_0\,\mathfrak{a}] = -[\mathfrak{a}\,\mathfrak{H}_0]$. Unter dem Integralzeichen brauchen wir nur die Komponente nach dieser Richtung einzusetzen. Wir erhalten sie durch Multiplikation mit $-\sin\varphi$ und damit als Gesamtkraft auf die Drahtoberfläche

$$\frac{1}{\pi}\frac{\mu-1}{\mu+1}J[\mathfrak{H}_0\,\mathfrak{a}]\int_0^{2\pi}\sin^2\varphi\,d\varphi = -\frac{\mu-1}{\mu+1}J[\mathfrak{a}\,\mathfrak{H}_0].$$

Das ist für

$$\mu = 1 \text{ (Kupferdraht)} \qquad\qquad 0,$$
$$\mu = \infty \text{ (Eisendraht)} \qquad -J[\mathfrak{a}\,\mathfrak{H}_0].$$

Fügt man diese Kraft auf die Oberfläche zu der Kraft auf das Innere der Längeneinheit des Drahtes hinzu, so bekommt man

$$\frac{2\mu}{\mu+1}J[\mathfrak{a}\,\mathfrak{H}_0] - \frac{\mu-1}{\mu+1}J[\mathfrak{a}\,\mathfrak{H}_0] = J[\mathfrak{a}\,\mathfrak{H}_0].$$

Im ganzen wirkt also auf den Eisendraht eine ebenso große Kraft, wie auf den Kupferdraht.

Vgl. B. Caldonazzo, Nuovo Cimento, ser. VI, vol. II, Juli 1911.

Elektrodynamik und Lagrangesche Gleichungen.

[604.] Unsere theoretische Diskussion über Elektrodynamik beruhte darauf, daß wir ein System von stromführenden Leiterkreisen als dynamisches System auffaßten, bei dem die Ströme als Geschwindigkeiten angesehen werden, während die zu den Geschwindigkeiten gehörigen Koordinaten selbst nicht in den Gleichungen auftreten. Daraus folgt, daß die kinetische Energie des Systems, insoweit sie von den Strömen abhängt, eine homogene quadratische Funktion der Ströme ist, deren Koeffizienten nur von der Form und gegenseitigen Lage der Stromkreise abhängen[1]). Unter der Annahme, daß diese Koeffizienten durch Versuche oder sonstwie bekannt sind, haben wir die Gesetze der Induktion von Strömen und der elektromagnetischen Anziehung durch rein dynamische Überlegungen abgeleitet[2]). Dabei führten

---

[1]) Hierbei ist angenommen, daß sich kein Eisen im Felde befindet (grad $\mu = 0$). Sonst hängen die Koeffizienten (Induktivitäten) auch noch von der Gestalt und Lage der Eisenkörper ab.

[2]) In dem Verfahren, gewisse Formeln für ein System von Stromkreisen mit Hilfe der Lagrangeschen Gleichungen abzuleiten, wird heute wohl niemand eine physikalische Begründung der Resultate erblicken. Hat man doch sogar jede Hoffnung aufgegeben, die elektromagnetischen Erscheinungen jemals mechanisch zu begreifen.

wir die Begriffe elektrokinetische Energie eines Stromsystems, elektromagnetisches Moment eines Kreises und gegenseitiges Potential zweier Kreise ein.

Eine weitere Untersuchung des Feldes durch verschiedenartige Ausgestaltung des Sekundärkreises führte uns dann zu der Vorstellung eines Vektors $\mathfrak{A}$, der in jedem Punkte des Feldes eine bestimmte Größe und Richtung hat. Diesen Vektor nannten wir das elektromagnetische Moment in dem betreffenden Punkte. Man kann ihn als **Zeitintegral der elektrischen Feldstärke** betrachten, die in jenem Punkte durch plötzliche Entfernung aller Ströme aus dem Felde erzeugt würde[1]. Er ist mit der Größe identisch, die wir schon in Art. 405, S. 65 als Vektorpotential der magnetischen Induktion kennen gelernt haben. Das elektromagnetische Moment eines Stromkreises ist das Randintegral von $\mathfrak{A}$ längs dem Kreise.

Mit Hilfe des Integralsatzes von Stokes haben wir darauf das Randintegral des Vektors $\mathfrak{A}$ in das Flächenintegral eines neuen Vektors $\mathfrak{B}$ verwandelt, und es war möglich, die durch eine Leiterbewegung hervorgerufenen Induktionserscheinungen[2] und die Erscheinungen der elektromagnetischen Kraft durch $\mathfrak{B}$ auszudrücken. Wir nannten $\mathfrak{B}$ magnetische Induktion, da diese Größe dieselben Eigenschaften besitzt, wie die von Faraday untersuchten magnetischen Induktionslinien.

Wir haben ferner drei Vektorgleichungen aufgestellt: in der ersten (A) wird die magnetische Induktion durch das elektromagnetische Moment dargestellt; in der zweiten (B) die elektrische Feldstärke durch die Leiterbewegung, die magnetischen Induktionslinien und die Veränderlichkeit des elektromagnetischen Momentes; in der dritten (C) die elektromagnetische Kraft durch den Strom und die magnetische Induktion.

Der Strom ist hierbei immer als „wahrer" Strom zu verstehen, der nicht nur den Leitungsstrom in sich begreift, sondern

---

[1] Trotz dieser schönen anschaulichen Definition des Vektorpotentials muß man doch sagen, daß Maxwell durch die Einführung dieser mathematischen Hilfsgröße eher gehemmt als gefördert worden ist. Jedenfalls hat sie ihn bei den Induktionserscheinungen von seinem Ziele abgelenkt, alle elektromagnetischen Erscheinungen als Nahwirkungen darzustellen.

[2] Auch die Induktionserscheinungen, die bei ruhenden Körpern durch Feldschwankungen entstehen, lassen sich, wie wir gesehen haben, durch $\mathfrak{B}$ darstellen, wenn man nicht für die elektrische Feldstärke, sondern für ihren Wirbel einen Ausdruck sucht.

auch den Strom, der bei Veränderung einer elektrischen Verschiebung auftritt.

Die magnetische Induktion $\mathfrak{B}$ ist dieselbe Größe, die wir schon in Art. 400, S. 60 betrachtet haben. In einem nicht magnetisierten Körper ist sie identisch mit der Kraft, die auf einen magnetischen Einheitspol wirkt; in einem permanent oder durch Induktion magnetisierten Körper ist sie aber die Kraft, die auf einen Einheitspol wirken würde, wenn dieser sich in einem schmalen Einschnitt des Körpers befände, dessen Wände senkrecht zur Magnetisierungsrichtung liegen.

Aus der Gleichung (A), durch die $\mathfrak{B}$ definiert wird, folgt

$$\operatorname{div} \mathfrak{B} = 0.$$

In Art. 403, S. 64 ist gezeigt worden, daß dies eine Eigentümlichkeit der magnetischen Induktion ist.

[605.] Wir haben die magnetische Feldstärke innerhalb eines Magneten zum Unterschied von der magnetischen Induktion als die Kraft definiert, die auf den Einheitspol wirkt, der in einem engen, parallel zur Magnetisierungsrichtung angebrachten Einschnitt im Magneten liegt. Diese Größe wird mit $\mathfrak{H}$ bezeichnet. Siehe Art. 398, S. 59.

Wenn $\mathfrak{J}$ die Magnetisierung ist, dann ist nach Art. 400, S. 60

$$\mathfrak{B} = \mathfrak{H} + 4\pi\mathfrak{J}. \quad \text{(Magnetisierungsgleichung)} \tag{D}$$

Diese Vektorgleichung können wir als Magnetisierungsgleichung bezeichnen. Sie sagt aus, daß die magnetische Induktion $\mathfrak{B}$ im elektromagnetischen System die Vektorsumme von zwei Vektoren ist, nämlich der magnetischen Feldstärke $\mathfrak{H}$ und der mit 4π multiplizierten Magnetisierung $\mathfrak{J}$.

In gewissen Stoffen hängt die Magnetisierung von der magnetischen Feldstärke ab, was in den Formeln für induzierten Magnetismus in Art. 426 und 435 zum Ausdruck kommt. (Vgl. auch S. 61.)

Das Durchflutungsgesetz.

[606.] Bis hierher haben wir alles aus rein dynamischen Überlegungen abgeleitet, ohne uns auf irgendwelche quantitative elektrische oder magnetische Versuche zu stützen. Der einzige Gebrauch, den wir von experimentellen Kenntnissen gemacht haben, war der, daß wir in den aus der Theorie gewonnenen abstrakten Größen die konkreten, durch Versuche bestimmten Größen wiedererkannten und ihnen Namen beilegten, die mehr ihre physikalische Bedeutung, als ihre mathematische Entstehung anzeigen.

Auf diese Weise haben wir die Existenz des elektromagnetischen Moments $\mathfrak{A}$ als eines Vektors nachgewiesen, dessen Richtung und Größe im Raume von Punkt zu Punkt wechseln, und daraus rein mathematisch die magnetische Induktion als einen zweiten Vektor $\mathfrak{B}$ abgeleitet. Es war aber nicht möglich, $\mathfrak{A}$ oder $\mathfrak{B}$ aus der Stromverteilung im Felde zu bestimmen. Dazu müssen wir erst nach den mathematischen Beziehungen zwischen diesen Größen und den Strömen suchen.

Wir wollen damit beginnen, daß wir die Existenz permanenter Magnete annehmen, deren Wirkung aufeinander das Gesetz der Erhaltung der Energie befriedigt, und keine weitere Annahme über die Gesetze der magnetischen Kraft machen, als eben die aus jenem Gesetz folgende, nämlich, daß die auf einen Magnetpol wirkende Kraft (die magnetische Feldstärke) von einem Potential ableitbar ist.

Wenn wir nun die Wirkung zwischen Strömen und Magneten beobachten, so finden wir, daß ein Strom augenscheinlich in **ganz** derselben Weise auf einen Magneten wirkt, wie ein anderer Magnet von entsprechender Stärke, Gestalt und Lage, und daß ein Magnet auf einen Strom in derselben Weise wirkt, wie ein anderer Strom. Diese Beobachtungen brauchen nicht von wirklich ausgeführten Messungen der auftretenden Kräfte begleitet zu sein. Sie sollen keine Zahlenangaben liefern, sondern nur Fragen zu näherer Betrachtung aufwerfen.

Die hier aufgeworfene Frage ist die, ob das durch elektrische Ströme erzeugte Magnetfeld, wie in verschiedenen anderen Punkten, auch darin dem durch einen permanenten Magneten erzeugten Felde gleicht, daß es zu einem Potential in Beziehung steht, also wirbelfrei ist.

In Art. 482 bis 485 ist nachgewiesen worden, daß ein elektrischer Kreis im umgebenden Raume genau dieselben magnetischen Erscheinungen hervorruft, wie eine von diesem Kreise begrenzte Magnetschale.

Wir wissen, daß es in dem Falle der Magnetschale ein Potential gibt, das an allen Punkten außerhalb der magnetischen Substanz einen bestimmten Wert hat, daß jedoch die Potentiale an zwei benachbarten, aber auf verschiedenen Seiten der Schale gelegenen Punkten um einen endlichen Wert voneinander abweichen.

Wenn das Magnetfeld in der Nähe eines elektrischen Stromes dem Felde in der Nähe einer Magnetschale gleicht, so muß das magnetische Potential, wie es durch Integration der magnetischen Feldstärke längs einer Linie gefunden wird, für zwei beliebige Integrationslinien dasselbe sein, vorausgesetzt, daß die eine Linie durch stetige Bewegung in die andere übergeführt werden kann, ohne daß dabei der elektrische Kreis geschnitten wird.

Wenn aber die eine Integrationslinie nicht in die andere übergeführt werden kann, ohne daß dabei der Strom geschnitten wird, so weicht das Linienintegral der magnetischen Feldstärke längs der einen Kurve von dem Integral längs der anderen Kurve um einen Betrag ab, der von der Stärke des Stromes abhängt. Das magnetische Potential eines elektrischen Stromes ist daher eine Funktion, die eine unendliche Reihe von Werten mit einer gemeinsamen Differenz hat; der spezielle Wert hängt von dem Verlaufe der Integrationslinie ab. Innerhalb der Leitersubstanz gibt es nichts derartiges, wie ein magnetisches Potential.

[607.] Unter der Annahme, daß die magnetische Wirkung eines Stromes ein derartiges magnetisches Potential besitzt, wollen wir dies nun mathematisch formulieren.

Zunächst ist zu bemerken, daß jedes Randintegral der magnetischen Feldstärke Null ist, wenn die geschlossene Kurve den elektrischen Strom nicht einschließt.

Weiter, daß das Randintegral einen bestimmten, als Maß der Stromstärke verwendbaren Wert hat, wenn der Strom einmal und nur einmal in positiver Richtung durch die geschlossene Kurve fließt. Denn das Randintegral bleibt unverändert, wenn sich die Kurve irgendwie stetig ändert, ohne den Strom zu schneiden.

Das Randintegral der magnetischen Feldstärke um eine Kurve ist in elektromagnetischem Maße numerisch gleich dem Strome durch die Kurve[1]), multipliziert mit 4π:

$$\oint \mathfrak{H}\,d\mathfrak{r} = 4\pi \int_{f} \mathfrak{C}\,d\mathfrak{f},$$

---

[1]) Da man unter „Strom" gewöhnlich den Strom in einem einzelnen Drahte versteht, so hat man neuerdings für den allgemeineren Begriff „Strom durch eine Kurve" (d. h. Strom durch eine Fläche, deren Rand die Kurve ist) den Namen „elektrische Durchflutung" vorgeschlagen. Die Durchflutung wird im allgemeinen eine algebraische Summe von Strömen sein.

wo $\mathfrak{C}$ die Stromdichte bedeutet. Nach dem Stokesschen Satze ist das Randintegral von $\mathfrak{H}$ gleich dem Flächenintegral von $\operatorname{rot}\mathfrak{H}$, daher

$$\int_f \operatorname{rot}\mathfrak{H}\,d\mathfrak{f} = 4\,\pi\int_f \mathfrak{C}\,d\mathfrak{f},$$

und da diese Gleichung für jede beliebige Fläche f gilt, auch

$$4\,\pi\,\mathfrak{C} = \operatorname{rot}\mathfrak{H}.\qquad \text{(Gleichung des elektrischen Stromes)}\qquad\text{(E)}$$

Hierdurch ist die Größe und Richtung der elektrischen Stromdichte bestimmt, wenn die magnetische Feldstärke in jedem Punkte gegeben ist.

Wo kein Strom vorhanden ist, ist die Gleichung (E) gleichwertig mit der Bedingung, daß

$$\mathfrak{H}\,d\mathfrak{r} = -\,d\Omega$$

(also ein vollständiges Differential) ist, oder daß die magnetische Feldstärke in allen Punkten des Feldes, wo kein Strom fließt, von einem magnetischen Potential ableitbar ist.

Aus Gleichung (E) folgt

$$\operatorname{div}\mathfrak{C} = 0,$$

d. h. daß die Strömung $\mathfrak{C}$ den Gesetzen einer inkompressiblen Flüssigkeit gehorcht und notwendig in geschlossenen Kreisen fließen muß[1]). Vgl. Art. 61, S. 14.

Diese Gleichung gilt nur dann, wenn wir $\mathfrak{C}$ als die elektrische Strömung ansehen, die sowohl durch Veränderung einer elektrischen Verschiebung, wie durch eigentliche elektrische Leitung hervorgerufen wird.

Setzen wir $\mathfrak{C} = \varrho'\mathfrak{v}'$, indem wir mit ϱ' die Dichte jener Flüssigkeit „Elektrizität" (die nicht mit der „wahren" Elektrizität von der Dichte $\varrho = \operatorname{div}\mathfrak{D}$ verwechselt werden darf) und mit $\mathfrak{v}'$ ihre Geschwindigkeit bezeichnen, so muß also $\varrho'\mathfrak{v}'$ ein quellenfreier Vektor sein, woraus

$$\operatorname{div}\mathfrak{v}' = \mathfrak{v}'\operatorname{grad}\ln\frac{1}{\varrho'}$$

folgt. Da die Flüssigkeit nirgends ihren Zusammenhang verlieren, also nirgends zerrissen werden soll, so hat dann ϱ' an jedem Raumpunkt einen

---

[1]) Maxwell hätte hier, ganz ähnlich wie bei Gleichung (B), ein Vektorpotential $\mathfrak{U} = \displaystyle\int\frac{\operatorname{rot}\mathfrak{C}}{r}\,dv$ einführen und dann statt (E) schreiben können

$$\mathfrak{H} = \mathfrak{U} - \operatorname{grad}\Omega.$$

unveränderlichen Wert, die Verteilung der „Elektrizität" ist stationär. Natürlich braucht die Geschwindigkeit $\mathfrak{v}'$ deshalb nicht stationär zu sein.

Zunächst bleibt aber noch die Frage offen, ob die „Elektrizität" gleichförmig oder ungleichförmig verteilt ist. Nur bei gleichförmiger Verteilung bewegt sie sich wie eine inkompressible Flüssigkeit (div $\mathfrak{v}' =$ o). Nimmt man versuchsweise eine ungleichförmige Verteilung an, so kann diese nicht mit einer ungleichförmigen materiellen Erfüllung des Raumes zusammenhängen. Sonst müßte es möglich sein, durch Bewegung der Körper die Elektrizitätsdichte an einem Raumpunkt zu ändern. Dies würde aber die Kontinuitätsbedingung verletzen, die „Elektrizität" würde zerrissen werden, weil $\varrho' \mathfrak{v}'$ quellenfrei ist. Für eine stationäre ungleichförmige Elektrizitätsverteilung, die keinen Zusammenhang mit der Verteilung der Materie hat, ließe sich aber gar kein Grund denken. Sie wäre schlechthin unverständlich. So gelangt man zu der Annahme, daß die „Elektrizität" gleichförmig über den Raum verteilt ist: grad $\varrho' =$ o.

Hieraus und aus der quellenfreien Strömung der „Elektrizität" ergibt sich schließlich div $\mathfrak{v}' =$ o. Die „Elektrizität" bewegt sich wie eine inkompressible Flüssigkeit.

Wir haben nur wenig Versuchsmaterial über die elektromagnetische Wirkung von Strömen, die durch die Veränderung elektrischer Verschiebungen in Dielektriken hervorgerufen werden [1]; aber die außerordentliche Schwierigkeit, die elektromagnetischen Gesetze mit der Existenz von nicht geschlossenen elektrischen Strömen in Einklang zu bringen, ist ein Grund unter vielen, warum wir annehmen müssen, daß durch die Veränderung elektrischer Verschiebungen vorübergehende Ströme hervorgerufen werden. Die große Bedeutung dieser Verschiebungsströme wird bei der elektromagnetischen Theorie des Lichtes zutage treten.

Zurückführung der übrigen Vektoren auf die Feldstärke.

[608.] Wir haben nun die Beziehungen zwischen den Hauptgrößen, die bei den durch Örsted, Ampère und Faraday

---

[1] Diese Lücke hat Heinrich Hertz in den Jahren 1887 und 1888 durch seine berühmten Versuche ausgefüllt. Durch Kondensatorentladungen erzeugte er elektrische Wellen in der Luft mit einer Wellenlänge von nur wenigen Metern, was eine Frequenz von rund hundert Millionen Perioden in der Sekunde erfordert. Näheres z. B. bei E. Cohn, Das elektromagnetische Feld, S. 499. An die Hertzschen Versuche schloß sich bekanntlich später die Erfindung der drahtlosen Telegraphie an.

entdeckten Erscheinungen in Betracht kommen, festgelegt. Um sie aber mit den schon früher erörterten Erscheinungen in Verbindung bringen zu können, müssen wir noch einige weitere Beziehungen aufstellen.

Wenn eine elektrische Feldstärke auf einen materiellen Körper wirkt, so bringt sie in ihm zwei elektrische Erscheinungen hervor, die Faraday mit den Namen Induktion und Leitung bezeichnete; die erste kommt hauptsächlich für Dielektrika, die zweite für Leiter in Betracht.

Die statische elektrische Induktion messen wir durch das, was wir elektrische Verschiebung genannt und als gerichtete Größe oder Vektor mit $\mathfrak{D}$ bezeichnet haben. (Vgl. dagegen S. 43.)

In isotropen Substanzen hat die Verschiebung dieselbe Richtung, wie die sie erzeugende Feldstärke, und ist ihr proportional, wenigstens bei kleinen Feldstärken. Das kann durch die Gleichung

$$\mathfrak{D} = \frac{\bar{\varepsilon}}{4\pi}\,\mathfrak{E} \qquad \text{(Gleichung der elektrischen Verschiebung)} \qquad \text{(F)}$$

ausgedrückt werden, wo $\bar{\varepsilon}$ die Dielektrizitätskonstante der Substanz ist. Siehe Art. 68, S. 20 [1]).

In nicht isotropen Stoffen ist die elektrische Verschiebung $\mathfrak{D}$ eine lineare Vektorfunktion der elektrischen Feldstärke $\mathfrak{E}$.

Die Gleichung der elektrischen Verschiebung hat ganz ähnliche Form wie die Leitungsgleichung. Man kann die Verhältnisse so ausdrücken, daß man sagt, $\bar{\varepsilon}$ ist in isotropen Stoffen ein Skalar, in anderen Stoffen aber ein Tensor.

[609.] Die zweite von der elektrischen Feldstärke hervorgerufene Wirkung ist der Leitungsstrom. Die Gesetze der Leitung

---

[1]) Die Gleichung (F) ist — bei **Maxwells** spezieller Schreibweise der Gleichungen (B) und (E) — mit der Gleichung (L) nur dann verträglich, wenn $\sqrt{\varepsilon\mu}$ der reziproke Wert der Lichtgeschwindigkeit ist. Also darf man unter ε und μ nicht gleichzeitig die **relative** Dielektrizitätskonstante und die **relative** Permeabilität verstehen. Deswegen ist hier, abweichend von **Maxwell**, $\bar{\varepsilon}$ und $\bar{\mu}$ statt ε und μ geschrieben worden. Vgl. die Bemerkungen zu den Art. 101e und 400, S. 30 und 61.

Wegen der Modifikation der Gleichung (F), die für **bewegte** Körper notwendig wird, siehe M. **Abraham**, Theorie der Elektrizität, Bd. II, 3. Aufl. (1914), S. 289 u. 291.

als Wirkung der elektrischen Feldstärke sind von Ohm aufgestellt worden und können in der Gleichung

$$\Re = C\,\mathfrak{E} \qquad \text{(Leitungsgleichung)} \tag{G}$$

zusammengefaßt werden, wo $\mathfrak{E}$ die elektrische Feldstärke in dem betreffenden Punkte, $\Re$ die Dichte des Leitungsstromes und C die Leitfähigkeit der Substanz ist, die bei isotropen Substanzen ein Skalar, bei anderen Substanzen ein Tensor ist.

Die Gleichung (G) ist nur für homogene Körper eine ausreichende Formulierung des Ohmschen Gesetzes. Im allgemeinen muß man noch einen konstanten Vektor, die sogenannte eingeprägte Feldstärke $\mathfrak{E}^e$, einführen, die nur da von Null verschieden ist, wo das Leitermaterial chemisch oder physikalisch ungleichförmig ist (galvanische, Thermo-elemente usw.). Die Gleichung (G) ist dann durch die folgende zu ersetzen: $\Re = C\,(\mathfrak{E} + \mathfrak{E}^e)$.

Die Bedingung für elektrisches Gleichgewicht ($\Re = 0$) ist daher im allgemeinen auch nicht $\mathfrak{E} = 0$, sondern $\mathfrak{E} = -\,\mathfrak{E}^e$.

[610.] Eine der hauptsächlichen Besonderheiten des vorliegenden Buches besteht in der Verfechtung des Satzes, daß der „wahre" elektrische Strom $\mathfrak{C}$, von dem die elektromagnetischen Erscheinungen abhängen, nicht mit dem Leitungsstrom $\Re$ identisch ist, sondern daß die zeitliche Änderung der elektrischen Verschiebung $\mathfrak{D}$ bei Bestimmung der gesamten elektrischen Bewegung mit in Betracht gezogen werden muß, so daß wir schreiben müssen

$$\mathfrak{C} = \Re + \frac{\partial\,\mathfrak{D}}{\partial t}\cdot \qquad \text{(Gleichung des wahren Stromes)} \tag{H}$$

Vgl. hierzu Art. 60 und 111, S. 14 u. 42.

Während Maxwell das Induktionsgesetz (B) auch auf bewegte Körper ausgedehnt hat, hat er das Durchflutungsgesetz, Gleichungen (E) und (H), nur für ruhende Körper formuliert. Sonst hätte er statt (H) schreiben müssen

$$\mathfrak{C} = \Re + \frac{\partial\,\mathfrak{D}}{\partial t} + \operatorname{rot}[\mathfrak{D}\,\mathfrak{G}] + \mathfrak{G}\operatorname{div}\mathfrak{D}.$$

Rowland, Röntgen und Eichenwald haben seitdem Versuche über die magnetischen Wirkungen ausgeführt, die den beiden letzten Gliedern entsprechen. Siehe darüber M. Abraham, Theorie der Elektrizität, Bd. II, 3. Aufl., S. 280 (1914).

[611.] Da $\mathfrak{K}$ und $\mathfrak{D}$ beide von der elektrischen Feldstärke $\mathfrak{E}$ abhängen, so können wir den wahren Strom $\mathfrak{C}$, wie folgt, durch die elektrische Feldstärke ausdrücken:

$$\mathfrak{C} = \left(C + \frac{\bar{\varepsilon}}{4\pi} \frac{\partial}{\partial t} \right) \mathfrak{E}. \tag{I}$$

[612.] Die Raumdichte der wahren[1]) Elektrizität in irgendeinem Punkte ergibt sich aus der elektrischen Verschiebung[2]):

$$\varrho = \operatorname{div} \mathfrak{D}. \tag{J}$$

[613.] Die Flächendichte der wahren Elektrizität ist

$$\sigma = \operatorname{Div} \mathfrak{D} = \mathfrak{n}\mathfrak{D} + \mathfrak{n}'\mathfrak{D}', \tag{K}$$

wo $\mathfrak{n}$ und $\mathfrak{n}'$ die Einheitsnormalen nach beiden Seiten der Unstetigkeitsfläche und $\mathfrak{D}$ und $\mathfrak{D}'$ die zugehörigen Verschiebungen bedeuten.

[614.] Wenn die Magnetisierung des Mediums bloß durch die darauf wirkende magnetische Feldstärke hervorgerufen wird, so können wir die Gleichung für die induzierte Magnetisierung

$$\mathfrak{B} = \bar{\mu}\,\mathfrak{H} \tag{L}$$

schreiben, wo die (absolute) Permeabilität $\bar{\mu}$ entweder ein Skalar oder ein Tensor ist, je nachdem es sich um ein isotropes oder nicht isotropes Medium handelt[3]).

---

[1]) Maxwell spricht hier von f r e i e r Elektrizität, indem er sich vorstellt, daß sich positive und negative Elektrizität vollständig binden, solange sie in genau gleichen Mengen beieinander sind. Erst ein Unterschied zwischen diesen beiden Mengen wird nicht gebunden, ist also „frei". Eben für diese „überschüssige" Elektrizität gilt das Erhaltungsgesetz. Wir pflegen sie heute im Anschluß an H e r t z als „wahre" Elektrizität zu bezeichnen. Dagegen verstehen wir mit H e r t z unter „freier" Elektrizität die, die bei homogener Raumerfüllung (grad $\varepsilon = 0$) dasselbe äußere Feld ergeben würde. Man bezeichnet sie wohl auch als „scheinbare" Elektrizität.

Am vorteilhaftesten ist es, jene einer vergangenen Zeit angehörige Vieldeutigkeit des Wortes „Elektrizität" zu beseitigen und unter Elektrizität immer nur die „wahre" zu verstehen von der der Verschiebungsfluß ausgeht.

[2]) In Art. 618 und 619 schreibt M a x w e l l e statt ϱ.

[3]) Für b e w e g t e Körper tritt auf der rechten Seite von (L) ein Zusatzglied auf, das der Geschwindigkeit und der elektrischen Feldstärke proportional ist. Siehe M. A b r a h a m, Theorie der Elektrizität, Bd. II, 3. Aufl. (1914), S. 287 u. 291.

Vektorpotential der Stromdichte.

[615.] Damit wären die hauptsächlichsten Beziehungen zwischen den betrachteten Größen gegeben. Einige dieser Größen können durch Kombination der Gleichungen eliminiert werden, aber es ist augenblicklich nicht unser Zweck, eine möglichst knappe mathematische Formulierung zu geben, sondern jede Beziehung, die wir kennen, zum Ausdruck zu bringen. In diesem Stadium der Untersuchung eine Größe, die irgendeine nützliche Idee ausdrückt, zu eliminieren, wäre eher ein Verlust als ein Gewinn[1]).

Ein Ergebnis von großer Bedeutung gewinnen wir jedoch durch Kombination der Gleichungen (A) und (E).

Wenn wir annehmen, daß in dem Felde keine anderen Magnete vorhanden sind, als solche in Form von elektrischen Stromkreisen, so verschwindet der Unterschied, den wir bis jetzt zwischen magnetischer Feldstärke und magnetischer Induktion aufrecht erhalten haben, denn diese zwei Größen unterscheiden sich nur in magnetischen Stoffen voneinander.

Nach der später zu erörternden Hypothese von Ampère sind die Eigenschaften magnetischer Substanzen auf molekulare elektrische Stromkreise zurückzuführen, so daß unsere Theorie des Magnetismus nur auf große Massen anwendbar ist, und wenn wir unsere mathematischen Methoden für fähig halten, auch über das Verhalten der einzelnen Moleküle Auskunft zu geben, so würden sie, da sie nichts anderes als elektrische Kreise vorfinden, magnetische Feldstärke und magnetische Induktion dort überall als identisch erklären. Um aber nach Belieben das elektrostatische oder das elektromagnetische Maßsystem anwenden zu können, wollen wir den Koeffizienten $\bar{\mu}$ doch beibehalten und dabei beachten, daß er im elektromagnetischen System den Wert 1 hat.

[616.] Wenn wir also $\mathfrak{B}$ und $\mathfrak{H}$ als identisch, anders ausgedrückt, $\operatorname{grad} \bar{\mu} = 0$ annehmen, so folgt aus

$$\mathfrak{B} = \operatorname{rot} \mathfrak{A} \tag{A}$$

und

$$4\pi \mathfrak{C} = \operatorname{rot} \mathfrak{H} \tag{E}$$

---

[1]) Der Standpunkt, den hier Maxwell einnimmt, ist bei der Beurteilung seiner Zusammenstellung von Gleichungen in Art. 619 wohl zu beachten. Maxwell stellt sich also ein ganz anderes Ziel als das, das später Hertz bei seinen theoretischen Arbeiten verfolgt hat.

eine Beziehung zwischen $\mathfrak{C}$ und $\mathfrak{A}$:

$$4\,\pi\,\bar{\mu}\,\mathfrak{C} \;=\; \operatorname{rot}\bar{\mu}\,\mathfrak{H} \;=\; \operatorname{rot}\mathfrak{B} \;=\; \operatorname{rot}\operatorname{rot}\mathfrak{A}$$

$$= \operatorname{grad}\operatorname{div}\mathfrak{A} - \nabla^2\mathfrak{A}.$$

Wir führen zwei neue Größen $\mathfrak{A}'$ und χ ein durch

$$\mathfrak{A}' = \bar{\mu}\int \frac{\mathfrak{C}}{r}\,dv$$

$$\chi = \int \frac{\operatorname{div}\mathfrak{A}}{4\,\pi\,r}\,dv.$$

Hierin ist r der Abstand zwischen Aufpunkt und Quellpunkt, und die Integration ist über den unendlichen Raum zu erstrecken. Für diese Größen gilt bekanntlich

$$\nabla^2\mathfrak{A}' = -\,4\,\pi\,\bar{\mu}\,\mathfrak{C}, \qquad \operatorname{div}\mathfrak{A}' = 0,$$

$$\nabla^2\chi = -\operatorname{div}\mathfrak{A},$$

folglich

$$\operatorname{rot}\operatorname{rot}\mathfrak{A}' = 4\,\pi\,\bar{\mu}\,\mathfrak{C}.$$

Mithin haben wir auch noch

$$\operatorname{rot}\operatorname{rot}\mathfrak{A}' = \operatorname{rot}\operatorname{rot}\mathfrak{A}.$$

Deshalb ist

$$\mathfrak{A} = \mathfrak{A}' - \operatorname{grad}\chi.$$

Die Größe χ verschwindet aus Gleichung (A) und hat keine physikalische Bedeutung. Nehmen wir an, daß sie überall Null sei, so ist auch $\operatorname{div}\mathfrak{A}$ überall Null, und $\mathfrak{A}$ geht in $\mathfrak{A}'$ über.

[617.] Wir können $\mathfrak{A}$ daher als das Vektorpotential des elektrischen Stromes definieren, das zum Strom in derselben Beziehung steht, wie das skalare Potential zu der Materie, deren Potential es ist; es wird auch durch einen ähnlichen Integrationsprozeß erhalten, den wir folgendermaßen beschreiben können:

Es werde von einem gegebenen Punkte aus ein Vektor gezogen, der der Richtung und Größe nach ein gegebenes Element des elektrischen Stromes, dividiert durch den Betrag der Entfernung des Elementes von dem gegebenen Punkte, darstellt. Dies denke man sich für alle Elemente des elektrischen Stromes ausgeführt. Die Summe aller so gefundenen Vektoren ist das Potential des ganzen Stromes. Da die Stromdichte eine vektorielle Größe ist, so ist sein Potential auch ein Vektor. Siehe Art. 422.

Bei gegebener Verteilung der elektrischen Ströme gibt es eine und nur eine solche Verteilung der Werte von $\mathfrak{A}$, daß $\mathfrak{A}$ überall endlich und stetig ist, die Gleichungen

$$\nabla^2 \mathfrak{A} = - 4\pi \bar{\mu} \mathfrak{C}, \qquad \operatorname{div} \mathfrak{A} = 0$$

befriedigt und in unendlicher Entfernung vom elektrischen System Null wird. Dieser Wert ist eben

$$\mathfrak{A} = \mu \int \frac{\mathfrak{C}}{r}\, dv.$$

Zusammenstellung der Hauptgleichungen.

[618.] Hauptsächlich sind es die folgenden Vektoren, mit denen wir zu tun haben:

Der Radiusvektor oder Ortsvektor eines Punktes . . . . $\mathfrak{r}$

Die Einheitsnormale einer Fläche . . . $\mathfrak{n}$

Der Flächenvektor . . . . $d\mathfrak{f} = \mathfrak{n}\, df$

Das elektromagnetische Moment in einem Punkte . . . . $\mathfrak{A}$

Die magnetische Induktion . . . . . . $\mathfrak{B}$

Die (gesamte) elektrische Stromdichte . $\mathfrak{C}$

Die elektrische Verschiebung . . . . . $\mathfrak{D}$

Die elektrische Feldstärke . . . . . . $\mathfrak{E}$

Die mechanische Kraftdichte . . . . . $\mathfrak{F}$

Die Geschwindigkeit eines Punktes . . $\mathfrak{G} = \dfrac{d\mathfrak{r}}{dt}$

Die magnetische Feldstärke . . . . . . $\mathfrak{H}$

Die Magnetisierung . . . . $\mathfrak{J}$

Die Leitungsstromdichte . . . . $\mathfrak{K}$

Dann haben wir die folgenden skalaren Funktionen:

Das elektrische Potential . . . . Ψ

Das magnetische Potential (wo es vorhanden) . . . . Ω

Die Dichte der Elektrizität . . . . . . e

Die Dichte der magnetischen „Substanz" m

Außerdem haben wir noch die folgenden Größen, die eine physikalische Eigenschaft der Substanzen anzeigen:

die Leitfähigkeit für elektrische Ströme C

die Dielektrizitätskonstante . . . . . . $\bar{\varepsilon}$

die magnetische Permeabilität . . . . $\bar{\mu}$

In isotropen Medien sind diese Größen einfach skalare Funktionen von $\mathfrak{r}$, aber im allgemeinen sind sie Affinoren. $\bar{\varepsilon}$ und μ sind sicherlich immer symmetrische Affinoren, also Tensoren, C wahrscheinlich auch.

[619.] Die Gleichung (A) der magnetischen Induktion lautet

$$\mathfrak{B} = \operatorname{rot} \mathfrak{A} \tag{A}$$

mit

$$\operatorname{div} \mathfrak{A} = 0.$$

Die Gleichung (B) für die elektrische Feldstärke lautet

$$\mathfrak{E} = [\mathfrak{G} \mathfrak{B}] - \frac{\partial \mathfrak{A}}{\partial t} - \operatorname{grad} \varPsi. \tag{B}$$

Die Gleichung (C) für die mechanische Kraftdichte lautet

$$\mathfrak{F} = [\mathfrak{G} \mathfrak{B}] - e \operatorname{grad} \varPsi - m \operatorname{grad} \varOmega. \tag{C}$$

Die Magnetisierungsgleichung (D) lautet

$$\mathfrak{B} = \mathfrak{H} + 4 \pi \mathfrak{J}. \tag{D}$$

Die Stromgleichung (E) lautet

$$4 \pi \mathfrak{E} = \operatorname{rot} \mathfrak{H}. \tag{E}$$

Die Gleichung für den Leitungsstrom lautet nach dem Ohmschen Gesetz

$$\mathfrak{K} = C \mathfrak{E}. \tag{G}$$

Die Gleichung für die elektrische Verschiebung ist

$$\mathfrak{D} = \frac{\bar{\varepsilon}}{4 \pi} \mathfrak{E}. \tag{F}$$

Die Gleichung für den gesamten Strom, der sowohl von elektrischer Verschiebung, als auch von elektrischer Leitung herrührt, ist

$$\mathfrak{E} = \mathfrak{K} + \frac{\partial \mathfrak{D}}{\partial t}. \tag{H}$$

Wenn die Magnetisierung durch magnetische Induktion hervorgebracht wird, ist

$$\mathfrak{B} = \bar{\mu}\,\mathfrak{H}. \tag{L}$$

Dabei muß im leeren Raume

$$\bar{\varepsilon}\,\bar{\mu}\,c^2 = 1$$

sein, wo c die Geschwindigkeit des Lichtes bedeutet.

Dann haben wir noch zur Bestimmung der elektrischen Raumdichte

$$e = \operatorname{div}\mathfrak{D} \tag{J}$$

und zur Bestimmung der magnetischen Raumdichte

$$m = -\operatorname{div}\mathfrak{J}.$$

Wenn die magnetische Feldstärke von einem Potential abgeleitet werden kann, ist

$$\mathfrak{H} = -\operatorname{grad}\Omega.$$

Wie früher gezeigt worden ist, sind manche der hier zusammengestellten Gleichungen etwas zu speziell. Auch sind Maxwells Gleichungen weder für ein einziges Maßsystem angeschrieben, noch für jedes Maßsystem gültig. Deshalb geben wir hier noch eine Zusammenstellung, die die erforderlichen Ergänzungen enthält:

$$\text{(I)} \qquad -\beta\,\Gamma\operatorname{rot}\mathfrak{E} = \frac{\partial\mathfrak{B}}{\partial t} + \operatorname{rot}[\mathfrak{B}\,\mathfrak{G}] \tag{B}$$

$$\text{(II)} \qquad \Gamma\operatorname{rot}\mathfrak{H} = \mathfrak{K} + \frac{\partial\mathfrak{D}}{\partial t} + \operatorname{rot}[\mathfrak{D}\,\mathfrak{G}] + \mathfrak{G}\operatorname{div}\mathfrak{D} \tag{E, H}$$

mit

$$\text{(III)} \qquad \mathfrak{K} = C\,(\mathfrak{E} + \mathfrak{E}^e) \tag{G}$$

$$\text{(IV)} \qquad \mathfrak{D} = \varDelta\,\mathfrak{E} \tag{F}$$

$$\text{(V)} \qquad \mathfrak{B} = \beta\,\Pi\,(\mathfrak{H} + \mathfrak{H}^e) \tag{D, L}$$

Maxwell setzt hierin

$$\beta = \frac{1}{\Gamma} = 4\,\pi, \qquad \varDelta = \frac{\bar{\varepsilon}}{4\,\pi}, \qquad \Pi = \frac{\bar{\mu}}{4\,\pi}.$$

Ferner werden e und m definiert durch

$$e = \operatorname{div}\mathfrak{D}, \qquad m = \operatorname{div}\Pi\,\mathfrak{H}.$$

Die Gleichung

$$\mathfrak{F} = \frac{[\mathfrak{K}\,\mathfrak{B}]}{\Gamma\,\beta} + e\,\mathfrak{E} + m\,\mathfrak{H} - \tfrac{1}{2}\,\varDelta_0\,\mathfrak{E}^2\operatorname{grad}\varepsilon - \tfrac{1}{2}\,\Pi_0\,\mathfrak{H}^2\operatorname{grad}\mu \tag{C}$$

wird wohl besser dem Kapitel XI vorbehalten.

Aus den Gleichungen (I), (II) kann man die Feldänderungen $\dfrac{\partial \mathfrak{B}}{\partial t}$ und $\dfrac{\partial \mathfrak{D}}{\partial t}$ berechnen, wenn der augenblickliche Feldzustand gegeben ist. Die Gleichungen (III), (IV), (V) führen die Vektoren $\mathfrak{K}$, $\mathfrak{D}$, $\mathfrak{B}$ auf die Feldstärken $\mathfrak{E}$ und $\mathfrak{H}$ zurück. Denkt man sich diese Werte in (I) und (II) eingesetzt, so sind (I) und (II) simultane Differentialgleichungen für die Funktionen von Ort und Zeit $\mathfrak{E}$ und $\mathfrak{H}$.

Wie die Gleichungen (F), (L), (C) für **bewegte** Körper abzuändern sind, siehe bei M. Abraham, Theorie der Elektrizität, Bd. II, 3. Aufl. (1914), S. 291 und 313.

Kapitel XI.

Energie und Spannungszustand im elektromagnetischen Feld.

Elektrostatische Energie.

[630.] Die Energie eines Systems setzt sich aus potentieller und kinetischer Energie zusammen.

Die durch Elektrisierung hervorgerufene potentielle Energie ist schon besprochen worden (siehe Art. 85 und 101 d, S. 29). Der Ausdruck dafür ist

$$W = \tfrac{1}{2} \Sigma (e\, \Psi),$$

wo e die elektrische Ladung eines Punktes ist, an dem das Potential Ψ herrscht; die Summierung muß sich über den ganzen elektrisierten Raum erstrecken.

Wenn $\mathfrak{D}$ die elektrische Verschiebung ist, so ist die in dem Raumelement dv enthaltene Elektrizitätsmenge

$$e = \operatorname{div} \mathfrak{D}\, dv$$

und folglich

$$W = \tfrac{1}{2} \int \Psi \operatorname{div} \mathfrak{D}\, dv,$$

wobei über den ganzen Raum zu integrieren ist.

[631.] Nun ist

$$\Psi \operatorname{div} \mathfrak{D} = \operatorname{div}(\Psi \mathfrak{D}) - \mathfrak{D} \operatorname{grad} \Psi,$$

und

$$-\operatorname{grad} \Psi = \mathfrak{E}$$

bedeutet die elektrische Feldstärke.

Wenn wir beachten, daß bei unendlichem Abstande r von einem bestimmten Punkte eines endlichen elektrischen Systems das Potential Ψ unendlich klein von der Ordnung r^{-1}, und $\mathfrak{D}$ unendlich klein von der Ordnung r^{-2} wird, so erhalten wir

$$W = \tfrac{1}{2} \int \mathfrak{E}\,\mathfrak{D}\,dv.$$

Die Integration ist hierbei über den ganzen Raum zu erstrecken.

Daraus folgt, daß der Betrag der elektrostatischen Energie des ganzen Feldes derselbe bleibt, ob wir annehmen, daß sie überall da auftritt, wo elektrische Feldstärke und elektrische Verschiebung im Felde vorhanden sind, oder nur an den Stellen, wo sich Elektrizität findet.

Die in der Raumeinheit enthaltene Energie, also die Energiedichte w, ist gleich dem halben skalaren Produkte aus der elektrischen Feldstärke und der elektrischen Verschiebung:

$$w = \tfrac{1}{2}\,\mathfrak{E}\,\mathfrak{D}.$$

Magnetische Energie.

[632.] Die magnetische Energie können wir ähnlich behandeln. Wenn $\mathfrak{J}$ die Magnetisierung ist und $\mathfrak{H}$ die magnetische Feldstärke, so ist nach **Art. 389**[1]) die potentielle Energie des Magnetsystems

$$- \tfrac{1}{2} \int \mathfrak{J}\,\mathfrak{H}\,dv,$$

wobei die Integration über den von den magnetisierten Körpern eingenommenen Raum zu erstrecken ist. Dieser Teil der Energie ist jedoch in der Form, in die wir ihn sogleich bringen wollen, in der kinetischen Energie enthalten.

[633.] Wenn keine elektrischen Ströme vorhanden sind, können wir diesen Ausdruck auf folgende Weise umformen.

Wir wissen, daß überall

$$\operatorname{div} \mathfrak{B} = 0$$

ist. Ferner ist im magnetostatischen Felde überall

$$\mathfrak{H} = -\operatorname{grad} \Omega \quad \text{oder} \quad \operatorname{rot} \mathfrak{H} = 0.$$

---

[1]) In Art. 389 wird nur die wechselseitige Energie zwischen einem Magnet und einem magnetischen Felde, in das dieser gebracht wird, angegeben. Dort fehlt deshalb der Faktor $\tfrac{1}{2}$.

Dies trifft also bei magnetischen Erscheinungen, bei denen kein Strom vorhanden ist, immer zu. Im stromfreien Magnetfelde ist daher

$$\int \mathfrak{B}\mathfrak{H}\,dv = 0,$$

wobei das Integral über den gesamten Raum zu nehmen ist[1]), oder

$$\int (\mathfrak{H} + 4\pi\mathfrak{J})\mathfrak{H}\,dv = 0.$$

Folglich ist die Energie eines magnetischen Systems

$$-\,{}^1\!/_2 \int \mathfrak{J}\mathfrak{H}\,dv = \frac{1}{8\pi}\int \mathfrak{H}^2\,dv.$$

Elektrokinetische Energie.

[634.] Die kinetische Energie eines Stromsystems haben wir schon in Art. 578 in der Form

$$T = {}^1\!/_2\,\Sigma\,(p\,i)$$

ausgedrückt, wobei p das elektromagnetische Moment eines Stromkreises und i die Stärke des darin fließenden Stromes ist und die Summierung sich über alle Kreise erstrecken muß.

Wir haben aber in Art. 590 gezeigt, daß p als ein Linienintegral von der Form

$$p = \oint \mathfrak{A}\,d\mathfrak{r}$$

ausgedrückt werden kann. $\mathfrak{A}$ ist das elektromagnetische Moment im Endpunkt von $\mathfrak{r}$ (das Vektorpotential). Wir finden daher

$$T = {}^1\!/_2\,\Sigma\,i\oint \mathfrak{A}\,d\mathfrak{r}.$$

Bezeichnen wir die Stromdichte an irgendeinem Punkte des Leiterkreises mit $\mathfrak{C}$, den Querschnitt des Kreises mit S, seine Einheitsnormale mit $\mathfrak{n}$ und setzen $S\mathfrak{n} = \mathfrak{f}$, dann können wir schreiben

$$i = \mathfrak{C}\mathfrak{f}$$

und

$$\mathfrak{A}\,d\mathfrak{r}\cdot\mathfrak{C}\mathfrak{f} = \mathfrak{A}\mathfrak{C}\,dv - [\mathfrak{A}\,\mathfrak{f}][\mathfrak{C}\,d\mathfrak{r}],$$

da

$$\mathfrak{f}\,d\mathfrak{r} = dv$$

---

[1]) In Worten: Das Raumintegral des skalaren Produktes aus einem quellenfreien und einem wirbelfreien Vektor verschwindet, wenn es über den unendlichen Raum erstreckt wird.

das Volumen ist. Wählt man $\mathfrak{f}$ parallel $\mathfrak{A}$ oder $d\mathfrak{r}$ parallel $\mathfrak{C}$, so erhält man

$$W = \tfrac{1}{2} \int \mathfrak{A}\,\mathfrak{C}\,dv.$$

Die Integration ist dabei über jeden Raumteil auszudehnen, in dem elektrische Ströme vorhanden sind.

[635.] Nach der Stromgleichung (E), Art 607, ist

$$4\,\pi\,\mathfrak{C} = \operatorname{rot}\mathfrak{H},$$

daher

$$T = \frac{1}{8\,\pi} \int \mathfrak{A}\operatorname{rot}\mathfrak{H}\,dv.$$

Die Integration ist so weit über den Raum auszudehnen, als Ströme in ihm enthalten sind.

Nun ist

$$\mathfrak{A}\operatorname{rot}\mathfrak{H} = \operatorname{div}[\mathfrak{H}\,\mathfrak{A}] + \mathfrak{H}\operatorname{rot}\mathfrak{A},$$

und

$$\operatorname{rot}\mathfrak{A} = \mathfrak{B}$$

bedeutet nach (A), Art. 591, die magnetische Induktion. Wenn wir beachten, daß in großer Entfernung r von dem System $\mathfrak{H}$ von der Größenordnung r^{-3} ist (und daß $\mathfrak{A}$ und die tangentiale Komponente von $\mathfrak{H}$ an einer Trennungsfläche zwischen zwei Medien stetig sind, $\mathfrak{H}$ also keinen Flächenwirbel hat), so finden wir, daß sich der Ausdruck bei Ausdehnung der Integration über den gesamten Raum auf

$$T = \frac{1}{8\,\pi} \int \mathfrak{B}\,\mathfrak{H}\,dv$$

reduziert. Die Integration braucht sich dabei nur über die Raumteile zu erstrecken, in denen die magnetische Feldstärke und die magnetische Induktion von Null verschieden sind.

Die Energiedichte ist das skalare Produkt aus der magnetischen Induktion und der magnetischen Feldstärke, geteilt durch $8\,\pi$:

$$t = \frac{1}{8\,\pi}\,\mathfrak{B}\,\mathfrak{H}.$$

[636.] Die elektrokinetische Energie des Systems kann daher entweder durch ein Integral über einen Raum ausgedrückt werden, in dem elektrische Ströme fließen, oder durch ein Integral über ein Feld, in dem eine magnetische Feldstärke vorhanden ist. Das erste Integral ist der natürliche Ausdruck der Theorie, die eine direkte Fernwirkung der Ströme aufeinander annimmt, während das zweite aus der Theorie entspringt, die die Wirkung der Ströme aufeinander durch einen Vorgang im zwischenliegenden Raume zu erklären sucht. Da wir hier mit der letzteren Theorie arbeiten, so wollen wir selbstverständlich den zweiten Ausdruck als den bezeichnendsten für die kinetische Energie wählen.

Nach unserer Theorie nehmen wir an, das überall, wo eine magnetische Feldstärke herrscht, auch kinetische Energie vorhanden ist, d. h. also im allgemeinen in jedem Punkte des Feldes. Der Betrag der Energie pro Volumeneinheit ist $\frac{1}{8\,\pi}\,\mathfrak{B}\,\mathfrak{H}$, und dieser Betrag ist überall im Raume in Form irgendeiner Bewegung des Stoffes vorhanden.

Später, wenn wir zu **Faradays** Entdeckung der Wirkung des Magnetismus auf polarisiertes Licht kommen, werden wir auf die Gründe näher eingehen, die es glaubhaft machen, daß überall im Raume, wo magnetische Kraftlinien sind, eine rotierende Bewegung der Materie um diese Linien auftritt. (Siehe Art. 821.)

Die Vorstellung, daß die magnetische Energie die kinetische Energie einer verborgenen Bewegung sei, hat man fallen lassen müssen, als man sich von der Unmöglichkeit überzeugte, die elektromagnetischen Erscheinungen überhaupt mechanisch zu begreifen. Siehe besonders H. Witte, Über den gegenwärtigen Stand der Frage nach einer mechanischen Erklärung der elektrischen Erscheinungen (Berlin 1906 bei Ebering), ferner Phys. Zeitschr. **7**, 779 (1906) und Ann. d. Phys. **26**, 235 (1908).

Gegenüberstellung der magnetischen und der elektrokinetischen Energie.

[637.] Wie wir in Art. 423 gesehen haben, ist die gegenseitige potentielle Energie zweier Magnetschalen von der Stärke Φ und Φ', die von den geschlossenen Kurven s und s' mit den Linienelementen $d\mathfrak{r}$ und $d\mathfrak{r}'$ begrenzt sind,

$$-\Phi\,\Phi'\oint\oint\frac{d\mathfrak{r}\,d\mathfrak{r}'}{|\mathfrak{r}-\mathfrak{r}'|}.$$

Wir haben ferner gefunden, daß die gegenseitige Energie zweier Stromkreise s und s', in denen die Ströme i und i' fließen,

$$i\,i'\oint\oint\frac{d\,\mathfrak{r}\,d\,\mathfrak{r}'}{|\,\mathfrak{r}-\mathfrak{r}'\,|}$$

ist. Wenn $i = \Phi$ und $i' = \Phi'$ ist, so wirken die Magnetschalen mit derselben mechanischen Kraft und in derselben Richtung aufeinander, wie die entsprechenden Stromkreise. Bei den Magnetschalen sucht die Kraft die gegenseitige Energie zu vermindern, bei den Stromkreisen sucht sie die gegenseitige Energie zu vergrößern, weil diese Energie kinetisch ist.

Es ist nicht möglich, durch irgendeine Anordnung von Magneten ein System zu schaffen, das in jeder Hinsicht einem elektrischen Strome entspricht; denn das Potential eines Magnetsystems ist eindeutig, während das eines elektrischen Systems mehrdeutig ist.

Dagegen ist es immer möglich, durch geeignete Anordnung von unendlich kleinen elektrischen Kreisen ein System zu schaffen, das in jeder Hinsicht [1]) irgendeinem Magnetsystem entspricht, vorausgesetzt, daß die Integrationslinie beim Berechnen des Potentials keinen dieser Kreise schneidet. Darauf soll später noch näher eingegangen werden. (Art. 833.)

Die Wirkung in die Ferne ist bei Magneten ganz dieselbe wie bei elektrischen Strömen. Deshalb suchen wir beide auf dieselbe Ursache zurückzuführen, und da es nicht möglich ist, die elektrischen Ströme durch Magnetismus zu erklären, so müssen wir umgekehrt verfahren und den Magnetismus durch molekulare elektrische Ströme erklären.

[638.] Bei Behandlung der magnetischen Erscheinungen haben wir es bisher gar nicht versucht, eine Erklärung für die magnetische Wirkung in die Ferne zu geben, sondern nahmen sie einfach als eine grundlegende Erfahrungstatsache hin. Wir haben daher vorausgesetzt, daß die Energie eines Magnetsystems eine potentielle sei und daß diese Energie verkleinert werde, wenn die Bestandteile des Systems den darauf wirkenden magnetischen Kräften nachgeben.

---

[1]) Der Ersatz ist doch nicht in der Vollständigkeit möglich, wie Maxwell annimmt. Siehe E. Cohn, Das elektromagnetische Feld, S. 300.

Wenn wir aber die magnetischen Eigenschaften darauf zurückführen, daß elektrische Ströme in den Magnetmolekülen kreisen,
dann ist die Energie eine kinetische, und die zwischen Magneten
wirkende Kraft sucht diese so zu bewegen, daß bei konstanten
elektrischen Strömen die kinetische Energie größer wird.

Nach dieser Erklärungsweise können wir einen Magneten auch
nicht mehr, wie wir es früher getan haben, als einen durchgehend
homogenen Körper ansehen, dessen kleinster Teil dieselben magnetischen Eigenschaften hat, wie der ganze Magnet, sondern wir
müssen annehmen, daß ein Magnet eine endliche, wenn auch sehr
große Zahl von elektrischen Stromkreisen enthält, so daß seine
Struktur molekular, nicht kontinuierlich ist.

Wenn wir aber unsere mathematischen Methoden nicht für so
fein halten, daß unsere Integrationslinie einen einzelnen molekularen
Stromkreis umschlingen kann und unser Raumelement immer noch
eine Riesenzahl von Magnetmolekülen enthält, so kommen wir
trotzdem wieder zu ähnlichen Ergebnissen wie früher; halten wir
dagegen unser mathematisches Werkzeug für so fein, daß es
möglich ist, damit die Vorgänge innerhalb eines Moleküls zu
erforschen, dann müssen wir die alte magnetische Theorie aufgeben und die Ampèresche annehmen, nach der es überhaupt
keine anderen Magnete gibt als solche, die aus elektrischen Strömen
bestehen [1]).

Ferner müssen wir sowohl die magnetische, als auch die elektromagnetische Energie als kinetische Energie behandeln und sie
mit dem besonderen, in Art. 635 eingeführten Zeichen T benennen.

Wir werden im folgenden sehen, daß wir ein vollkommen
zusammenhängendes System nur dann erhalten, wenn wir die alte
magnetische Theorie aufgeben und die Ampèresche Theorie der
Molekularströme annehmen. Trotzdem werden wir gelegentlich
versuchen, die alte Theorie weiter zu führen.

Die Feldenergie besteht also nur aus zwei Teilen: aus der
elektrostatischen oder potentiellen Energie

$$W = \tfrac{1}{2} \int \mathfrak{E} \mathfrak{D}\, dv$$

---

[1]) Wie man in neuerer Zeit die Ampèresche Vorstellung von den
Molekularströmen auszubauen gesucht hat, siehe bei M. Abraham, Theorie
der Elektrizität, Bd. II, 3. Aufl. (1914), S. 260.

und aus der elektromagnetischen oder kinetischen Energie

$$T = \frac{1}{8\,\pi} \int \mathfrak{B}\,\mathfrak{H}\,dv.$$

Da die im elektrischen Feld aufgespeicherte Energie nicht nur bei elektrischem Gleichgewicht, sondern stets durch den Ausdruck W dargestellt werden soll, so wird W besser nicht als elektrostatische, sondern einfach als elektrische Energie bezeichnet. Dagegen ist der Energieausdruck, den Maxwell in Art. 632 für das stromfreie Magnetfeld angibt und als „magnetische Energie" der „elektrokinetischen" gegenüberstellt, besser als magnetostatische Energie zu bezeichnen, weil er nur bei magnetischem Gleichgewicht gilt. Dafür wäre dann der Ausdruck T, der stets die im magnetischen Felde aufgespeicherte Energie angibt und von Maxwell „elektromagnetische Energie" genannt wird, als magnetische Energie zu bezeichnen. Die Dichte dieser Energie ist übrigens $\mu\,\mathfrak{H}^2/8\,\pi$ und darf daher nur dann $=\mathfrak{B}\,\mathfrak{H}/8\,\pi$ gesetzt werden, wenn $\mathfrak{B}$ weiter nichts sein soll wie eine Abkürzung für $\mu\,\mathfrak{H}$, also wenn keine permanente Magnetisierung vorhanden ist (vgl. Art. 424 und 428). Im allgemeinen ist jedoch

$$\mathfrak{B} = \mu\,(\mathfrak{H} + \mathfrak{H}^e)$$

zu setzen. Vgl. hierzu die Bemerkungen zu Art. 400, S. 61.

Die Bezeichnungen „potentielle Energie" und „kinetische Energie" werden wohl besser der Mechanik vorbehalten.

Maxwells Vorstellung, daß die elektrische und die magnetische Energie wie eine Substanz über das Feld verteilt seien, und zwar mit um so größerer Dichte, je größer das Quadrat der Feldstärke an dem betrachteten Punkte ist, hat eine wertvolle Ergänzung erhalten durch Poyntings Lehre über die Bewegung dieser Substanz.

Aus den Maxwellschen Gleichungen für ruhende Körper

$$\operatorname{rot}\mathfrak{H} = 4\,\pi\left(\mathfrak{K} + \frac{\partial\mathfrak{D}}{\partial t}\right)$$

$$-\operatorname{rot}\mathfrak{E} = \frac{\partial\mathfrak{B}}{\partial t}$$

folgt

$$\mathfrak{E}\operatorname{rot}\mathfrak{H} - \mathfrak{H}\operatorname{rot}\mathfrak{E} = 4\,\pi\,\mathfrak{E}\mathfrak{K} + 4\,\pi\,\mathfrak{E}\frac{\partial\mathfrak{D}}{\partial t} + \mathfrak{H}\frac{\partial\mathfrak{B}}{\partial t}$$

oder

$$\frac{1}{4\,\pi}\operatorname{div}[\mathfrak{H}\,\mathfrak{E}] = \mathfrak{E}\mathfrak{K} + \mathfrak{E}\frac{\partial\mathfrak{D}}{\partial t} + \frac{1}{4\,\pi}\mathfrak{H}\frac{\partial\mathfrak{B}}{\partial t}.$$

Hierin ist

$$\mathfrak{E}\mathfrak{K} = \frac{1}{C}\mathfrak{K}^2 - \mathfrak{E}^e\mathfrak{K} = q + r$$

die Summe aus der Joule schen Wärme q und der in reversibeln Prozessen erzeugten nicht-elektromagnetischen Energie r, beide gerechnet für die Zeit- und Raumeinheit.

$$\mathfrak{E}\frac{\partial \mathfrak{D}}{\partial t} + \frac{1}{4\pi}\mathfrak{H}\frac{\partial \mathfrak{B}}{\partial t} = \frac{\partial}{\partial t}(w_e + w_m)$$

ist der Zuwachs der elektromagnetischen Energiedichte in der Zeiteinheit. Setzen wir also

$$\frac{1}{4\pi}[\mathfrak{E}\,\mathfrak{H}] = \mathfrak{S},$$

so haben wir

$$-\operatorname{div}\mathfrak{S} = q + r + \frac{\partial}{\partial t}(w_e + w_m),$$

in Worten: Die in der Raumeinheit in der Zeiteinheit neu entstehende Energie stellt sich dar als eine Einströmung von außen mit der Strömungsdichte $\mathfrak{S}$. Daher wird man $\mathfrak{S}$ als Dichte des elektromagnetischen Energiestromes ansehen. Doch ist dieser Vektor nur seiner Divergenz nach bestimmt. Die elektromagnetische Energie strömt überall senkrecht zu den elektrischen und zu den magnetischen Kraftlinien. Ihre Stromdichte wird dargestellt durch den Flächeninhalt des Parallelogrammes aus elektrischer Feldstärke $\mathfrak{E}$ und magnetischer Feldstärke $\mathfrak{H}$, geteilt durch 4π.

In der Elektrooptik zeigt $\mathfrak{S}$ die Richtung des Lichtstrahles an.

Weiteres siehe in den neueren Lehrbüchern von E. Cohn, M. Abraham, P. Drude, G. Ferraris, F. Breisig usw.

Die Kräfte, die auf ein Elementarteilchen eines in einem elektromagnetischen Felde befindlichen Körpers einwirken.

Die auf ein magnetisches Element wirkenden Kräfte.

[639.] Die potentielle Energie[1]) des Elementes dv eines magnetischen Körpers mit der Magnetisierung $\mathfrak{I}$, der sich in einem Magnetfelde von der Stärke $\mathfrak{H}$ befindet, ist

$$-\mathfrak{I}\,\mathfrak{H}\,dv.$$

---

[1]) Das ist also die wechselseitige Energie zwischen dem Elementarmagnet mit der „wahren" oder permanenten Magnetisierung $\mathfrak{I}_1$ und dem fremden Felde $\mathfrak{H}_2$, in das er gebracht wird (vgl. Art. 389). Der entsprechende Ausdruck für die Gesamtenergie müßte noch den Faktor $1/2$ enthalten. Unter $\mathfrak{H}$ ist also jedenfalls nicht die resultierende Feldstärke zu verstehen, sondern die Feldstärke, die an dem betrachteten Punkte vorhanden

Wenn daher[1]) die Kraft, die das Element zur rotationsfreien Bewegung antreibt, $\mathfrak{F}_1\, dv$ ist, so haben wir

$$\mathfrak{F}_1 = (\mathfrak{J}\cdot\mathrm{grad}\cdot\mathfrak{H}) = (\mathfrak{J}\,\mathrm{grad})\,\mathfrak{H} + [\mathfrak{J}\,\mathrm{rot}\,\mathfrak{H}],$$

und wenn das Moment des Kräftepaares, das das Element zu drehen sucht, $\mathfrak{N}\, dv$ ist, so haben wir

$$\mathfrak{N} = [\mathfrak{J}\,\mathfrak{H}].$$

[640.] Wenn in dem magnetischen Körper ein elektrischer Strom von der Dichte $\mathfrak{C}$ fließt, so tritt nach Gleichung (C), Art. 603, S. 92, eine zusätzliche elektromagnetische Kraft

$$\mathfrak{F}_2 = [\mathfrak{C}\,\mathfrak{B}]$$

auf.

Infolgedessen ist die gesamte, sowohl vom Magnetismus des Moleküls, als auch von dem durchfließenden elektrischen Strome herrührende Kraft

$$\mathfrak{F} = (\mathfrak{J}\cdot\mathrm{grad}\cdot\mathfrak{H}) + [\mathfrak{C}\,\mathfrak{B}].$$

Mit

$$\mathfrak{B} = \mathfrak{H} + 4\pi\mathfrak{J} \quad \text{und} \quad 4\pi\mathfrak{C} = \mathrm{rot}\,\mathfrak{H}$$

---

war, ehe der Magnet in das Feld gebracht wurde. Schon dieser Umstand macht die im Text folgenden Formeln wenig geeignet für den Zweck, den Maxwell hier verfolgt, nämlich den allgemeinsten Ausdruck für die Kraftdichte im magnetischen Felde aufzustellen.

Hält man aber daran fest, daß $\mathfrak{H}$ die ursprüngliche Feldstärke bedeuten soll und bewegt sich der Magnet als starrer Körper, so ist tatsächlich die Arbeit A bei einer kleinen Verschiebung $\delta\mathfrak{r}$

$$A = \int (\mathfrak{J}\,\delta\mathfrak{H})\, dv,$$

wo

$$\delta\mathfrak{H} = (\delta\mathfrak{r}\,\mathrm{grad})\,\mathfrak{H} + [\mathfrak{H}\,{\textstyle\frac{1}{2}}\,\mathrm{rot}\,\delta\mathfrak{r}],$$

so daß

$$\mathfrak{J}\,\delta\mathfrak{H} = (\mathfrak{J}\cdot\mathrm{grad}\cdot\mathfrak{H})\,\delta\mathfrak{r} + [\mathfrak{J}\,\mathfrak{H}]\,{\textstyle\frac{1}{2}}\,\mathrm{rot}\,\delta\mathfrak{r}$$
$$= \mathfrak{F}_1\,\delta\mathfrak{r} + \mathfrak{N}\,{\textstyle\frac{1}{2}}\,\mathrm{rot}\,\delta\mathfrak{r}.$$

So verstanden sind die von Maxwell angegebenen Ausdrücke für $\mathfrak{F}_1$ und $\mathfrak{N}$ richtig. Ist die Permeabilität des Magnets von 1 verschieden, so kommt als weitere Bedingung hinzu, daß sich sonst kein magnetisch induzierbarer Körper im Felde befinden darf. — Vgl. E. Cohn, Das elektromagnetische Feld, S. 191 u. 209.

[1]) Dieses „daher" (hence) ist ein nicht ausreichender Ersatz für eine ausführlichere Begründung. Die von Maxwell angegebenen Ausdrücke für $\mathfrak{F}_1$ und $\mathfrak{N}$ sind auch wirklich anfechtbar.

wird daraus[1])

$$4\,\pi\,\mathfrak{F} = \big((\mathfrak{B}-\mathfrak{H})\bullet\mathrm{grad}\bullet\mathfrak{H}\big) - [\mathfrak{B}\,\mathrm{rot}\,\mathfrak{H}]$$
$$= (\mathfrak{B}\,\mathrm{grad})\,\mathfrak{H} - \mathrm{grad}\,(^1/_2\,\mathfrak{H}^2)$$
$$= (\mathrm{grad}\,\mathfrak{B})\,\mathfrak{H} - \mathfrak{H}\,\mathrm{div}\,\mathfrak{B} - \mathrm{grad}\,(^1/_2\,\mathfrak{H}^2)$$

oder wegen $\mathrm{div}\,\mathfrak{B} = 0$

$$4\,\pi\,\mathfrak{F} = (\mathrm{grad}\,\mathfrak{B})\,\mathfrak{H} - \mathrm{grad}\,(^1/_2\,\mathfrak{H}^2).$$

Ferner ist

$$4\,\pi\,\mathfrak{R} = [(\mathfrak{B}-\mathfrak{H})\,\mathfrak{H}] = [\mathfrak{B}\,\mathfrak{H}].$$

$\mathfrak{F}$ ist die Kraftdichte und $\mathfrak{R}$ die Drehkraftdichte.

Erklärung dieser Kräfte durch die Hypothese eines im Spannungszustand befindlichen Mediums.

[641[2]).] Wir bezeichnen mit $\mathfrak{P}^n\,do$ eine mechanische Kraft, die auf ein Flächenelement do mit der Einheitsnormale $\mathfrak{n}$ wirkt. Ist $[\mathfrak{n}\,\mathfrak{P}^n] = 0$, also $\mathfrak{P}^n$ normal zur Fläche, so ist $\mathfrak{P}^n$ ein Zug, wenn $\mathfrak{n}\,\mathfrak{P}^n > 0$, und ein Druck, wenn $\mathfrak{n}\,\mathfrak{P}^n < 0$. Ist dagegen $\mathfrak{n}\,\mathfrak{P}^n = 0$, also $\mathfrak{P}^n$ tangential zur Fläche, so heißt $\mathfrak{P}^n$ eine Schubspannung.

---

[1]) Oder auch:

$$\mathfrak{F} = (\mathfrak{J}\bullet\mathrm{grad}\bullet\mathfrak{H}) + [\mathfrak{C}\,(\mathfrak{H} + 4\,\pi\,\mathfrak{J})]$$
$$= (\mathfrak{J}\bullet\mathrm{grad}\bullet\mathfrak{H}) + [\mathfrak{C}\,\mathfrak{H}] - [\mathfrak{J}\,\mathrm{rot}\,\mathfrak{H}]$$
$$= (\mathfrak{J}\,\mathrm{grad})\,\mathfrak{H} + [\mathfrak{C}\,\mathfrak{H}].$$

Man kann die dem ersten Gliede entsprechende Arbeit noch etwas anders darstellen. Dazu bilden wir:

$$\delta\mathfrak{r}\,(\mathfrak{J}\,\mathrm{grad})\,\mathfrak{H} = \mathfrak{J}\,(\delta\mathfrak{r}\bullet\mathrm{grad}\bullet\mathfrak{H})$$
$$=\mathfrak{J}\,\{\mathrm{grad}\,(\mathfrak{H}\,\delta\mathfrak{r}) - (\mathfrak{H}\bullet\mathrm{grad}\bullet\delta\mathfrak{r})\}.$$

Nun ist

$$\mathfrak{J}\,\mathrm{grad}\,(\mathfrak{H}\,\delta\mathfrak{r}) = \mathrm{div}\,(\mathfrak{H}\,\delta\mathfrak{r}\bullet\mathfrak{J}) - \mathfrak{H}\,\delta\mathfrak{r}\,\mathrm{div}\,\mathfrak{J}$$
$$\mathfrak{J}\,(\mathfrak{H}\bullet\mathrm{grad}\bullet\delta\mathfrak{r}) = \mathfrak{H}\,(\mathfrak{J}\,\mathrm{grad})\,\delta\mathfrak{r}$$

und weiter, wenn wir den Tensor $\mathrm{def}\,\delta\mathfrak{r}$, die „Deformation" von $\delta\mathfrak{r}$, einführen — es ist dies nach Graßmanns Ausdrucksweise das „algebraische Produkt" aus grad und $\delta\mathfrak{r}$, also der symmetrische Teil der Ableitungsdyade von $\delta\mathfrak{r}$, die man etwa $\mathrm{grad}\,;\delta\mathfrak{r}$ schreiben kann —,

$$(\mathfrak{J}\,\mathrm{grad})\,\delta\mathfrak{r} = \mathfrak{J}\,\mathrm{def}\,\delta\mathfrak{r} - ^1/_2\,[\mathfrak{J}\,\mathrm{rot}\,\delta\mathfrak{r}].$$

Damit erhalten wir

$$\delta\mathfrak{r}\,(\mathfrak{J}\,\mathrm{grad})\,\mathfrak{H} + [\mathfrak{J}\,\mathfrak{H}]\,^1/_2\,\mathrm{rot}\,\delta\mathfrak{r} = \mathrm{div}\,(\mathfrak{H}\,\delta\mathfrak{r}\bullet\mathfrak{J}) - \mathfrak{H}\,\mathrm{div}\,\mathfrak{J}\bullet\delta\mathfrak{r} - \mathfrak{H}\bullet\mathfrak{J}\,\mathrm{def}\,\delta\mathfrak{r}.$$

Bei der Integration über den unendlichen Raum fällt das erste Glied rechts weg, und es bleibt von der rechten Seite nur noch übrig

$$-\,\mathfrak{H}\,\mathrm{div}\,\mathfrak{J}\bullet\delta\mathfrak{r} - \mathfrak{H}\bullet\mathfrak{J}\,\mathrm{def}\,\delta\mathfrak{r}.$$

[2]) Der Art. 641 ist nicht eine wörtliche Übersetzung, sondern eine freie Wiedergabe des Inhaltes des Originals.

Befindet sich der Inhalt eines Raumteiles in einem Spannungszustande, so wird sich $\mathfrak{P}^n$ im allgemeinen nicht nur von Punkt zu Punkt ändern, sondern außerdem am selben Punkt noch von der Richtung von $\mathfrak{n}$ abhängen. Und zwar ist $\mathfrak{P}^n$ gewöhnlich eine lineare Vektorfunktion von $\mathfrak{n}$.

Wir wollen nun die Kraft $\mathfrak{F}\,dv$ und das Drehmoment $\mathfrak{N}\,dv$ bestimmen, die infolge der Spannungen $\mathfrak{P}^n$ auf ein Volumenelement dv wirken. Es sei v das Volumen eines Raumteiles und do ein Element seiner Oberfläche. Wir schreiben noch $\mathfrak{n}\,do = d\mathfrak{f}$. Dann ist die Kraftdichte

$$\mathfrak{F} = \lim_{v\,=\,0} \frac{1}{v} \oint do\,\mathfrak{P}^n.$$

Wir ziehen ferner von einem willkürlich gewählten festen Punkt (z. B. im Inneren von v) aus einen Ortsvektor $\mathfrak{r}$. Dann ist die Drehkraftdichte

$$\mathfrak{N} = - \lim_{v\,=\,0} \frac{1}{v} \oint [\mathfrak{P}^n\,do\,\mathfrak{r}].$$

Hier ist aber bei der Integration $\mathfrak{P}^n$ als unabhängig vom Ort und nur $\mathfrak{r}$ als veränderlich aufzufassen. [Sonst würden wir $\mathfrak{N} + [\mathfrak{r}\,\mathfrak{F}]$ statt $\mathfrak{N}$ erhalten[1]).] Dies soll dadurch angedeutet sein, daß $\mathfrak{P}^n$ vor do steht und $\mathfrak{r}$ dahinter. Bei den elastischen Spannungen fordert man, daß sie keine Drehmomente auf die Volumenelemente ergeben, also $\mathfrak{N} = 0$. Bei den magnetisierten Körpern ist jedoch ein solches Bestreben zu einer Drehung vorhanden. Daher ist hier die Bedingung $\mathfrak{N} = 0$ nicht erfüllt[2]).

---

[1]) Denn es ist für ein Volumenelement dv

$$\oint do\,[\mathfrak{r}\,\mathfrak{P}^n] = \left[\mathfrak{r} \oint do\,\mathfrak{P}^n\right] - \oint [\mathfrak{P}^n\,do\,\mathfrak{r}]$$
$$= ([\mathfrak{r}\,\mathfrak{F}] + \mathfrak{N})\,dv.$$

Man darf nicht etwa

$$\left[\mathfrak{P}^n \oint do\,\mathfrak{r}\right] \qquad \text{statt} \qquad \oint [\mathfrak{P}^n\,do\,\mathfrak{r}]$$

schreiben, also $\mathfrak{P}^n$ vor das Integralzeichen ziehen. Denn $\mathfrak{P}^n$ ist eine lineare Vektorfunktion von $\mathfrak{n}$, und auf der Oberfläche des Volumenelementes ist die Flächennormale $\mathfrak{n}$ eine Funktion des Ortes. Nur für jede beliebige feste Richtung $\mathfrak{n}$ soll (bei der Integration) $\mathfrak{P}^n$ an allen Punkten derselbe Vektor sein.

[2]) Vgl. hierzu Max Abraham, Zur Frage der Symmetrie des elektromagnetischen Spannungstensors, Ann. d. Phys. **44**, 537 (1914).

Nun hatten wir für die elektromagnetische Kraftdichte $\mathfrak{F}$ gefunden

$$4\pi\,\mathfrak{F} = (\mathrm{grad}\,\mathfrak{B})\,\mathfrak{H} - \mathrm{grad}\,(\tfrac{1}{2}\,\mathfrak{H}^2).$$

Daraus ist unmittelbar ersichtlich, daß

$$4\pi\int\mathfrak{F}\,dv = \oint(d\mathfrak{f}\,\mathfrak{B})\,\mathfrak{H} - \oint d\mathfrak{f}\,(\tfrac{1}{2}\,\mathfrak{H}^2).$$

Also erhalten wir für die entsprechende fiktive Spannung

$$4\pi\,\mathfrak{P}^n = (\mathfrak{n}\,\mathfrak{B})\,\mathfrak{H} - \mathfrak{n}\,(\tfrac{1}{2}\,\mathfrak{H}^2).$$

Diese Spannung liefert uns auch den richtigen Wert der Drehkraftdichte. Denn es ist

$$4\pi\,\mathfrak{P}^n\,do = \mathfrak{H}\,(\mathfrak{B}\,d\mathfrak{f}) - (\tfrac{1}{2}\,\mathfrak{H}^2)\,d\mathfrak{f},$$
$$4\pi\,[\mathfrak{P}^n\,do\,\mathfrak{r}] = [\mathfrak{H}\,(\mathfrak{B}\,d\mathfrak{f})\,\mathfrak{r}] - \tfrac{1}{2}\,\mathfrak{H}^2\,[d\mathfrak{f}\,\mathfrak{r}],$$

also

$$-4\pi\int\mathfrak{N}\,dv = \oint[\mathfrak{H}\,(\mathfrak{B}\,d\mathfrak{f})\,\mathfrak{r}] - \tfrac{1}{2}\,\mathfrak{H}^2\oint[d\mathfrak{f}\,\mathfrak{r}],$$

folglich

$$-4\pi\,\mathfrak{N} = [\mathfrak{H}\,(\mathfrak{B}\,\mathrm{grad})\,\mathfrak{r}] - \tfrac{1}{2}\,\mathfrak{H}^2\,\mathrm{rot}\,\mathfrak{r} = [\mathfrak{H}\,\mathfrak{B}],$$

da nämlich

$$(\mathfrak{B}\,\mathrm{grad})\,\mathfrak{r} = \mathfrak{B} \quad \text{und} \quad \mathrm{rot}\,\mathfrak{r} = 0$$

ist. Somit bekommen wir schließlich

$$4\pi\,\mathfrak{N} = [\mathfrak{B}\,\mathfrak{H}].$$

[642[1]).] Aus dem Ausdruck

$$4\pi\,\mathfrak{P}^n = \mathfrak{n}\,\mathfrak{B}\cdot\mathfrak{H} - \tfrac{1}{2}\,\mathfrak{H}^2\cdot\mathfrak{n}$$

ist ersichtlich, daß die fiktive Spannung $\mathfrak{P}^n$ in derselben Ebene liegt, wie die magnetische Feldstärke $\mathfrak{H}$ und die Flächennormale $\mathfrak{n}$, und weiter, daß auf ein Flächenelement ein reiner Druck wirkt, wenn die magnetische Induktion $\mathfrak{B}$ in der durch das Flächenelement bestimmten Ebene liegt ($\mathfrak{n}\,\mathfrak{B} = \mathrm{o}$). Der Betrag dieses Druckes ist $\dfrac{1}{8\pi}\,\mathfrak{H}^2$.

---

[1]) Der Art. 642 weicht nicht nur in der Form, sondern auch im Inhalt vom Original ab. Maxwells eigene Beschreibung der von ihm angegebenen Spannungen ist wenig geeignet, eine deutliche Vorstellung von diesen zu geben. Maxwell zieht eine Achse, die den Winkel zwischen $\mathfrak{B}$ und $\mathfrak{H}$ halbiert, und betrachtet die Kräfte auf Flächenelemente normal und tangential zu dieser Achse. Aber jene Richtung ist in keiner Weise ausgezeichnet, man könnte ebensogut eine beliebige andere wählen. Maxwell gibt nicht an, auf welche Flächenelemente ein Zug, auf welche ein Druck, auf welche ein Schub wirkt, auf welche die größte, auf welche die kleinste Spannung. Ebensowenig erwähnt er, daß hier ein Ellipsoid vorliegt.

Durch Zerlegung in Komponenten von anderer Richtung läßt sich $\mathfrak{P}^n$ noch in mannigfacher Weise anders darstellen. Schreibt man

$$4\,\pi\,\mathfrak{P}^n = \big[\mathfrak{B}[\mathfrak{H}\,\mathfrak{n}]\big] + \mathfrak{n}\cdot\mathfrak{H}\,(\mathfrak{B} - {}^1\!/_2\,\mathfrak{H}),$$

so sieht man, daß auf ein zur magnetischen Feldstärke $\mathfrak{H}$ normales Flächenelement ein Zug vom Betrage $\dfrac{1}{4\,\pi}\mathfrak{H}\,(\mathfrak{B} - {}^1\!/_2\,\mathfrak{H})$ wirkt ($[\mathfrak{H}\,\mathfrak{n}] = \mathrm{o}$).

Man kann den Spannungszustand demnach so beschreiben: Längs den Feldlinien wirkt ein Zug vom Betrage $\dfrac{1}{4\,\pi}\mathfrak{H}\,(\mathfrak{B} - {}^1\!/_2\,\mathfrak{H})$ und in jeder zu den Induktionslinien senkrechten Richtung ein Druck vom Betrage $\dfrac{1}{8\,\pi}\mathfrak{H}^2$. Durch diese beiden Angaben ist der Spannungszustand vollkommen bestimmt. Doch wollen wir uns hieran nicht genügen lassen, sondern uns eine Übersicht darüber verschaffen, welche Spannungen auf Flächenelemente von beliebiger anderer Lage wirken.

Zunächst greifen wir noch einige weitere ausgezeichnete Lagen heraus. Durch

$$4\,\pi\,\mathfrak{P}^n = \mathfrak{n}\,\mathfrak{B}\cdot\big[\mathfrak{n}[\mathfrak{H}\,\mathfrak{n}]\big] + \mathfrak{n}\cdot\mathfrak{H}\,(\mathfrak{n}\cdot\mathfrak{B}\,\mathfrak{n} - {}^1\!/_2\,\mathfrak{H})$$

ist $\mathfrak{P}^n$ in Tangential- und Normalspannung zerlegt, und man erkennt, daß die Normalspannung verschwindet, also reiner Schub vorhanden ist, wenn der Vektor

$$\mathfrak{n}\cdot\mathfrak{B}\,\mathfrak{n} - {}^1\!/_2\,\mathfrak{H}$$

senkrecht zur magnetischen Feldstärke $\mathfrak{H}$ gerichtet ist.

Zerlegt man $\mathfrak{P}^n$ in eine Komponente parallel zur magnetischen Feldstärke $\mathfrak{H}$ und eine zweite senkrecht zu ihr:

$$4\,\pi\,\mathfrak{P}^n = \mathfrak{n}\,(\mathfrak{B} - {}^1\!/_2\,\mathfrak{H})\cdot\mathfrak{H} + {}^1\!/_2\big[\mathfrak{H}[\mathfrak{H}\,\mathfrak{n}]\big],$$

so ergibt sich, daß die Spannung $\mathfrak{P}^n$ senkrecht zur magnetischen Feldstärke gerichtet ist, wenn der Vektor $\mathfrak{B} - {}^1\!/_2\,\mathfrak{H}$ in die Ebene des Flächenelementes fällt.

Um die Größe der Spannung $\mathfrak{P}^n$ beurteilen zu können, bilden wir das Quadrat von $\mathfrak{P}^n$, am einfachsten in seiner ursprünglichen Darstellung. Beachtet man, daß $\mathfrak{B} = \mathfrak{H} + 4\,\pi\,\mathfrak{J}$ war, so findet man leicht

$$(4\,\pi\,\mathfrak{P}^n)^2 = \mathfrak{H}^2\,({}^1\!/_4\,\mathfrak{H}^2 + 4\,\pi\,\mathfrak{J}\,\mathfrak{n}\cdot\mathfrak{B}\,\mathfrak{n}).$$

Hieraus ist ohne weiteres ersichtlich, daß $\mathfrak{P}^n$ seinen größten Wert erreicht, wenn $\mathfrak{n}$ den Winkel zwischen $4\,\pi\,\mathfrak{J}$ und $\mathfrak{B}$ halbiert, und seinen

kleinsten, wenn $\mathfrak{n}$ den Nebenwinkel jenes Winkels halbiert. Die beiden
Richtungen von $\mathfrak{n}$ sind senkrecht zueinander, übrigens auch die beiden

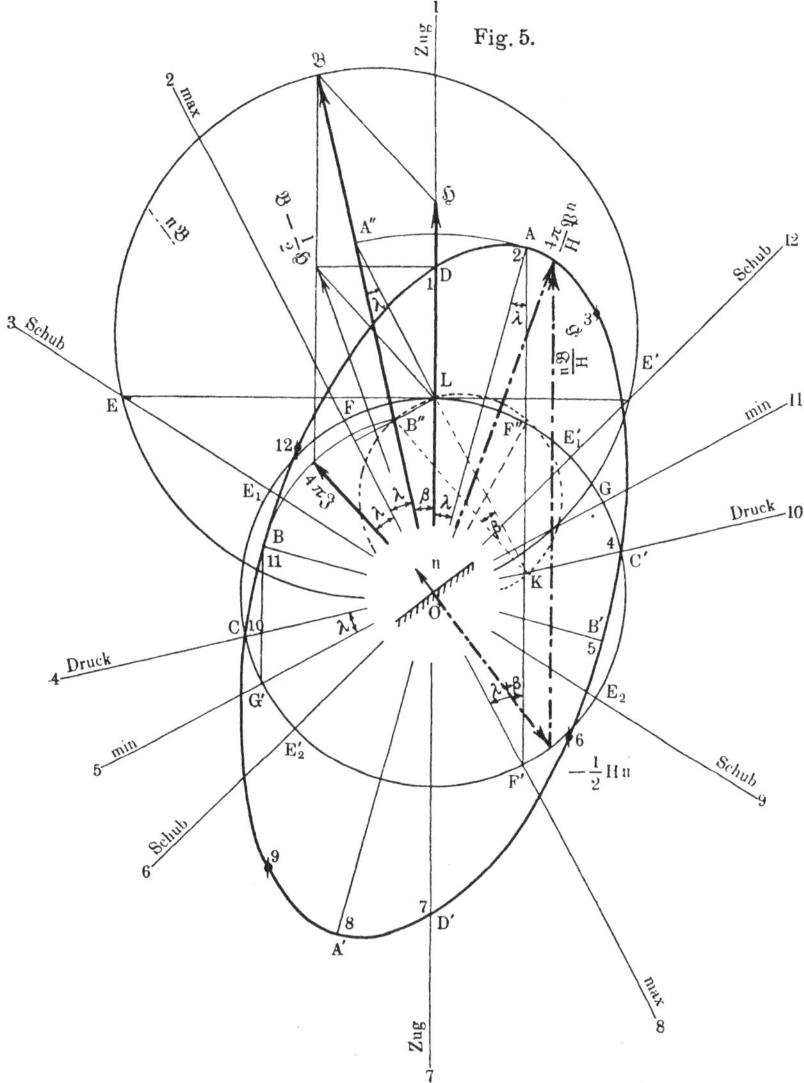

entsprechenden Richtungen von $\mathfrak{P}^n$, wie hier vorweggenommen werden mag.

Nun ist $\mathfrak{P}^n$ eine lineare Vektorfunktion von $\mathfrak{n}$. Während sich der
Endpunkt des Vektors $\mathfrak{n}$ auf der Oberfläche der Einheitskugel bewegt,

bewegt sich der Endpunkt des Vektors $\mathfrak{P}^n$ auf der Oberfläche eines Ellipsoides. Das sieht man am einfachsten etwa so ein.

Wir führen ein rechtwinkeliges Achsenkreuz ein, legen die x-Achse in die Richtung von $\mathfrak{H}$, die y-Achse in die Ebene $(\mathfrak{H}, \mathfrak{B})$ so, daß sie mit $\mathfrak{B}$ einen spitzen Winkel bildet. Die z-Achse ist dann senkrecht zur Ebene $(\mathfrak{H}, \mathfrak{B})$. Wir zerlegen

$$4\,\pi\,\mathfrak{P}^n = \mathfrak{n}\,(\mathfrak{i}\,B_x + \mathfrak{j}\,B_y)\cdot\mathfrak{H} - {}^1\!/_2 H^2\,\mathfrak{n}$$

in Komponenten parallel zu diesen Achsen, indem wir $\mathfrak{P}^n$ mit den entsprechenden Einheitsvektoren $\mathfrak{i}$, $\mathfrak{j}$, $\mathfrak{k}$ skalar multiplizieren. Beachten wir, daß

$$\mathfrak{i}\mathfrak{H} = H, \quad \mathfrak{j}\mathfrak{H} = \mathfrak{k}\mathfrak{H} = 0$$

ist, so bekommen wir

$$4\,\pi\,P_x^n = HX = (B_x - {}^1\!/_2 H)\,H\,\mathfrak{n}\,\mathfrak{i} + B_y\,H\,\mathfrak{n}\,\mathfrak{j}$$
$$4\,\pi\,P_y^n = HY = - {}^1\!/_2 H^2\,\mathfrak{n}\,\mathfrak{j}$$
$$4\,\pi\,P_z^n = HZ = - {}^1\!/_2 H^2\,\mathfrak{n}\,\mathfrak{k}.$$

Hier sind X, Y, Z als lineare Funktionen der Cosinusse $\mathfrak{n}\,\mathfrak{i}$, $\mathfrak{n}\,\mathfrak{j}$, $\mathfrak{n}\,\mathfrak{k}$ dargestellt. Daraus ergeben sich auch umgekehrt die Cosinusse als lineare Funktionen von X, Y, Z. Tragen wir ihre Werte in die bekannte Formel

$$(\mathfrak{n}\,\mathfrak{i})^2 + (\mathfrak{n}\,\mathfrak{j})^2 + (\mathfrak{n}\,\mathfrak{k})^2 = 1$$

ein, so entsteht eine Gleichung zweiten Grades zwischen X, Y, Z. Also bewegt sich der Endpunkt des Vektors $\mathfrak{P}^n$ jedenfalls auf einer Fläche zweiten Grades. Aus den Ausdrücken für $\mathfrak{P}^n$ liest man ab, daß $\mathfrak{P}^n$ endlich bleibt und daß es keine Richtung gibt, die $\mathfrak{P}^n$ nicht annehmen könnte. Mithin kann jene Fläche nur die Oberfläche eines Ellipsoides sein. Es ist zu erwarten, daß eine Hauptachse senkrecht zur $(\mathfrak{H}, \mathfrak{B})$-Ebene ist, also die beiden anderen Hauptachsen in sie hineinfallen. Die Fig. 5 (s. S. 123) zeigt den Durchschnitt des Ellipsoides mit der $(\mathfrak{H}, \mathfrak{B})$-Ebene, und zwar des Ellipsoides für den Vektor $\dfrac{4\,\pi}{H}\,\mathfrak{P}^n = (X, Y, Z)$.

Die Gleichung des Ellipsoides lautet

$$({}^1\!/_2\,\mathfrak{H}X)^2 + |[\mathfrak{H}\,\mathfrak{B}]\,XY + (\mathfrak{B} - {}^1\!/_2\,\mathfrak{H})^2\,Y^2 + \left\{\frac{(\mathfrak{B} - {}^1\!/_2\,\mathfrak{H})\,\mathfrak{H}}{H}\,Z\right\}^2$$
$$= \{{}^1\!/_2\,\mathfrak{H}\,(\mathfrak{B} - {}^1\!/_2\,\mathfrak{H})\}^2.$$

Der Vergleich mit

$$a_{11}\,x^2 + 2\,a_{12}\,x\,y + a_{22}\,y^2 = k$$

ergibt

$$a_{11} = ({}^1\!/_2\,\mathfrak{H})^2, \quad a_{22} = (\mathfrak{B} - {}^1\!/_2\,\mathfrak{H})^2, \quad a_{12} = {}^1\!/_2\,|[\mathfrak{H}\,\mathfrak{B}]|,$$
$$k = \{{}^1\!/_2\,\mathfrak{H}\,(\mathfrak{B} - {}^1\!/_2\,\mathfrak{H})\}^2.$$

Man kann daraus in bekannter Weise alle weiteren Einzelheiten ausrechnen.

Beachtet man, daß

$$(\mathfrak{B} - \tfrac{1}{2}\mathfrak{H})^2 - (\tfrac{1}{2}\mathfrak{H})^2 = 4\pi\mathfrak{J}\mathfrak{B} \quad \text{und} \quad [\mathfrak{B}\mathfrak{H}] = [4\pi\mathfrak{J}\mathfrak{B}]$$

ist, und bezeichnet man den Winkel zwischen $\mathfrak{B}$ und $\mathfrak{J}$ mit 2λ, so ergibt sich nach der Formel

$$\operatorname{tg} 2\varphi = \frac{2\,a_{12}}{a_{11} - a_{22}},$$

daß die größte Achse des Ellipsoides um den Winkel λ von $\mathfrak{H}$ aus zurückgedreht ist, wenn die Drehung von $\mathfrak{H}$ nach $\mathfrak{B}$ als positiv bezeichnet wird.

Der Winkel zwischen $\mathfrak{H}$ und $\mathfrak{B}$ sei β. Dann ist der Winkel

$$AF'O = D'OF' = DOF = \lambda + \beta,$$

wenn OF den Winkel 2λ zwischen $\mathfrak{B}$ und $4\pi\mathfrak{J}$ halbiert. Ferner ist der Winkel

$$OAF' = AOD = \lambda.$$

Daraus ergibt sich folgende einfache Konstruktion der Halbachsen.

Von dem Halbierungspunkt L des Vektors $\mathfrak{H}$ ziehe man eine Parallele und eine Senkrechte zur Winkelhalbierenden OF. Diese mögen den Vektor $\mathfrak{B}$ in den Punkten A'' und B'' treffen. Dann sind OA'' und OB'' die beiden Halbachsen. Die dritte, zur ($\mathfrak{H}$, $\mathfrak{B}$)-Ebene senkrechte Halbachse ist $c = \tfrac{1}{2}H = OL$. (Man wähle $\mathfrak{n}$ senkrecht zur ($\mathfrak{H}$, $\mathfrak{B}$)-Ebene.) Aus der Figur ersieht man unmittelbar, daß

$$OB'' < OL < OA'' \quad \text{oder} \quad b < c < a.$$

Aus dem Dreieck $AF''O$ berechnet man die große Halbachse des Ellipsoides

$$OA = a = \tfrac{1}{2}H\frac{\sin(\lambda + \beta)}{\sin\lambda}.$$

In ähnlicher Weise findet man die andere Halbachse in der ($\mathfrak{H}$, $\mathfrak{B}$)-Ebene

$$OB = b = \tfrac{1}{2}H\frac{\cos(\lambda + \beta)}{\cos\lambda}.$$

[643.] Ist keine Magnetisierung vorhanden, so ist $\mathfrak{B} = \mathfrak{H}$ und der Spannungszustand wird ein noch einfacherer, nämlich ein Zug in Richtung der Kraftlinien von der Stärke $\dfrac{1}{8\pi}\mathfrak{H}^2$ und ein Druck nach allen Richtungen rechtwinkelig zu den Kraftlinien ebenfalls von der Stärke $\dfrac{1}{8\pi}\mathfrak{H}^2$. Die Spannung $\mathfrak{P}^n$ auf ein

beliebig gelegenes Flächenelement ist in diesem wichtigen Falle
gegeben durch

$$4\pi\mathfrak{P}^n = \mathfrak{n}\,\mathfrak{H}\bullet\mathfrak{H} - {}^1{}_2\mathfrak{H}^2\bullet\mathfrak{n}$$

oder

$$4\pi\mathfrak{P}^n = \big[\mathfrak{H}[\mathfrak{H}\,\mathfrak{n}]\big] + {}^1\!/_2\mathfrak{H}^2\bullet\mathfrak{n}$$

oder

$$8\pi\mathfrak{P}^n = \mathfrak{H}\bullet\mathfrak{H}\,\mathfrak{n} + \big[\mathfrak{H}[\mathfrak{H}\,\mathfrak{n}]\big].$$

Die Spannungen auf verschieden orientierte Flächenelemente
am selben Punkt unterscheiden sich nur durch die Richtung, die
Größe ist in allen Fällen

$$P^n = \frac{1}{8\pi}\mathfrak{H}^2.$$

Das Ellipsoid ist also in eine Kugel übergegangen.

Die Kraft, die durch diese Spannungen auf ein Element des
Mediums ausgeübt wird, heiße, auf die Volumeneinheit bezogen, $\mathfrak{F}$.
Dann ist

$$\begin{aligned}
4\pi\mathfrak{F} &= (\mathrm{grad}\,\mathfrak{H})\,\mathfrak{H} - \mathrm{grad}\,({}^1\!/_2\mathfrak{H}^2)\\
&= \{(\mathfrak{H}\,\mathrm{grad})\,\mathfrak{H} + \mathfrak{H}\,\mathrm{div}\,\mathfrak{H}\} - \{(\mathfrak{H}\,\mathrm{grad})\,\mathfrak{H} + [\mathfrak{H}\,\mathrm{rot}\,\mathfrak{H}]\}\\
&= \mathfrak{H}\,\mathrm{div}\,\mathfrak{H} - [\mathfrak{H}\,\mathrm{rot}\,\mathfrak{H}].
\end{aligned}$$

Nun war

$$\mathrm{div}\,\mathfrak{H} = 4\pi m \quad\text{und}\quad \mathrm{rot}\,\mathfrak{H} = 4\pi\mathfrak{C},$$

wo m die räumliche Dichte der südlichen (positiven) magnetischen
Substanz ist und $\mathfrak{C}$ die Dichte der elektrischen Ströme. Infolgedessen ist

$$\mathfrak{F} = m\mathfrak{H} + [\mathfrak{C}\,\mathfrak{H}].$$

Für das Drehmoment $\mathfrak{N}$ auf die Volumeneinheit finden wir

$$\begin{aligned}
-4\pi\mathfrak{N} &= [\mathfrak{H}(\mathfrak{H}\,\mathrm{grad})\,\mathfrak{r}] - {}^1\!/_2\mathfrak{H}^2[\mathrm{grad}\,\mathfrak{r}]\\
&= [\mathfrak{H}\,\mathfrak{H}] - {}^1\!/_2\mathfrak{H}^2\,\mathrm{rot}\,\mathfrak{r}\\
&= 0.
\end{aligned}$$

Für den Fall $\mu \neq 1$ haben O. Heaviside und H. Hertz andere
fiktive Spannungen angegeben als Maxwell, nämlich

$$4\pi\mathfrak{P}^n = \mathfrak{n}\,\mu\,\mathfrak{H}\bullet\mathfrak{H} - {}^1\!/_2\mu\,\mathfrak{H}^2\bullet\mathfrak{n}.$$

Der Endpunkt dieses Vektors bewegt sich bei Drehungen von $\mathfrak{n}$ auf
der Oberfläche der Kugel mit dem Radius ${}^1\!/_2\mu\,\mathfrak{H}^2$. Der Spannungszustand besteht also in einem Zuge vom Betrage $\mu\,\mathfrak{H}^2/8\pi$ längs den
Kraftlinien und in einem ebenso großen Druck in jeder zu den Kraftlinien senkrechten Richtung.

Der entsprechende Ausdruck für die Kraftdichte lautet

$$4\,\pi\,\mathfrak{F} = \mathfrak{H}\,\mathrm{div}\,\mu\,\mathfrak{H} - {}^{1}/_{2}\,\mathfrak{H}^{2} \cdot \mathrm{grad}\,\mu + [\mathrm{rot}\,\mathfrak{H} \cdot \mu\,\mathfrak{H}],$$

da nämlich

$$(\mathrm{grad}\,\mu\,\mathfrak{H})\,\mathfrak{H} = (\mu\,\mathfrak{H}\,\mathrm{grad})\,\mathfrak{H} + \mathfrak{H}\,\mathrm{div}\,\mu\,\mathfrak{H}$$

und

$$\mathrm{grad}\,({}^{1}/_{2}\,\mu\,\mathfrak{H}^{2}) = {}^{1}/_{2}\,\mathfrak{H}^{2}\,\mathrm{grad}\,\mu + \mu\,(\mathfrak{H} \cdot \mathrm{grad} \cdot \mathfrak{H})$$

ist.

Gegen die von Maxwell angegebenen Spannungen spricht zunächst in formaler Hinsicht, daß die beiden Glieder, aus denen sich $\mathfrak{P}''$ zusammensetzt, verschiedene Dimensionen haben, wenn man der Induktion $\mathfrak{B}$ eine andere Dimension beilegt als der Feldstärke $\mathfrak{H}$, was ohne weiteres zulässig ist, und daß die Maxwellschen Spannungen Drehmomente auf die Volumenelemente ergeben. Berechnet man die Kraft, die auf einen durchströmten Eisendraht in einem ursprünglich gleichförmigen Magnetfelde wirkt, sowohl aus den Maxwellschen, wie aus den Hertzschen Spannungen, so gelangt man praktisch zu demselben Ausdruck, so daß hier eine Entscheidung nicht möglich ist. (Vgl. B. Caldonazzo, Nuovo Cimento, Serie VI, Vol. II, Juli 1911.)

Nun haben aber Karl Euler (Untersuchung eines Zugmagneten für Gleichstrom, Berlin 1911 bei Springer; vgl. auch Elektrotechnische Zeitschrift 1911, S. 1269) und Paul Kalisch (Beiträge zur Berechnung der Zugkraft von Elektromagneten, Breslauer Dissertation, Berlin 1913 bei Springer; siehe !auch Archiv für Elektrotechnik 1913, S. 411) gefunden, daß die Anziehungskraft eines Elektromagnets auf seinen Anker fast immer größer ist, als der Ausdruck $\mathfrak{B}^2/8\pi$ angibt. Das läßt sich aus der Brechung der Kraftlinien erklären, wenn man die Hertzschen Spannungen zugrunde legt, nicht aber wenn man die Maxwellschen Spannungen zugrunde legt.

Betrachten wir nämlich ein Element der Grenzfläche Luft-Eisen, so ist die wahrnehmbare Kraft, die auf dieses Element infolge des Sprunges der Permeabilität wirkt, die Resultante aus der fiktiven Spannung, die auf die der Luft zugewandte Seite des Flächenelementes wirkt, und der fiktiven Spannung, die auf die dem Inneren des Eisenkörpers zugewandte Seite des Flächenelementes wirkt. Wegen der großen Permeabilität des Eisens gehen die Kraftlinien von der Eisenoberfläche her fast genau senkrecht in die Luft hinein. Die Kraftlinientangente kann immer nur sehr kleine Winkel mit der Normalen bilden. Von der Luftseite her wirkt also auf das Oberflächenelement im wesentlichen der Längszug der Kraftlinien. Sein Betrag ist $\mathfrak{B}^2/8\pi$.

Ist die Kraftlinienbrechung nur gering, weichen also auch im Inneren des Eisens nahe an der Oberfläche die Kraftlinien wenig von der Normalen ab, so wirkt auf die Innenseite des Oberflächenelementes ebenfalls hauptsächlich der Längszug der Kraftlinien. Er ist aber im Eisen sehr klein, nämlich nur $\mathfrak{B}^2/8\pi\mu$ nach **Hertz** und $\left(2 - \dfrac{1}{\mu}\right)$ mal soviel nach **Maxwell**. Da $\mathfrak{B}$ im Eisen fast denselben Betrag hat wie in der Luft, so ist die wahrnehmbare Kraft nach **Hertz** $\dfrac{\mathfrak{B}^2}{8\pi}\left(1 - \dfrac{1}{\mu}\right)$, und da μ eine sehr große Zahl ist, sehr nahe $\mathfrak{B}^2/8\pi$, also gleich dem fiktiven Längszug der Kraftlinien in der Luft. Nach **Maxwell** ergibt sich fast genau dasselbe.

Werden aber die Kraftlinien an der Eisenoberfläche sehr stark gebrochen, verlaufen also die Kraftlinien im Inneren des Eisens nahe an der Oberfläche fast parallel zu dieser, so wirkt von innen her auf ein Oberflächenelement nicht der Längszug, sondern der Querdruck der Kraftlinien. Und zwar wirkt dieser Querdruck im Eisen dem Längszug in der Luft nicht entgegen, sondern er unterstützt ihn. Der Betrag des Querdrucks ist nun nach **Maxwell**

$$\mathfrak{H}^2/8\pi = \mathfrak{B}^2/8\pi\mu^2,$$

nach **Hertz** dagegen $\quad \mu\,\mathfrak{H}^2/8\pi = \mathfrak{B}^2/8\pi\mu.$

Der Querdruck ist also bei **Maxwell** μ mal so klein wie bei **Hertz**. Immerhin wäre auch bei **Hertz** der Querdruck im Eisen sehr klein gegen den Längszug in der Luft, wenn die Induktion im Eisen ungefähr ebenso groß wäre, wie in der Luft. Bei starker Kraftlinienbrechung ist jedoch die Induktion im Eisen beträchtlich größer als in der Luft. Die Induktionen verhalten sich nämlich umgekehrt wie die Cosinus der Brechungswinkel. Ist β im Bogenmaß der kleine Brechungswinkel in der Luft (Größenordnung 1^0), so ist der Querdruck im Eisen nach **Hertz** ungefähr gleich $\mu\,\beta^2$ mal dem Längszug in der Luft.

Einen genaueren Einblick gewährt Fig. 6. Der Pfeil $\mathfrak{P}_2$ stellt die fiktive Spannung dar, die von der Luftseite her auf das Oberflächenelement wirkt. Von der Eisenseite her wirkt nach **Hertz** die fiktive Spannung $\mathfrak{P}_{1\,H}$, nach **Maxwell** $\mathfrak{P}_{1\,M}$. Man sieht, daß wohl $\mathfrak{P}_{1\,H} + \mathfrak{P}_2$, nicht aber $\mathfrak{P}_{1\,M} + \mathfrak{P}_2$ wesentlich größer werden kann als $\mathfrak{P}_2$.

Die gemessenen Kräfte auf die Eisenoberfläche werden also durch die **Hertz**schen fiktiven Spannungen dargestellt, nicht aber durch die **Maxwell**schen. Hierdurch dürfen die **Maxwell**schen Spannungen als widerlegt gelten.

Bei den Hertzschen Spannungen ist angenommen, daß die Permeabilität von der Feldstärke unabhängig ist. Aber gerade dann,

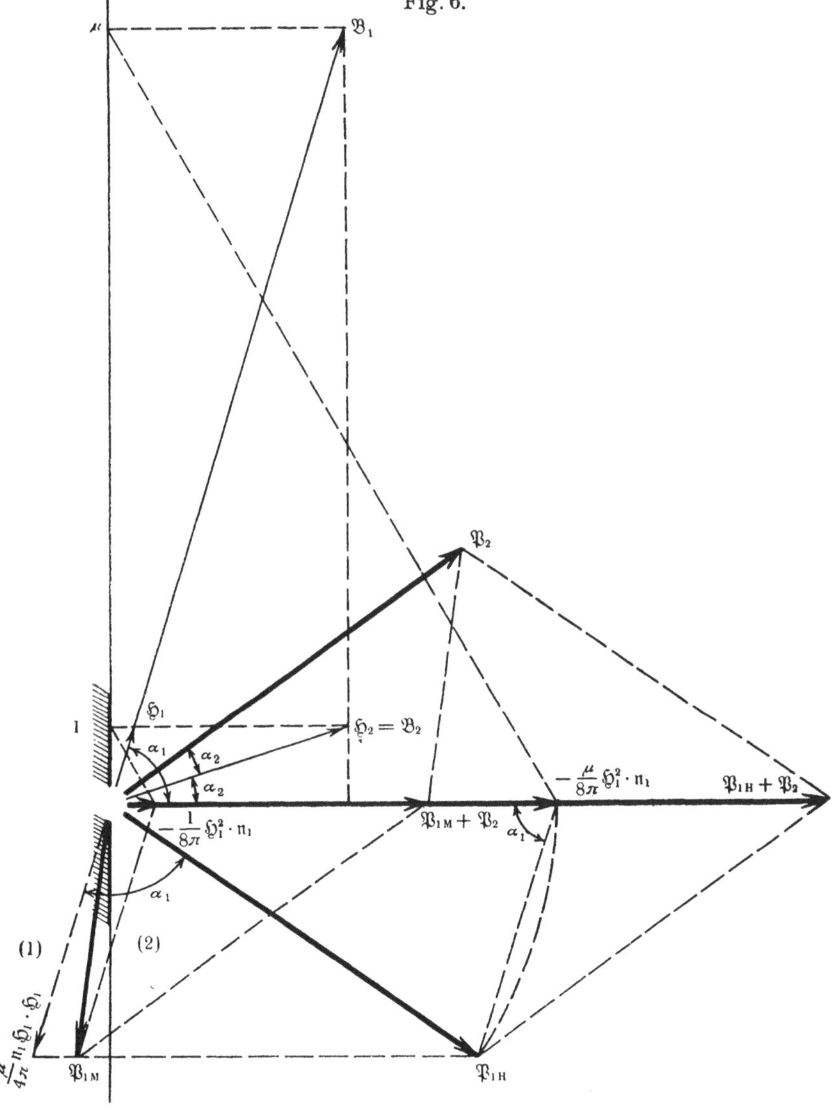

Fig. 6.

wenn die Permeabilität merklich von 1 abweicht, ist diese Voraussetzung nicht erfüllt. Welche Spannungen sich ergeben, wenn man diese Voraussetzung fallen läßt, hat E. Cohn untersucht. (Das elektromagnetische Feld, S. 517.)   Es sei

$$u = \eta = {}^1\!/_2 \mathfrak{H}^2, \quad \text{so daß} \quad \operatorname{grad} \eta = (\mathfrak{H} \cdot \operatorname{grad} \cdot \mathfrak{H}).$$

Ferner gehöre zu u die Permeabilität μ_u, zu η die Permeabilität μ. Dann gibt Cohn folgenden Spannungszustand an:

$$4\pi \mathfrak{P}^n = \mathfrak{n}\mu\,\mathfrak{H} \cdot \mathfrak{H} - \mathfrak{n} \int_0^\eta \mu_u\,du.$$

Man kann ihn so beschreiben: Längs den Kraftlinien herrscht ein Zug, dessen Betrag gleich der Energiedichte

$$\frac{1}{4\pi} \int_0^\mathfrak{B} \mathfrak{H}\,d\mathfrak{B}$$

ist, und quer zu den Kraftlinien herrscht ein Druck vom Betrage

$$\frac{1}{4\pi} \int_0^\mathfrak{H} \mathfrak{B}\,d\mathfrak{H}.$$

Gewöhnlich ist der Querdruck größer als der Längszug.   Der Endpunkt des Vektors $\mathfrak{P}^n$ bewegt sich auf der Oberfläche eines (abgeplatteten) Rotationellipsoides, das die Kraftlinientangente zur Rotationsachse hat.

Wegen

$$(\operatorname{grad}\mu\,\mathfrak{H})\,\mathfrak{H} = (\mu\,\mathfrak{H}\operatorname{grad})\,\mathfrak{H} + \mathfrak{H}\operatorname{div}\mu\,\mathfrak{H}$$

und

$$\operatorname{grad} \int_0^\eta \mu_u\,du = \int_0^\eta \operatorname{grad}\mu_u\,du + \mu\,(\mathfrak{H} \cdot \operatorname{grad} \cdot \mathfrak{H})$$

entspricht den Cohnschen Spannungen eine Kraftdichte $\mathfrak{F}$, die gegeben ist durch

$$4\pi\mathfrak{F} = \mathfrak{H}\operatorname{div}\mu\,\mathfrak{H} - \int_0^\eta \operatorname{grad}\mu_u\,du + [\operatorname{rot}\mathfrak{H} \cdot \mu\,\mathfrak{H}].$$

Ein Drehmoment auf die Volumenelemente ergeben die Cohnschen Spannungen nicht. Nimmt man wieder die Permeabilität als unabhängig von der Feldstärke an, so gehen die Cohnschen Spannungen in die Hertzschen über.

Um endlich noch für die Berechnung der wahrnehmbaren Kraft aus den fiktiven Spannungen ein Beispiel zu geben, greifen wir zurück auf den Fall des durchströmten Drahtes im gleichförmigen Magnetfeld, den wir auf S. 92 behandelt haben. Wenn wir zur Abkürzung

$$\alpha = \frac{\mu - 1}{\mu + 1}\frac{b^2}{r^2}$$

setzen und beachten, daß

$$\mathfrak{r}_0\,\mathfrak{H}_a = \mathfrak{r}_0\,\mathfrak{H}_0\,(1 + \alpha),$$

$$\mathfrak{H}_a^2 = \left\{\mathfrak{H}_0\,(1 - \alpha) + \frac{2J}{r}[\mathfrak{a}\,\mathfrak{r}_0]\right\}^2 + 4\,\alpha\,(\mathfrak{r}_0\,\mathfrak{H}_0)^2$$

ist, so erhalten wir für die fiktive Spannung $\mathfrak{P}^r$, die am Endpunkte eines Ortsvektors $\mathfrak{r} > b\,\mathfrak{r}_0$ auf eine zu diesem senkrechte Flächeneinheit wirkt, da außerhalb des Drahtes $\mu = 1$ ist,

$$4\,\pi\,\mathfrak{P}^r = \mathfrak{r}_0\,\mathfrak{H}_a\bullet\mathfrak{H}_a - {}^1/_2\,\mathfrak{H}_a^2\bullet\mathfrak{r}_0$$

$$= \mathfrak{r}_0\,\mathfrak{H}_0\,(1 - \alpha^2)\bullet\mathfrak{H}_0 + \frac{2J}{r}(1 + \alpha)\,\mathfrak{r}_0\,\mathfrak{H}_0\bullet[\mathfrak{a}\,\mathfrak{r}_0]$$

$$+ \left\{2\,(\alpha\,\mathfrak{r}_0\,\mathfrak{H}_0)^2 - {}^1/_2\,\mathfrak{H}_0^2\,(1 - \alpha)^2 - \frac{2J^2}{r^2} - \frac{2J}{r}(1 - \alpha)\,\mathfrak{H}_0[\mathfrak{a}\,\mathfrak{r}_0]\right\}\bullet\mathfrak{r}_0.$$

Wir konstruieren um die Drahtachse einen Zylinder mit dem Radius r und lassen die Glieder weg, die solchen Kräften entsprechen, die sich an diesem als starr gedachten Zylinder das Gleichgewicht halten. Von dem Ausdruck für $4\,\pi\,\mathfrak{P}^r$ bleibt dann noch übrig

$$\frac{2J}{r}(1 + \alpha)\,\mathfrak{r}_0\,\mathfrak{H}_0\bullet[\mathfrak{a}\,\mathfrak{r}_0] - \frac{2J}{r}(1 - \alpha)\,\mathfrak{H}_0\,[\mathfrak{a}\,\mathfrak{r}_0]\bullet\mathfrak{r}_0$$

$$= \frac{2J}{r}(1 + \alpha)\left[\mathfrak{r}_0\left[[\mathfrak{a}\,\mathfrak{H}_0]\,\mathfrak{r}_0\right]\right] + \frac{2J}{r}(1 - \alpha)\,\mathfrak{r}_0\,[\mathfrak{a}\,\mathfrak{H}_0]\bullet\mathfrak{r}_0$$

$$= \frac{2J}{r}[\mathfrak{a}\,\mathfrak{H}_0] + \alpha\,\frac{2J}{r}\left([\mathfrak{H}_0\,\mathfrak{a}] + 2\,\mathfrak{r}_0\,\mathfrak{H}_0\bullet[\mathfrak{a}\,\mathfrak{r}_0]\right).$$

Dem zweiten Gliede entsprechen wiederum Kräfte, die sich an dem starren Zylinder das Gleichgewicht halten, so daß nur noch das erste Glied für uns in Betracht kommt.

Wir bilden jetzt das Hüllenintegral der fiktiven Spannung $\mathfrak{P}^n$ über die Oberfläche eines Zylinderstückes von der Länge Eins. Die Kräfte, die sich für die beiden kreisförmigen Endflächen ergeben, werden, wie sie auch sonst immer beschaffen sein mögen, miteinander im Gleichgewicht sein. Wir brauchen sie daher hier nicht zu berücksichtigen. Für das bandförmige Stück der Oberfläche erhalten wir aber die Kraft

$$\int_0^{2\pi}\mathfrak{P}^r\,r\,d\varphi = \frac{1}{4\,\pi}\,\frac{2J}{r}[\mathfrak{a}\,\mathfrak{H}_0]\,r\bullet 2\,\pi = J\,[\mathfrak{a}\,\mathfrak{H}_0].$$

Dies gilt für jedes Zylinderstück mit einem Radius $r \geqq b$. Betrachten wir zwei solche Zylinderstücke mit den Radien r_1 und $r_2 > r_1$, so sehen wir, daß auf den Hohlzylinder, um den sie sich unterscheiden, keine resultierende Kraft wirkt. Der Hohlzylinder überträgt daher nur die Kraft von außen ($r > r_2$) auf den inneren Zylinder ($r = r_1$). Dagegen werden wir für ein Zylinderstück innerhalb des Drahtes ($r < b$) eine kleinere resultierende Kraft bekommen, als für einen größeren Zylinder. Die resultierende Kraft auf die Längeneinheit des Drahtes ist also $J\,[\mathfrak{a}\,\mathfrak{H}_0]$, in Übereinstimmung mit dem Ergebnis von S. 94.

[644.] Wenn wir mit Ampère und Weber annehmen, daß die magnetische und die diamagnetische Polarität auf elektrische Molekularströme zurückzuführen ist, so werden wir die magnetische Substanz los und finden, daß m überall gleich Null ist oder

$$\operatorname{div} \mathfrak{H} = 0,$$

so daß der Ausdruck für die elektromagnetische Kraft nun lautet

$$\mathfrak{F} = [\mathfrak{C}\,\mathfrak{H}].$$

Das ist die mechanische Kraft, bezogen auf die Volumeneinheit des Stoffes. Die magnetische Feldstärke ist $\mathfrak{H}$, die elektrische Stromdichte $\mathfrak{C}$. Diese Gleichung ist mit der früher aufgestellten Gleichung (C) in Art. 603 identisch.

[645.] Die Erklärung der elektromagnetischen Kraft durch einen Spannungszustand im Medium ist nichts weiter als eine Verfolgung von Faradays Vorstellung, daß die Kraftlinien bestrebt sind, sich zusammenzuziehen und sich gegenseitig auseinanderzudrängen. Wir haben den Zug längs den Linien und den Druck senkrecht dazu nur in mathematischer Sprache ausgedrückt und gezeigt, daß ein solcher Spannungszustand im Medium tatsächlich die an den Stromträgern beobachteten Kräfte hervorrufen würde.

Wie dieser Spannungszustand im Medium entsteht und erhalten wird, darüber haben wir bis jetzt noch nichts ausgesagt. Wir haben nur gezeigt, daß es möglich ist, die gegenseitige Wirkung elektrischer Ströme durch einen gewissen Spannungszustand im umgebenden Medium anstatt durch eine direkte und unmittelbare Wirkung in die Ferne zu erklären.

Jede weitere Erklärung des Spannungszustandes, etwa durch eine Bewegung des Mediums oder durch eine sonstige Annahme, bildet einen besonderen Teil der Theorie für sich, der stehen oder fallen kann, ohne daß das bis jetzt Gewonnene dadurch berührt würde. Siehe Art. 832.

Wie früher (Art. 105, S. 33) gezeigt, ist die Auffassung durchführbar, daß die wahrnehmbaren elektrostatischen Kräfte durch einen Spannungszustand im umgebenden Medium übertragen werden; dasselbe haben wir nun für die elektromagnetischen Kräfte gezeigt, und was jetzt noch zu tun übrig bleibt, das ist, zu untersuchen, ob die Vorstellung eines Mediums, das fähig ist, solche Spannungszustände zu tragen, mit anderen bekannten Erscheinungen vereinbar ist oder ob wir sie als unfruchtbar fallen lassen müssen.

Wenn in einem Felde sowohl elektrostatische, als auch elektromagnetische Wirkungen vorhanden sind, so müssen wir annehmen, daß sich die beschriebene elektrostatische Spannung der elektromagnetischen überlagert.

Führt man diese Superposition der Spannungen elektrischen und magnetischen Ursprungs aus und geht dann wieder zur Kraftdichte über, so treten unter anderen die Glieder

$$\varDelta\,[\mathrm{rot}\,\mathfrak{E}\,\mathfrak{E}] + \varPi\,[\mathrm{rot}\,\mathfrak{H}\,\mathfrak{H}]$$

auf. Setzt man hierin für den elektrischen und für den magnetischen Wirbel die Werte aus den Hauptgleichungen (S. 108) ein und beschränkt sich dabei auf ruhende Körper ($\mathfrak{G} = 0$), so wird daraus

$$\frac{\varDelta\,\varPi}{\varGamma}\left[\mathfrak{E}\,\frac{\partial\,\mathfrak{H}}{\partial\,t}\right] + \frac{\varDelta\,\varPi}{\varGamma}\left[\frac{\partial\,\mathfrak{E}}{\partial\,t}\,\mathfrak{H}\right] + \frac{\varPi}{\varGamma}[\mathfrak{K}\,\mathfrak{H}].$$

Das letzte Glied entspricht der in Art. 603, S. 91 behandelten Kraft auf durchströmte Leiter. Jedoch schreibt Maxwell dort $\mathfrak{E}$ statt $\mathfrak{K}$. Die beiden ersten Glieder lassen nun auch eine mechanische Kraft auf die Träger magnetischer und elektrischer Verschiebungsströme erwarten. Solche Verschiebungsströme treten aber nicht nur in materiellen Körpern auf, sondern auch im leeren Raume, und so gelangt man zu der sinnlosen Folgerung einer mechanischen Kraft auf ein Nichts.

Man kann die Summe der beiden ersten Glieder von den willkürlichen Konstanten befreien, wenn man sich erinnert, daß

$$\varDelta\,\varPi\,c^2 = \varepsilon\,\mu\,\varGamma^2 \qquad\text{und}\qquad \varGamma\,[\mathfrak{E}\,\mathfrak{H}] = \mathfrak{S}$$

die Dichte des Energiestromes ist. Damit geht die Summe der beiden ersten Glieder über in

$$\frac{\varepsilon\,\mu}{c^2}\,\frac{\partial\,\mathfrak{S}}{\partial\,t}.$$

Die Kraft sollte also überall dort auftreten, wo sich ein veränderlicher Energiestrom befindet. Mißt man $\mathfrak{S}$ in Watt/dm², t in Sekunden und setzt

$$c^2 = \left(3 \cdot 10^9 \frac{\mathrm{dm}}{\mathrm{sek}}\right)^2 \approx 10^{13} \frac{\mathrm{dm}^2}{\mathrm{sek}^2},$$

so erhält man für die Kraftdichte rund gerechnet

$$\varepsilon\mu \frac{\partial \mathfrak{S}}{\partial t} 10^{-19} \frac{\mathrm{Kilogramm}}{\mathrm{dm}^3}.$$

Nehmen wir, um den höchsten erreichbaren Wert zu schätzen, eine elektrische Feldstärke von 10^5 Volt/dm an und eine magnetische Feldstärke von 10^5 Amp/dm, so erhalten wir eine Strahlung von 10^{10} Watt/dm². Nehmen wir weiter an, daß diese Strahlung in 1/100 Sekunde entsteht, so erhalten wir eine Kraftdichte von $10^{12-19} = 10^{-7}$ kg/dm³. Dieser Betrag, der kaum einmal erreicht werden wird, ist immer noch tausendmal so klein, wie das spezifische Gewicht des Wasserstoffes. Selbst bei sehr hochfrequenten Schwingungen wird der angegebene Betrag kaum erreicht oder gar überschritten werden, weil man dann schwerlich so starke Felder haben wird, wie vorhin angenommen worden ist. Namentlich das magnetische Feld wird sehr viel schwächer sein.

Die Kleinheit der Kraft beseitigt jedoch nicht ihre grundsätzliche Widersinnigkeit. Die neueren Theorien verwerfen daher die Ansicht, daß sich die Kräfte elektrischen und magnetischen Ursprungs vollständig durch die fiktiven Spannungen darstellen lassen. Sie leugnen zwar nicht gänzlich eine Kraft auf die Träger von Verschiebungsströmen, verändern aber den dafür angegebenen Ausdruck so, daß er im leeren Raume unbedingt verschwindet, indem sie ihn durch

$$\frac{\varepsilon\mu - 1}{c^2} \frac{\partial \mathfrak{S}}{\partial t}$$

ersetzen. Wie dieser Ersatz im einzelnen begründet wird, siehe bei M. Abraham, Theorie der Elektrizität, Bd. II, 3. Aufl., S. 314 (1914).

[646.] Wenn wir annehmen, daß die gesamte Stärke des magnetischen Erdfeldes 0,4 (cgs) beträgt, so ist der Zug längs den Kraftlinien etwa 0,65 mg Gewicht auf das Quadratdezimeter. Der größte von Joule durch Elektromagnete erhaltene magnetische Zug war ungefähr 10 kg/cm².

Kapitel XX.

Elektromagnetische Theorie des Lichtes.

Allgemeines.

[781.] Wir haben schon verschiedentlich versucht, die elektromagnetischen Erscheinungen dadurch zu erklären, daß mechanische Wechselwirkungen zwischen zwei Körpern durch ein zwischenliegendes Medium übertragen werden. Auch die Wellentheorie des Lichtes nimmt die Existenz eines Mediums an. Es kommt nun darauf an, zu zeigen, daß das elektromagnetische Medium und das Lichtmedium dieselben Eigenschaften haben.

Es ist durchaus nicht wissenschaftlich, den Raum jedesmal, wenn eine neue Erscheinung erklärt werden soll, mit einem neuen Medium auszufüllen; wenn man aber auf zwei getrennten Gebieten unabhängig voneinander durch das Studium der Erscheinungen auf die Idee eines Mediums geführt wird und wenn die Eigenschaften, die man dem Lichtmedium zur Erklärung der Lichterscheinungen zuschreiben muß, dieselben sind, die man dem elektromagnetischen Medium zur Erklärung der elektromagnetischen Erscheinungen zuschreiben muß, so gewinnt es sehr an Wahrscheinlichkeit, daß ein solches Medium wirklich existiert.

Die Eigenschaften der Körper sind aber quantitativ meßbar. Dadurch wird es möglich, einige Eigenschaften des Mediums, wie z. B. die Geschwindigkeit, mit der es eine Störung fortpflanzt, zahlenmäßig anzugeben; sie ist aus elektromagnetischen Versuchen berechenbar und kann im Falle des Lichtes direkt beobachtet werden. Wenn sich die Fortpflanzungsgeschwindigkeit von elektromagnetischen Störungen ebenso groß ergibt wie die Lichtgeschwindigkeit, und zwar nicht nur in Luft, sondern auch in anderen durchsichtigen Stoffen, so haben wir allen Grund, zu glauben, daß das Licht eine elektromagnetische Erscheinung ist, und die Übereinstimmung der optischen und elektrischen Aussagen wird zu der Überzeugung führen, daß ein solches Medium wirklich existiert, so wie wir in anderen Fällen durch die übereinstimmenden Aussagen unserer verschiedenen Sinne überzeugt werden.

[782.] Wenn ein Körper Licht ausstrahlt, so gibt er einen gewissen Betrag von Energie ab, und wenn das Licht von einem zweiten Körper absorbiert wird, so erwärmt sich dieser, ein Zeichen, daß er Energie von außen aufgenommen hat.

Nach der Emissionstheorie wird die Energie dadurch übertragen, daß von dem leuchtenden Körper zu dem beleuchteten tatsächlich Lichtteilchen übergehen, die ihre kinetische Energie und alle anderen ihnen innewohnenden Arten von Energie mit sich führen.

Nach der Wellentheorie ist der Raum zwischen den zwei Körpern mit einem materiellen Medium ausgefüllt, und durch die Wirkung benachbarter Teile aufeinander wird die Energie von einem Teilchen an das nächste übertragen, bis sie den beleuchteten Körper erreicht.

Das Lichtmedium bildet daher einen Energiebehälter, solange das Licht hindurchwandert, und zwar ist diese Energie nach der Wellentheorie, wie sie von Huygens, Fresnel, Young, Green usw. ausgebildet worden ist, zum Teil potentiell, zum Teil kinetisch. Die potentielle Energie besteht in einer Verdrehung der kleinsten Teile des Mediums; folglich müssen wir das Medium als elastisch betrachten. Die kinetische Energie besteht in einer schwingenden Bewegung des Mediums; folglich müssen wir annehmen, daß das Medium eine endliche Dichte besitzt.

In der hier entwickelten Theorie der Elektrizität und des Magnetismus treten zwei Energieformen auf: die elektrostatische und die elektrokinetische, und es wird angenommen, daß diese Energien ihren Sitz nicht nur in den elektrischen oder magnetischen Körpern selbst haben, sondern auch überall im umgebenden Raume, wo elektrische oder magnetische Kräfte nachweisbar sind. Unsere Theorie stimmt also insofern mit der Wellentheorie überein, als sie auch ein Medium annimmt, das fähig ist, zweierlei Energieformen aufzunehmen.

[783.] Wir wollen nun zunächst die Bedingungen für die Fortpflanzung einer elektromagnetischen Störung durch ein gleichförmiges Medium aufstellen, das wir als ruhend annehmen, d. h. es soll keine anderen Bewegungen als nur die von den elektromagnetischen Störungen herrührenden enthalten.

C sei die spezifische Leitfähigkeit des Mediums, $\bar{\varepsilon}$ seine Dielektrizitätskonstante und $\bar{\mu}$ seine magnetische Permeabilität.

Um die allgemeinen Gleichungen für die elektromagnetischen Störungen zu erhalten, wollen wir den wahren Strom $\mathfrak{C}$ durch das Vektorpotential $\mathfrak{A}$ und das skalare elektrische Potential Ψ ausdrücken.

Der wahre Strom $\mathfrak{C}$ besteht aus dem Leitungsstrom $\mathfrak{K}$ und aus der Änderung der elektrischen Verschiebung $\mathfrak{D}$, und da diese beide von der elektrischen Feldstärke $\mathfrak{E}$ abhängen, so haben wir, wie früher gezeigt,

$$(1) \qquad \mathfrak{C} = \left(C + \frac{\bar{\varepsilon}}{4\,\pi}\,\frac{\partial}{\partial t} \right) \mathfrak{E}.$$

Da aber das Medium in Ruhe ist, können wir die elektrische Feldstärke nach Art. 598, S. 81 so ausdrücken:

$$(2) \qquad \mathfrak{E} = -\frac{\partial \mathfrak{A}}{\partial t} - \operatorname{grad} \Psi.$$

Daher ist

$$(3) \qquad \mathfrak{C} = -\left(C + \frac{\bar{\varepsilon}}{4\,\pi}\,\frac{\partial}{\partial t} \right)\left(\frac{\partial \mathfrak{A}}{\partial t} + \operatorname{grad} \Psi \right).$$

Wir können aber zwischen $\mathfrak{C}$ und $\mathfrak{A}$ noch eine andere Beziehung aufstellen, wie in Art. 616 auf S. 105 gezeigt worden ist, nämlich

$$(4) \qquad 4\,\pi\,\bar{\mu}\,\mathfrak{C} = \operatorname{grad}\operatorname{div}\mathfrak{A} - \nabla^2 \mathfrak{A}.$$

Durch Kombination der Gleichungen (3) und (4) erhalten wir

$$(6) \quad \bar{\mu}\left(4\,\pi\,C + \bar{\varepsilon}\,\frac{\partial}{\partial t} \right)\left(\frac{\partial \mathfrak{A}}{\partial t} + \operatorname{grad} \Psi \right) - \nabla^2 \mathfrak{A} + \operatorname{grad}\operatorname{div}\mathfrak{A} = 0.$$

Das ist die allgemeine Gleichung für elektromagnetische Störungen.

Bilden wir die Divergenz des Ausdruckes (6) oder einfacher $\operatorname{div}\mathfrak{C} = 0$ nach (3), so erhalten wir

$$(8) \qquad \bar{\mu}\left(4\,\pi\,C + \bar{\varepsilon}\,\frac{\partial}{\partial t} \right)\left(\frac{\partial \operatorname{div}\mathfrak{A}}{\partial t} + \nabla^2 \Psi \right) = 0.$$

Wenn das Medium nicht leitend ist, so ist $C = 0$, und der Ausdruck $\nabla^2 \Psi$, der proportional zur Raumdichte der freien Elektrizität ist, ist unabhängig von t. Folglich muß $\operatorname{div}\mathfrak{A}$ entweder eine lineare Funktion von t oder eine Konstante oder Null sein, und bei Betrachtung periodischer Störungen können wir daher $\operatorname{div}\mathfrak{A}$ und Ψ außer acht lassen.

Daß Maxwell in der Elektrooptik alle Rechnungen an den Potentialen Ψ und $\mathfrak{A}$ durchführt und nicht an den Feldstärken $\mathfrak{E}$ und $\mathfrak{H}$ selbst, hängt damit zusammen, daß er die Induktionserscheinungen als Fernwirkungen und nicht als Nahwirkungen dargestellt hat. Bei dieser Form der Rechnung wird aber die physikalische Anschaulichkeit sehr beeinträchtigt.

Aus den Gleichungen (E) S. 99 und (I) S. 103 folgt

$$\operatorname{rot} \mathfrak{H} = \left(4\pi C + \bar{\varepsilon} \frac{\partial}{\partial t} \right) \mathfrak{E}$$

und aus den Gleichungen (B) S. 81 und (L) S. 103 mit $\mathfrak{G} = 0$

$$\operatorname{rot} \mathfrak{E} = -\bar{\mu} \frac{\partial \mathfrak{H}}{\partial t}.$$

Nimmt man von jeder dieser beiden Gleichungen nochmals den Rotor und substituiert aus der anderen, so erhält man

$$\operatorname{grad} \operatorname{div} \mathfrak{H} - \nabla^2 \mathfrak{H} = -\left(4\pi C + \bar{\varepsilon} \frac{\partial}{\partial t} \right) \bar{\mu} \frac{\partial \mathfrak{H}}{\partial t},$$

$$\operatorname{grad} \operatorname{div} \mathfrak{E} - \nabla^2 \mathfrak{E} = -\bar{\mu} \frac{\partial}{\partial t} \left(4\pi C + \bar{\varepsilon} \frac{\partial}{\partial t} \right) \mathfrak{E}.$$

Fügt man die Bedingungen

$$\operatorname{div} \mathfrak{H} = 0 \quad \text{und} \quad \operatorname{div} \mathfrak{E} = 0$$

hinzu, so wird daraus

$$\nabla^2 \mathfrak{H} = 4\pi C \bar{\mu} \frac{\partial \mathfrak{H}}{\partial t} + \bar{\varepsilon}\bar{\mu} \frac{\partial^2 \mathfrak{H}}{\partial t^2},$$

$$\nabla^2 \mathfrak{E} = 4\pi C \bar{\mu} \frac{\partial \mathfrak{E}}{\partial t} + \bar{\varepsilon}\bar{\mu} \frac{\partial^2 \mathfrak{E}}{\partial t^2},$$

oder indem man, wie in Art. 325, S. 55, die Relaxationszeit

$$T = \frac{\bar{\varepsilon}}{4\pi C}$$

und, wie in Art. 784, S. 139, die Geschwindigkeit

$$V = \frac{1}{\sqrt{\bar{\varepsilon}\bar{\mu}}}$$

einführt, also

$$\bar{\varepsilon} = 4\pi C T, \qquad \bar{\mu} = \frac{1}{4\pi C T V^2},$$

$$4\pi C \bar{\mu} = \frac{1}{T V^2}, \qquad \bar{\varepsilon}\bar{\mu} = \frac{1}{V^2}$$

setzt,

$$V^2 \nabla^2 \mathfrak{H} = \frac{1}{T} \frac{\partial \mathfrak{H}}{\partial t} + \frac{\partial^2 \mathfrak{H}}{\partial t^2},$$

$$V^2 \nabla^2 \mathfrak{E} = \frac{1}{T} \frac{\partial \mathfrak{E}}{\partial t} + \frac{\partial^2 \mathfrak{E}}{\partial t^2}.$$

Für den vollkommenen Isolator ist $T = \infty$, für den vollkommenen Leiter $T = 0$, $V = \infty$, jedoch TV^2 endlich.

Übrigens lassen sich das skalare Potential Ψ und das Vektorpotential $\mathfrak{A}$ aus einem gemeinsamen Stammvektor, dem sogenannten Hertzschen Vektor $\mathfrak{Z}$, ableiten, der der Gleichung

$$V^2 \nabla^2 \mathfrak{Z} = \frac{1}{T} \frac{\partial \mathfrak{Z}}{\partial t} + \frac{\partial^2 \mathfrak{Z}}{\partial t^2}$$

genügen muß, indem man

$$\Psi = - \operatorname{div} \mathfrak{Z}$$

und

$$V^2 \mathfrak{A} = \frac{\mathfrak{Z}}{T} + \frac{\partial \mathfrak{Z}}{\partial t}$$

setzt. Es wird dann

$$\mathfrak{B} = \frac{1}{TV^2} \operatorname{rot} \mathfrak{Z} + \frac{1}{V^2} \frac{\partial \operatorname{rot} \mathfrak{Z}}{\partial t},$$

$$\mathfrak{E} = \operatorname{grad} \operatorname{div} \mathfrak{Z} - \frac{1}{TV^2} \frac{\partial \mathfrak{Z}}{\partial t} - \frac{1}{V^2} \frac{\partial^2 \mathfrak{Z}}{\partial t^2}.$$

Bildet man von der Gleichung (6) des Art. 783, S. 137, den Rotor, so erhält man

$$\bar{\mu} \left(4\pi C + \bar{\varepsilon} \frac{\partial}{\partial t} \right) \frac{\partial \mathfrak{B}}{\partial t} = \nabla^2 \mathfrak{B}.$$

Diese Gleichung stimmt völlig mit denen überein, die wir für $\mathfrak{E}$ und $\mathfrak{H}$ aufgestellt haben.

Fortpflanzung von Wellen in einem nichtleitenden Medium.

[784.] In diesem Falle ist $C = 0$, und die Gleichung (6) lautet nun

$$(9) \qquad \bar{\varepsilon}\,\bar{\mu}\, \frac{\partial^2 \mathfrak{A}}{\partial t^2} = \nabla^2 \mathfrak{A}.$$

Die Gleichung hat hier die Form der Bewegungsgleichung eines inkompressiblen, elastischen, festen Körpers, und wenn die Anfangsbedingungen gegeben sind, so kann die von Poisson angegebene und von Stokes in der Beugungstheorie angewandte Lösung benutzt werden.

Wir wollen

$$V = \frac{1}{\sqrt{\bar{\varepsilon}\,\bar{\mu}}}$$

setzen.

Wenn die Werte von $\mathfrak{A}$ und von $\partial\mathfrak{A}/\partial t$ für jeden Punkt im Raume zur Zeit $t=0$ bekannt sind, so können wir auf folgende Weise den Wert von $\mathfrak{A}$ in jedem späteren Zeitpunkte t bestimmen.

O soll der Punkt sein, für den wir den Wert von $\mathfrak{A}$ zur Zeit t bestimmen wollen. Man legt eine Kugelfläche mit dem Radius Vt um O als Mittelpunkt. Nun sucht man den Anfangswert von $\mathfrak{A}$ für alle Punkte der Kugelfläche und bildet den Mittelwert $\overline{\mathfrak{A}}$ aller dieser Werte. Ebenso sucht man die Anfangswerte von $\partial\mathfrak{A}/\partial t$ für alle Punkte der Kugelfläche; ihr Mittelwert sei $\overline{\partial\mathfrak{A}/\partial t}$. Dann ist der Wert von $\mathfrak{A}$ im Punkte O zur Zeit t

$$(11) \qquad \mathfrak{A} = \frac{\partial}{\partial t}(\overline{\mathfrak{A}}\,t) + t\,\overline{\frac{\partial\mathfrak{A}}{\partial t}}.$$

[785.] Es geht daraus hervor, daß die Lage der Dinge im Punkte O in jedem Augenblick davon abhängt, wie die Lage der Dinge in einer Entfernung Vt um t Zeiteinheiten vorher gewesen ist, so daß jede Störung mit der Geschwindigkeit V durch das Medium fortgepflanzt wird.

Wir wollen annehmen, daß zur Zeit $t=0$ die Größen $\mathfrak{A}$ und $\partial\mathfrak{A}/\partial t$ bis auf einen gewissen Raum S überall Null seien. Dann sind sie im Punkte O zur Zeit t auch Null, ausgenommen, wenn eine Kugelfläche mit dem Mittelpunkte O und dem Radius Vt den Raum S schneidet. Wenn O außerhalb des Raumes S liegt, so wird erst dann eine Störung in O auftreten, wenn Vt gleich dem kürzesten Abstande zwischen O und dem Raume S wird; dann beginnt die Störung in O und dauert so lange an, bis Vt so groß wird, wie der größte Abstand zwischen O und irgendeinem Punkte von S. Dann hört die Störung in O ganz auf.

[786.] Die Größe V, die die Fortpflanzungsgeschwindigkeit einer elektromagnetischen Störung in einem nichtleitenden Medium darstellt, ist nach Gleichung (10) gleich $1/\sqrt{\bar{\varepsilon}\,\bar{\mu}}$.

Wenn das Medium Luft ist und wir das elektrostatische Maßsystem benutzen, so ist $\bar{\varepsilon}=1$ und $\bar{\mu}=\dfrac{1}{v^2}$; also $V=v$, oder die Fortpflanzungsgeschwindigkeit ist numerisch gleich der Zahl der elektrostatischen Einheiten der Elektrizitätsmenge, die auf eine elektromagnetische Einheit gehen. Wenn wir das elektromagnetische System benutzen, so ist $\bar{\varepsilon} = \dfrac{1}{v^2}$ und $\bar{\mu} = 1$, also gilt auch hier die Gleichung $V = v$.

Nach der Theorie, daß das Licht eine elektromagnetische Störung ist, die sich in demselben Medium fortpflanzt, durch das andere elektromagnetische Wirkungen übermittelt werden, müßte V die Lichtgeschwindigkeit sein, eine Größe, die schon nach verschiedenen Methoden bestimmt worden ist. Andererseits ist v die Zahl der elektrostatischen Einheiten der Elektrizitätsmenge, die auf eine elektromagnetische Einheit gehen, und wie man diese Größe bestimmen kann, ist im vorigen Kapitel angegeben worden. Die Methoden sind ganz unabhängig voneinander. Daher liefert die Übereinstimmung oder Nichtübereinstimmung von V und v einen Prüfstein für die Richtigkeit der elektromagnetischen Theorie des Lichtes.

[787.] In der folgenden Tafel sind die Hauptergebnisse der direkten Beobachtungen der Lichtgeschwindigkeit in Luft und im Weltraum den Hauptergebnissen der vergleichenden Messungen der elektrischen Einheiten gegenübergestellt.

Lichtgeschwindigkeit	Verhältnis der elektrischen Einheiten
Fizeau . . . . 314 000 000 m/sec	Weber . . . 310 000 000 m/sec
Aberration usw. und ⎱ Sonnenparallaxe ⎰ · 308 000 000 „	Maxwell . . 288 000 000 „ Thomson . 282 000 000 „
Foucault . . . . . . 298 360 000 „	

Offenbar sind Lichtgeschwindigkeit und Umrechnungsfaktor von derselben Größenordnung. Aber keine von den beiden Größen konnte bis jetzt so genau bestimmt werden, daß man sagen könnte, die eine sei größer als die andere. Es ist zu hoffen, daß es durch weitere Versuche gelingen wird, das Verhältnis der beiden Größen genauer zu bestimmen[1].

---

[1] Eine Zusammenstellung neuerer Bestimmungen der Lichtgeschwindigkeit und des elektromagnetischen Übergangsfaktors findet man in der Enzyklopädie der mathematischen Wissenschaften, Bd. V, Tl. 3, Art. 22 (W. Wien), S. 189 u. 193.

Inzwischen widersprechen aber die bisher gefundenen Resultate keineswegs unserer Theorie, die verlangt, daß die beiden Größen gleich seien.

[788.] In anderen Medien als Luft ist die Geschwindigkeit V umgekehrt proportional der Quadratwurzel aus dem Produkt der Dielektrizitätskonstante und der magnetischen Permeabilität. Nach der Wellentheorie ist die Lichtgeschwindigkeit in verschiedenen Medien umgekehrt proportional zu deren Brechungsexponenten.

In durchsichtigen Medien weicht die magnetische Permeabilität nur sehr wenig von der der Luft ab. Der Hauptunterschied dieser Medien muß daher auf der Dielektrizitätskonstante beruhen; nach unserer Theorie müßte folglich die Dielektrizitätskonstante eines durchsichtigen Mediums angenähert gleich dem Quadrat des Brechungsexponenten sein.

Der Brechungsexponent ist aber für verschiedenes Licht verschieden; für Licht von schnelleren Schwingungen ist er größer. Wir müssen daher den Brechungsexponenten wählen, der den längsten Wellen entspricht; denn das sind die einzigen Wellen, deren Bewegung mit den langsamen Vorgängen vergleichbar ist, die wir bei Messung der Dielektrizitätskonstante verwenden.

[789.] Das einzige Dielektrikum, dessen Dielektrizitätskonstante bisher mit genügender Genauigkeit gemessen worden ist, ist das Paraffin; Gibson und Barclay fanden dafür in festem Zustande

$$\varepsilon = 1{,}975.$$

Dr. Gladstone fand die folgenden Werte für den Brechungsexponenten von geschmolzenem Paraffin, spez. Gew. 0,779, für die Linien A, D und H:

Temperatur	A	D	H
54° C	1,4306	1,4357	1,4499
57	1,4294	1,4343	1,4493

Nach meiner Berechnung würde sich hieraus für unendlich lange Wellen ungefähr der Wert

$$1{,}422 \text{ ergeben.}$$

Die Quadratwurzel von ε ist 1,405.

Der Unterschied zwischen den beiden Zahlen ist zu groß, um ihn auf Rechnung der Beobachtungsfehler zu setzen, und zeigt, daß unsere Anschauungen über die Struktur der Körper noch sehr vervollkommnet werden müssen, bevor wir die optischen Eigenschaften eines Körpers aus seinen elektrischen ableiten können. Wenn sich aber bei einer größeren Zahl von Stoffen keine größeren Unterschiede zwischen den aus optischen und elektrischen Eigenschaften gewonnenen Zahlen zeigen sollten, so halte ich die Übereinstimmung der angeführten Zahlen für hinreichend, um daraus zu folgern, daß die Wurzel aus ε der wichtigste, wenn auch nicht der alleinige Faktor in dem Ausdruck für den Brechungsexponenten ist[1]).

Ebene Wellen.

[790.] Wir wollen nun ebene Wellen betrachten, deren Front senkrecht zur z-Achse gerichtet ist. Die Wellennormale sei also $\mathfrak{k}$. Alle Größen, aus deren Variationen solche Wellen bestehen, sind nur Funktionen von $z = \mathfrak{k}\mathfrak{r}$ und t und sind von x und y oder von $[\mathfrak{k}\mathfrak{r}]$ unabhängig.

Für diesen besonderen Fall kann man sofort folgende Sätze aussprechen:

1. Hat ein quellenfreies Feld eine Longitudinalkomponente, so ist diese überall gleich groß. Im übrigen ist also ein quellenfreies Feld der Wellenebene parallel, anders ausgedrückt: Für einen beliebigen Vektor $\mathfrak{U}$ ist

$$\mathfrak{k}\operatorname{rot}\mathfrak{U} = \mathfrak{k}[\operatorname{grad}\mathfrak{U}] = [\mathfrak{k}\operatorname{grad}]\mathfrak{U} = 0.$$

2. Hat ein wirbelfreies Feld eine Transversalkomponente, so hat diese überall dieselbe Größe und Richtung. Im übrigen ist also ein wirbelfreies Feld senkrecht zur Wellenebene, anders ausgedrückt: Für einen beliebigen Skalar φ ist

$$[\mathfrak{k}\operatorname{grad}\varphi] = 0.$$

3. Von gleichförmigen Feldern (z. B. vom magnetischen Erdfeld) abgesehen, ist daher kein Feld sowohl quellenfrei, wie wirbelfrei.

Im folgenden werden wir wiederholt den Schluß benutzen, daß ein Vektor, der dem Rotor eines anderen proportional ist, in der Wellenebene liegt.

Wegen

$$(13) \qquad \mathfrak{B} = \operatorname{rot}\mathfrak{A} \qquad \text{ist} \qquad \mathfrak{k}\mathfrak{B} = 0,$$

---

[1]) Eine gute Übereinstimmung hat Boltzmann bei Gasen gefunden. (Wien. Ber. **69**, 795, 1874; Pogg. Ann. **155**, 407, 1873.)

oder die magnetische Störung liegt in der Wellenebene. Das stimmt mit dem überein, was wir von den Störungen kennen, die das Licht bilden.

Ferner ergibt die Gleichung (E) für den elektrischen Strom (Art. 607, S. 99):

$$(14) \quad 4\pi\mathfrak{C} = 4\pi\frac{\partial\mathfrak{D}}{\partial t} = \bar{\varepsilon}\frac{\partial\mathfrak{E}}{\partial t} = \operatorname{rot}\mathfrak{H}, \quad \text{also} \quad \mathfrak{k}\frac{\partial\mathfrak{E}}{\partial t} = 0.$$

Auch die elektrische Störung liegt also in der Wellenebene, und wenn die magnetische Störung auf eine Richtung, sagen wir die X-Richtung, beschränkt ist, so ist die elektrische Störung auf die Richtung senkrecht dazu, also auf die Y-Richtung beschränkt.

Da das Medium in Ruhe ist, so ergibt das Induktionsgesetz, Gleichung (B), Art. 598, S. 81,

$$(17) \qquad\qquad \mathfrak{E} = -\frac{\partial\mathfrak{A}}{\partial t},$$

so daß nach (14)

$$(18) \qquad\qquad \mathfrak{k}\frac{\partial^2\mathfrak{A}}{\partial t^2} = 0.$$

Nach (13) ist ferner

$$\operatorname{rot}\mathfrak{B} = \operatorname{rot}\operatorname{rot}\mathfrak{A} = -\nabla^2\mathfrak{A}$$

und nach (14) und (17)

$$\bar{\mu}\operatorname{rot}\mathfrak{H} = -\bar{\varepsilon}\bar{\mu}\frac{\partial^2\mathfrak{A}}{\partial t^2},$$

mithin

$$(19) \qquad\qquad \nabla^2\mathfrak{A} = \bar{\varepsilon}\bar{\mu}\frac{\partial^2\mathfrak{A}}{\partial t^2}.$$

Die Gleichung (19) mit $[\mathfrak{k}\operatorname{grad}] = 0$ gilt für die Fortpflanzung einer ebenen Welle; ihre Lösung hat die wohlbekannte Form

$$(20) \quad \begin{aligned} \mathfrak{i}\mathfrak{A} &= A_x = f_1(z-Vt) + f_2(z+Vt) \\ \mathfrak{j}\mathfrak{A} &= A_y = f_3(z-Vt) + f_4(z+Vt) \end{aligned}$$

und wegen (18)

$$(21) \qquad\qquad \mathfrak{k}\mathfrak{A} = A_z = \varphi(z) + \psi(z)\,t.$$

A_z ist daher entweder eine Konstante oder direkt proportional der Zeit. Keinesfalls kann A_z auf die Fortpflanzung der Wellen einen Einfluß haben. Bei $\operatorname{div}\mathfrak{A} = 0$ gehen die Funktionen φ und ψ in Konstanten über (vgl. S. 105 und 137).

[791.] Daraus geht hervor, daß die Richtung sowohl der magnetischen, als auch der elektrischen Störungen in der Ebene der Welle liegt[1]). Der mathematische Ausdruck für die Störung stimmt daher mit dem für die Lichtstörung gültigen überein, da diese transversal zur Fortpflanzungsrichtung ist.

Wenn wir $A_y = 0$ annehmen, so entspricht die Störung einem planpolarisierten Lichtstrahle.

Die magnetische Feldstärke ist in diesem Falle parallel zur y-Achse und gleich $\dfrac{1}{\mu}\dfrac{\partial A_x}{\partial z}$, die elektrische Feldstärke parallel zur x-Achse und gleich $-\dfrac{\partial A_x}{\partial t}$. Die magnetische Feldstärke liegt also in einer Ebene, die senkrecht zu der die elektrische Feldstärke enthaltenden Ebene steht.

In Fig. 7 sind die Werte der magnetischen und der elektrischen Feldstärke in einem gegebenen Moment in verschiedenen Punkten des Strahles abgebildet, und zwar für den Fall einer einfachen harmonischen Störung in einer Ebene. Das entspricht einem Strahle planpolarisierten Lichtes, doch bleibt dabei die Frage noch offen, ob die Polarisationsebene der Ebene der magnetischen oder der elektrischen Störung entspricht. Siehe Art. 797, S. 151. An jedem Punkte treten zur selben Zeit gleiche Phasen der elektrischen und der magnetischen Feldstärke auf.

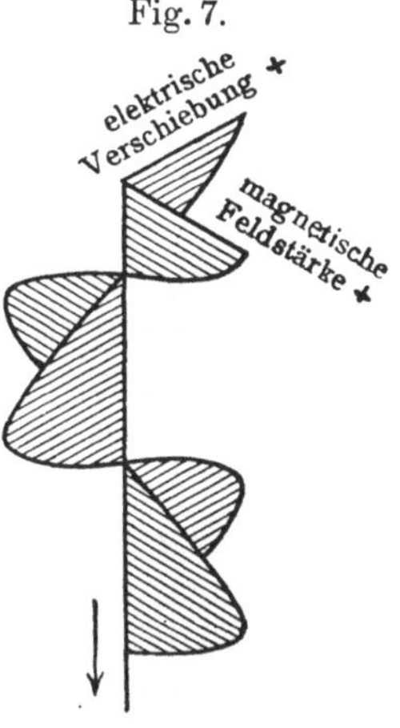

Fig. 7.

---

[1]) Aus (20) folgt:

$$\begin{aligned}
B_x &= f_3'(z - Vt) + f_4'(z + Vt)\\
B_y &= f_1'(z - Vt) + f_2'(z + Vt)\\
E_x &= V\{f_1'(z - Vt) - f_2'(z + Vt)\}\\
E_y &= V\{f_3'(z - Vt) - f_4'(z + Vt)\}
\end{aligned}$$

Diese Ausdrücke genügen den Gleichungen

$$-V^2\frac{\partial B_y}{\partial z} = \frac{\partial E_x}{\partial t}, \qquad V^2\frac{\partial B_x}{\partial z} = \frac{\partial E_y}{\partial t},$$

$$\frac{\partial E_x}{\partial z} = -\frac{\partial B_y}{\partial t}, \qquad \frac{\partial E_y}{\partial z} = \frac{\partial B_x}{\partial t}.$$

Behalten wir nur die in Richtung wachsender z fortschreitende Welle bei, so haben wir

$$\mathfrak{E} = \mathfrak{i}\,\frac{f_1'\,(z - Vt)}{\sqrt{\bar{\varepsilon}\,\bar{\mu}}}\,, \qquad\qquad \mathfrak{H} = \mathfrak{j}\,\frac{f_1'\,(z - Vt)}{\bar{\mu}}\,.$$

Strahlungsenergie und Strahlungsdruck.

[792.] Die elektrostatische (besser gesagt: elektrische) Energie pro Volumeneinheit ist an irgendeinem Punkte der Welle in einem nichtleitenden Medium (wie stets)

$$(22) \qquad\qquad {}^1/_2\,\mathfrak{E}\,\mathfrak{D} = \frac{\bar{\varepsilon}}{8\,\pi}\,\mathfrak{E}^2.$$

Die elektrokinetische oder magnetische Energie im selben Punkte ist

$$(23) \qquad\qquad \frac{1}{8\,\pi}\,\mathfrak{B}\,\mathfrak{H} = \frac{\mathfrak{B}^2}{8\,\pi\,\bar{\mu}} = \frac{\bar{\mu}}{8\,\pi}\,\mathfrak{H}^2.$$

Nach den für $\mathfrak{E}$ und $\mathfrak{H}$ angegebenen Werten sind diese beiden Ausdrücke für eine einzelne Welle gleich, so daß die innere Energie des Mediums in jedem Punkte der Welle **halb elektrostatisch (elektrisch)** und **halb elektrokinetisch (magnetisch)** ist[1]).

Jede dieser beiden Größen habe den Wert p; dann haben wir infolge des elektrischen Zustandes des Mediums einen Zug von der Größe p parallel zu x und einen Druck ebenfalls von der Größe p parallel zu y und z. Siehe Art. 106, S. 35.

Infolge des magnetischen Zustandes des Mediums haben wir andererseits einen Zug von der Größe p parallel zu y und einen Druck ebenfalls· von der Größe p parallel zu x und z. Siehe Art. 643, S. 125.

---

[1]) Der **Poynting**sche Vektor, der die Dichte des Energiestromes angibt, ist

$$\mathfrak{S} = \frac{1}{4\,\pi}\,[\mathfrak{E}\,\mathfrak{H}] = \frac{\mathfrak{k}}{4\,\pi\,\bar{\mu}\,\sqrt{\bar{\varepsilon}\,\bar{\mu}}}\,\{f_1'\,(z - Vt)\}^2.$$

Der skalare Faktor von $\mathfrak{k}$ wird nie negativ, die Energie bewegt sich also beständig in derselben Richtung, in der die Welle fortschreitet. $\mathfrak{S}$ hat die Richtung des Lichtstrahles, $\mathfrak{E}$ und $\mathfrak{H}$ sind transversal zum Lichtstrahl. $\mathfrak{S}$ ist hier wirbelfrei. Dagegen verschwindet

$$\operatorname{div}\mathfrak{S} = \frac{1}{2\,\pi\,\bar{\mu}\,\sqrt{\bar{\varepsilon}\,\bar{\mu}}}\,f_1'\,(z - Vt)\,f_1''\,(z - Vt)$$

nur in den Nullebenen und Amplitudenebenen der Feldstärken $\mathfrak{E}$ und $\mathfrak{H}$ und ist positiv in jedem Viertelwellenraum, der vorn von einer Amplitudenebene, hinten von einer Nullebene begrenzt wird, weil hier die Feldenergie abnimmt.

Die Überlagerung der elektrischen und der magnetischen Spannungen ergibt demzufolge einen Druck von der Größe $2p$ in der Richtung der Wellenfortpflanzung. $2p$ stellt aber auch die gesamte Energie in der Volumeneinheit dar.

In einem Medium, in dem sich Wellen ausbreiten, tritt also senkrecht zur Welle ein Druck auf, der numerisch gleich der (elektromagnetischen) Gesamtenergie in der Volumeneinheit ist.

[793.] Wenn bei starkem Sonnenlicht die Lichtenergie mit einer Dichte von $1220 \frac{\text{Watt}}{\text{m}^2}$ oder $124 \frac{\text{kg m}}{\text{sek} \cdot \text{m}^2}$ strömt, so ist die mittlere Energiedichte des Sonnenlichtes ungefähr

$$\frac{1,22 \cdot 10^6 \, \text{Erg/cm}^2 \, \text{sek}}{3 \cdot 10^{10} \, \text{cm/sek}} = 0,406 \cdot 10^{-4} \frac{\text{Erg}}{\text{cm}^3} = 0,0413 \frac{\text{gr} \cdot \text{cm}}{\text{m}^3}$$

und der mittlere Druck $0,406 \cdot 10^{-4} \frac{\text{Dyn}}{\text{cm}^2} = 0,413 \frac{\text{mgr}}{\text{m}^2}$. Ein flacher Körper, der dem Sonnenlicht ausgesetzt ist, erfährt diesen Druck nur auf der beleuchteten Seite und wird daher in Richtung der Strahlen abgestoßen. Wahrscheinlich kann man durch die konzentrierten Strahlen einer elektrischen Lampe weit größere Strahlungsenergien erhalten. Läßt man solche Strahlen auf eine dünne, im Vakuum empfindlich aufgehängte Metallscheibe fallen, so läßt sich vielleicht eine mechanische Wirkung nachweisen. Wenn irgendeine Störung durch Sinus oder Cosinus von Winkeln dargestellt wird, die sich proportional der Zeit ändern, so ist die maximale Energie doppelt so groß wie die mittlere. Wenn daher $\mathfrak{E}_{\max}$ die maximale elektrische Feldstärke ist und $\mathfrak{H}_{\max}$ die maximale magnetische Feldstärke, die bei der Fortpflanzung des Lichtes auftreten, so ist

$$\frac{\bar{\varepsilon}}{8\pi} \mathfrak{E}_{\max}^2 = \frac{\bar{\mu}}{8\pi} \mathfrak{H}_{\max}^2 = \text{mittlere Energiedichte.}$$

Mit Benutzung von Pouillets Angaben über die Energie des Sonnenlichtes, wie sie von Thomson (Trans. R. S. E. 1854) angeführt werden und wie wir sie zu Anfang dieses Artikels wiedergegeben haben, erhalten wir in elektromagnetischem Maße

$$|\mathfrak{E}|_{\max} = 6 \cdot 10^8 \, (\text{cgs}) = 6 \, \text{Volt/cm.}$$

$|\mathfrak{H}_{\mathrm{max}}| = 0{,}0193\,(\mathrm{cgs})$ oder etwa $^1/_{10}$ der Horizontalkomponente des magnetischen Erdfeldes [1]).

Fortpflanzung einer ebenen Welle in einem kristallinischen Medium.

[794.] Wir haben unsere Theorie schon auf eine harte Probe gestellt, als wir aus Daten, die von gewöhnlichen elektromagnetischen Versuchen geliefert worden sind, elektrische Erscheinungen berechnet haben, die von Millionen und Millionen periodischen Störungen in der Sekunde herrühren, auch wenn wir dabei die Luft oder das Vakuum als Medium annehmen. Wenn wir nun aber noch versuchen, unsere Theorie auf dichte Medien auszudehnen, so werden wir nicht allein in die gewöhnlichen Schwierigkeiten der Molekulartheorien verwickelt, sondern stoßen auf das noch dunklere Geheimnis der Beziehungen der Moleküle zu dem elektromagnetischen Medium.

Um diese Schwierigkeiten zu vermeiden, wollen wir annehmen, daß in gewissen Stoffen die Dielektrizitätskonstante in verschiedenen Richtungen verschieden ist, oder mit anderen Worten, daß die elektrische Verchiebung nicht die Richtung der elektrischen Feldstärke hat, sondern daß sie eine lineare Vektorfunktion der Feldstärke ist. (Vgl. Art. 297 und 608, S. 101). Es läßt sich zeigen, daß die lineare Vektorfunktion symmetrisch sein muß [2]), so daß bei geeigneter Wahl der Achsen die Gleichungen wie folgt lauten:

$$(1) \qquad D_x = \frac{\bar{\varepsilon}_1}{4\,\pi}\,E_x, \qquad D_y = \frac{\bar{\varepsilon}_2}{4\,\pi}\,E_y, \qquad D_z = \frac{\bar{\varepsilon}_3}{4\,\pi}\,E_z,$$

---

[1]) Hier scheint ein Rechenfehler bei Maxwell vorzuliegen. Aus $2\,p = 0{,}406 \cdot 10^{-4}\,\mathrm{Erg/cm^3}$ ergibt sich $|\mathfrak{H}_{\mathrm{max}}| = 0{,}0319\,(\mathrm{cgs}) = 0{,}0254\,\mathrm{Amp/cm}$ und $|\mathfrak{E}_{\mathrm{max}}| = 0{,}0319\,\mathrm{el.\text{-}stat.\,(cgs)} = 9{,}6 \cdot 10^{-8}\,\mathrm{el.\text{-}magn.\,(cgs)} = 9{,}6\,\mathrm{Volt/cm}$. Vgl. auch Maxwell, Scientific papers, Bd. I, S. 588 (Cambridge 1890).

Lebedew (Ann. d. Phys. **6**, 433, 1911) und Nichols und Hull (Phys. Rev. **13**, 307, 1901) haben den Strahlungsdruck gemessen und den von Maxwell berechneten Wert wenigstens der Größenordnung nach bestätigt.

[2]) Es muß nämlich $\mathfrak{E}\,d\mathfrak{D} = \dfrac{1}{4\,\pi}\,\mathfrak{E}\,(\bar{\varepsilon})\,d\mathfrak{E}$, als Zuwachs der Energiedichte, ein vollständiges Differential sein, und das ist nur möglich, wenn

$$\mathfrak{E}\,(\bar{\varepsilon})\,d\mathfrak{E} = d\mathfrak{E}\,(\bar{\varepsilon})\,\mathfrak{E}$$

ist, d. h. wenn der Affinor $(\bar{\varepsilon})$ ein Tensor ist.

wo $\bar{\varepsilon}_1, \bar{\varepsilon}_2, \bar{\varepsilon}_3$ die Haupt-Dielektrizitätskonstanten des Mediums sind. Dafür wollen wir kürzer

$$(1') \qquad \mathfrak{D} = \frac{(\bar{\varepsilon})}{4\,\pi}\,\mathfrak{E}$$

schreiben. Die Gleichung für die Fortpflanzung der Störungen ist daher

$$(2) \qquad \bigtriangledown^2 \mathfrak{A} - \operatorname{grad} \operatorname{div} \mathfrak{A} = \mu \bullet (\bar{\varepsilon})\, \frac{\partial}{\partial t}\left(\frac{\partial \mathfrak{A}}{\partial t} + \operatorname{grad} \varPsi\right).$$

[795.] Es sei $\mathfrak{n}$ die Wellennormale ($\mathfrak{n}^2 = 1$) und V die Geschwindigkeit der Welle. Ferner setzen wir

$$(3) \qquad \mathfrak{n}\,\mathfrak{r} - V t = w,$$

wo $\mathfrak{r}$, wie gewöhnlich, den Ortsvektor bedeutet. Dann wird für Größen, die nur von w abhängen,

$$\operatorname{grad} = \mathfrak{n}\,\frac{d}{d\,w} \quad \text{und} \quad \frac{\partial}{\partial t} = -\,V\,\frac{d}{d\,w}.$$

Zur Abkürzung schreiben wir noch

$$\frac{d^2\,\mathfrak{A}}{d\,w^2} = \mathfrak{A}'' \quad \text{und} \quad \frac{d^2\,\varPsi}{d\,w^2} = \varPsi''.$$

Damit geht (2) über in

$$(2') \qquad \left[\mathfrak{n}\,[\mathfrak{A}''\,\mathfrak{n}]\right] = \bar{\mu} \bullet (\bar{\varepsilon})\,(V^2\,\mathfrak{A}'' - V\,\varPsi''\,\mathfrak{n}).$$

Die rechte Seite ist also die zu $\mathfrak{n}$ senkrechte Komponente von $\mathfrak{A}''$ und liegt mithin in der Wellenebene. Statt (2') können wir mit Benutzung der Dyade $\mathfrak{n}\,;\mathfrak{n}$ auch schreiben

$$(2'') \qquad (1 - V^2\bar{\mu}\,(\bar{\varepsilon}) - \mathfrak{n}\,;\mathfrak{n})\,\mathfrak{A}'' + V\,\varPsi''\,\bar{\mu}\,(\bar{\varepsilon})\,\mathfrak{n} = 0.$$

Setzen wir

$$(4\,\mathrm{a}) \qquad \bar{\mu}\,\bar{\varepsilon}_1 = \frac{1}{a^2}, \qquad \bar{\mu}\,\bar{\varepsilon}_2 = \frac{1}{b^2}, \qquad \bar{\mu}\,\bar{\varepsilon}_3 = \frac{1}{c^2},$$

so sind a, b, c die drei Hauptgeschwindigkeiten. Ferner führen wir drei Hilfsvektoren

$$(4\,\mathrm{b}) \qquad \begin{aligned} \mathfrak{a} &= (V^2 - a^2)\,\mathfrak{i} + a^2\,\mathfrak{n}\,\mathfrak{i}\bullet\mathfrak{n}, \\ \mathfrak{b} &= (V^2 - b^2)\,\mathfrak{j} + b^2\,\mathfrak{n}\,\mathfrak{j}\bullet\mathfrak{n}, \\ \mathfrak{c} &= (V^2 - c^2)\,\mathfrak{k} + c^2\,\mathfrak{n}\,\mathfrak{k}\bullet\mathfrak{n} \end{aligned}$$

ein. Darin sind $\mathfrak{i}, \mathfrak{j}, \mathfrak{k}$ die Einheitsvektoren in Richtung der Hauptachsen. Aus (4 b) folgt

$$(4\,\mathrm{c}) \qquad \mathfrak{a}\,\mathfrak{n} = V^2\,\mathfrak{i}\,\mathfrak{n}, \qquad \mathfrak{b}\,\mathfrak{n} = V^2\,\mathfrak{j}\,\mathfrak{n}, \qquad \mathfrak{c}\,\mathfrak{n} = V^2\,\mathfrak{k}\,\mathfrak{n}.$$

Multiplizieren wir (2″) skalar mit $-a^2\,V\mathfrak{i}$, so erhalten wir nach (4 a)

$$(5)\qquad (V^2\mathfrak{i} - a^2\mathfrak{i} + a^2\mathfrak{i}\,\mathfrak{n}\bullet\mathfrak{n})\,V\mathfrak{A}'' - V^2\mathfrak{i}\,\mathfrak{n}\,\Psi'' = 0$$

oder nach (4 b) und (4 c) die erste der drei folgenden Gleichungen:

$$\mathfrak{a}\,(V\mathfrak{A}'' - \mathfrak{n}\,\Psi'') = 0,$$
$$(5')\qquad \mathfrak{b}\,(V\mathfrak{A}'' - \mathfrak{n}\,\Psi'') = 0,$$
$$\mathfrak{c}\,(V\mathfrak{A}'' - \mathfrak{n}\,\Psi'') = 0.$$

Die beiden letzten erhält man ebenso, wenn man (2″) skalar mit $-b^2\,V\mathfrak{j}$ und mit $-c^2\,V\mathfrak{k}$ multipliziert.

[796.] Hieraus folgt, daß entweder $V\mathfrak{A}'' = \mathfrak{n}\,\Psi''$ ist oder daß die (sicherlich von Null verschiedenen) Vektoren $\mathfrak{a}$, $\mathfrak{b}$, $\mathfrak{c}$ (als senkrecht zu dem Vektor $V\mathfrak{A}'' - \mathfrak{n}\,\Psi''$) komplanar sind. Beide Möglichkeiten fassen wir zusammen in die Gleichung

$$(7')\qquad \mathfrak{a}\,[\mathfrak{b}\,\mathfrak{c}]\bullet(V\mathfrak{A}'' - \mathfrak{n}\,\Psi'') = 0.$$

Nun ist nach (4 b)

$$[\mathfrak{b}\,\mathfrak{c}] = (V^2 - b^2)(V^2 - c^2)\,\mathfrak{i} + (V^2 - c^2)\,b^2\,\mathfrak{n}\,\mathfrak{j}\bullet[\mathfrak{n}\,\mathfrak{k}]$$
$$+ (V^2 - b^2)\,c^2\,\mathfrak{n}\,\mathfrak{k}\bullet[\mathfrak{j}\,\mathfrak{n}]$$

und mit Rücksicht auf $(\mathfrak{n}\,\mathfrak{i})^2 + (\mathfrak{n}\,\mathfrak{j})^2 + (\mathfrak{n}\,\mathfrak{k})^2 = \mathfrak{n}^2 = 1$

$$(4\,\mathrm{d})\qquad \frac{\mathfrak{a}\,[\mathfrak{b}\,\mathfrak{c}]}{V^2} = (V^2 - b^2)(V^2 - c^2)(\mathfrak{n}\,\mathfrak{i})^2 + (V^2 - c^2)(V^2 - a^2)(\mathfrak{n}\,\mathfrak{j})^2$$
$$+ (V^2 - a^2)(V^2 - b^2)(\mathfrak{n}\,\mathfrak{k})^2.$$

Für $\mathfrak{n} = \mathfrak{i}$ ergeben sich aus (7′) und (4 d) als mögliche Werte von V^2

$$V^2 = b^2 \qquad \text{und} \qquad V^2 = c^2.$$

Schließen wir aber weiterhin den Fall aus, daß $\mathfrak{n}$ mit einer der drei Hauptachsen zusammenfällt und auch sonstige Fälle, in denen $V^2 = a^2$ oder $= b^2$ oder $= c^2$ wird (z. B. den Fall, daß die Wellennormale mit einer der beiden „optischen Achsen" zusammenfällt), so können wir mit der Abkürzung

$$(6)\qquad \frac{(\mathfrak{n}\,\mathfrak{i})^2}{V^2 - a^2} + \frac{(\mathfrak{n}\,\mathfrak{j})^2}{V^2 - b^2} + \frac{(\mathfrak{n}\,\mathfrak{k})^2}{V^2 - c^2} = U$$

statt (7′) auch schreiben

$$(7)\qquad V\,U\,(V\mathfrak{A}'' - \mathfrak{n}\,\Psi'') = 0.$$

Es ist also entweder $V = 0$, dann wird die Welle überhaupt nicht fortgepflanzt; oder es ist $U = 0$, dann kommt man zu der Fresnelschen Gleichung für V; oder der Klammerausdruck ist Null, dann ist der Vektor $\mathfrak{A}''$ senkrecht zur Wellenfront und proportional der Elektrizitätsdichte. Da das Medium nicht leitend ist, so ist die Elektrizitätsdichte in einem gegebenen Punkte konstant, folglich ist die durch die Gleichung dargestellte Störung nicht periodisch und kann keine Welle bilden. Wir können daher bei der Wellenuntersuchung $\Psi'' = 0$ setzen.

[797.] Die Fortpflanzungsgeschwindigkeit der Welle ist infolgedessen durch die Gleichung $U = 0$ oder

$$(8) \qquad \frac{(\mathfrak{n}\,\mathfrak{i})^2}{V^2 - a^2} + \frac{(\mathfrak{n}\,\mathfrak{j})^2}{V^2 - b^2} + \frac{(\mathfrak{n}\,\mathfrak{k})^2}{V^2 - c^2} = 0$$

vollkommen bestimmt. Es gibt also zwei und nur zwei Werte von V, die einer gegebenen Richtung der Wellenfront entsprechen.

Wenn $\mathfrak{F}\,\mathfrak{i}$, $\mathfrak{F}\,\mathfrak{j}$, $\mathfrak{F}\,\mathfrak{k}$ die Richtungscosinusse des elektrischen Verschiebungsstromes sind, so verhält sich

$$(9) \qquad \mathfrak{F}\,\mathfrak{i}:\mathfrak{F}\,\mathfrak{j}:\mathfrak{F}\,\mathfrak{k} = \frac{A_x''}{a^2} : \frac{A_y''}{b^2} : \frac{A_z''}{c^2},$$

und es ist

$$(10) \qquad \mathfrak{n}\,\mathfrak{F} = 0,$$

oder der Strom liegt in der Ebene der Wellenfront, und seine Richtung in der Wellenfront wird durch die Gleichung

$$(11) \qquad \frac{\mathfrak{n}\,\mathfrak{i}}{\mathfrak{F}\,\mathfrak{i}} (b^2 - c^2) + \frac{\mathfrak{n}\,\mathfrak{j}}{\mathfrak{F}\,\mathfrak{j}} (c^2 - a^2) + \frac{\mathfrak{n}\,\mathfrak{k}}{\mathfrak{F}\,\mathfrak{k}} (a^2 - b^2) = 0$$

gegeben.

Diese Gleichungen sind identisch mit den Fresnelschen Gleichungen, wenn wir die Polarisationsebene als die Ebene definieren, die den Strahl enthält und senkrecht zu der Ebene der elektrischen Störungen liegt.

Nach dieser elektromagnetischen Theorie der Doppelbrechung existiert die Welle normaler Störung, die eine Hauptschwierigkeit in der gewöhnlichen Theorie bildet, überhaupt nicht, und es bedarf keiner neuen Annahme, um die Tatsache zu erklären, daß ein Strahl, der in einer Hauptebene des Kristalles polarisiert wird, auf gewöhnliche Weise gebrochen wird.

Einen deutlicheren Einblick und eine bequemere Rechnung bekommt man auf folgende Weise. In den Gleichungen

$$\operatorname{rot} \mathfrak{H} = 4\,\pi\,\frac{\partial \mathfrak{D}}{\partial t}, \qquad\qquad - \operatorname{rot} \mathfrak{E} = \bar{\mu}\,\frac{\partial \mathfrak{H}}{\partial t}$$

und in der durch Elimination von $\mathfrak{H}$ daraus folgenden

$$- \operatorname{rot} \operatorname{rot} \mathfrak{E} = 4\,\pi\,\bar{\mu}\,\frac{\partial^2 \mathfrak{D}}{\partial t^2}$$

ersetze man $\mathfrak{E}$, $\mathfrak{D}$, $\mathfrak{H}$ durch

$$\mathfrak{E}\,\varphi(w), \qquad \mathfrak{D}\,\varphi(w), \qquad \mathfrak{H}\,\varphi(w),$$

wobei jetzt $\mathfrak{E}$, $\mathfrak{D}$, $\mathfrak{H}$ konstante Vektoren bedeuten sollen. Unter der Funktion $\varphi(w)$ denke man sich etwa

$$\varphi(w) = \sin 2\,\pi\,\frac{\mathfrak{n}\,\mathfrak{r} - V t}{\lambda}.$$

Dann erhält man

$$(12) \qquad 4\,\pi\,V\mathfrak{D} = [\mathfrak{H}\,\mathfrak{n}],$$

$$(13) \qquad \bar{\mu}\,V\mathfrak{H} = [\mathfrak{n}\,\mathfrak{E}] = 4\,\pi\,\bar{\mu}\,V^2\,[\mathfrak{n}\,\mathfrak{D}],$$

$$(14) \qquad 4\,\pi\,\bar{\mu}\,V^2\,\mathfrak{D} = \big[\mathfrak{n}\,[\mathfrak{E}\,\mathfrak{n}]\big].$$

Hieraus liest man unmittelbar ab: Wie bei isotropen Körpern liegen die Vektoren $\mathfrak{D}$ und $\mathfrak{H}$ senkrecht zueinander in der Wellenebene, so daß die Vektoren $\mathfrak{D}$, $\mathfrak{H}$, $\mathfrak{n}$ ein rechtwinkliges Rechtssystem bilden. Die Feldstärke $\mathfrak{E}$ ist zwar auch senkrecht zu $\mathfrak{H}$, liegt aber im allgemeinen nicht in der Wellenebene, sondern bildet mit $\mathfrak{D}$ einen spitzen Winkel. In der einen Halbwelle liegt $\mathfrak{E}$ v o r der Wellenfront, in der anderen dahinter.

Daher ist auch die Strahlung

$$(15) \qquad \mathfrak{S} = \frac{[\mathfrak{E}\,\mathfrak{H}]}{4\,\pi} = \frac{\big[\mathfrak{E}\,[\mathfrak{n}\,\mathfrak{E}]\big]}{4\,\pi\,\bar{\mu}\,V}$$

nicht mehr parallel zu $\mathfrak{n}$. Ihre Normalkomponente zur Wellenebene ist nach (12) und (13)

$$(16) \qquad \mathfrak{n}\,\mathfrak{S}\cdot\mathfrak{n} = \bar{\mu}\,V^2\,[\mathfrak{D}\,\mathfrak{H}].$$

Zu $\mathfrak{S}$ hat man sich als Faktor natürlich φ^2 zu denken.

Ferner folgt aus (12) und (13)

$$(17) \qquad \tfrac{1}{2}\,\mathfrak{E}\,\mathfrak{D} = \frac{\bar{\mu}}{8\,\pi}\,\mathfrak{H}^2 = \frac{\mathfrak{n}\,\mathfrak{S}}{2\,V}.$$

Die elektrische Energiedichte w_e ist also der magnetischen Energiedichte w_m gleich. Hierdurch ist der Betrag der magnetischen Feldstärke bestimmt, wenn das elektrische Feld gegeben ist. Man kann auch schreiben

$$(17') \qquad (w_e + w_m)\,V = \mathfrak{n}\,\mathfrak{S}.$$

Wie die Vektoren gegeneinander und zur Wellenebene liegen, wissen wir jetzt, abgesehen von dem Winkel, den $\mathfrak{E}$ und $\mathfrak{D}$ einschließen. Es bleibt aber noch die Frage, welche Richtung etwa der in der Wellenebene liegende Vektor $\mathfrak{D}$ gegen die Hauptachsen $\mathfrak{i}$, $\mathfrak{j}$, $\mathfrak{k}$ des Kristalles hat, wenn die Lage der Wellenebene zu den Hauptachsen gegeben ist. Schließlich ist noch die Fortpflanzungsgeschwindigkeit der Welle zu bestimmen.

Wir wollen den zu dem Tensor $\overline{\mu}\,(\bar{\varepsilon})$ reziproken Tensor mit Θ bezeichnen[1]). Dann ist nach (4a), S. 149

$$(4\,\text{e}) \qquad \Theta = a^2\mathfrak{i};\mathfrak{i} + b^2\mathfrak{j};\mathfrak{j} + c^2\mathfrak{k};\mathfrak{k}$$

und nach (1′)

$$(1'') \qquad \mathfrak{E} = 4\,\pi\,\overline{\mu}\,\Theta\,\mathfrak{D}.$$

Führen wir diesen Ausdruck für $\mathfrak{E}$ in (13) ein, so bekommen wir

$$[\mathfrak{n}\bullet\Theta\,\mathfrak{D}] = V^2[\mathfrak{n}\,\mathfrak{D}],$$

oder indem wir mit I (lies: Jota) den Einheitstensor

$$\mathsf{I} = \mathfrak{i};\mathfrak{i} + \mathfrak{j};\mathfrak{j} + \mathfrak{k};\mathfrak{k}$$

bezeichnen,

$$(18) \qquad [\mathfrak{n}\bullet(V^2\,\mathsf{I} - \Theta)\,\mathfrak{D}] = 0.$$

Für jeden beliebigen Affinor Φ ist aber

$$[\Phi\,\mathfrak{A}\bullet\Phi\,\mathfrak{B}] = 0, \qquad \text{wenn} \qquad [\mathfrak{A}\,\mathfrak{B}] = 0$$

ist; d. h. wenn $\mathfrak{A}$ und $\mathfrak{B}$ parallel sind, so sind es auch $\Phi\,\mathfrak{A}$ und $\Phi\,\mathfrak{B}$. Multiplizieren wir also die beiden in (18) vorkommenden Vektoren mit dem zu $V^2\,\mathsf{I} - \Theta$ reziproken Tensor Γ,

$$(19) \qquad \Gamma = \frac{\mathfrak{i};\mathfrak{i}}{V^2 - a^2} + \frac{\mathfrak{j};\mathfrak{j}}{V^2 - b^2} + \frac{\mathfrak{k};\mathfrak{k}}{V^2 - c^2},$$

so erhalten wir

$$(20) \qquad [\Gamma\mathfrak{n}\,\mathfrak{D}] = 0,$$

in Worten: Die elektrische Verschiebung $\mathfrak{D}$ ist dem Vektor $\Gamma\mathfrak{n}$ parallel.

In dem Ausdruck (19) für Γ ist nun freilich die Normalengeschwindigkeit V noch nicht bekannt. Wir wissen aber schon, daß $\mathfrak{D}$ in der Wellenebene liegt. Folglich ist $\Gamma\mathfrak{n}$ senkrecht zu $\mathfrak{n}$ oder

$$(21) \qquad \mathfrak{n}\,\Gamma\mathfrak{n} = 0.$$

Das ist aber nichts anderes als die Bestimmungsgleichung (8) für V^2. Damit ist auch die Geschwindigkeit der Ebenen konstanter Phase gefunden.

---

[1]) Über Tensoren siehe E. Budde, Tensoren und Dyaden, Braunschweig 1914 bei Friedrich Vieweg & Sohn, insbesondere S. 21, 55, 57, 123, 131, 136, 143.

Die Richtung der elektrischen Feldstärke $\mathfrak{E}$ ergibt sich jetzt aus
$(1'')$, nämlich als parallel zu $\Theta\,\mathfrak{D}$ oder nach (20) als parallell zu $\Theta\,\Gamma\mathfrak{n}$:

$$(22) \qquad\qquad [\Theta\,\Gamma\mathfrak{n}\,\mathfrak{E}] = 0.$$

Es ist

$$(23) \qquad \Theta\,\Gamma = \frac{a^2\,\mathfrak{i}\,;\mathfrak{i}}{V^2 - a^2} + \frac{b^2\,\mathfrak{j}\,;\mathfrak{j}}{V^2 - b^2} + \frac{c^2\,\mathfrak{k}\,;\mathfrak{k}}{V^2 - c^2}$$

$$= V^2\,\Gamma - \mathsf{I}.$$

Mit den Richtungen von $\mathfrak{D}$ und $\mathfrak{E}$ liegen zugleich die Richtungen von
$\mathfrak{H}$ und $\mathfrak{S}$ fest.

Da sich aus der quadratischen Gleichung (21) oder (8) für V^2 im
allgemeinen zwei verschiedene Werte V_1^2 und V_2^2 und damit zwei Wellen
ergeben, so hat man für eine bestimmte Wellenebene $\mathfrak{n}$ nach (19) auch
zwei Tensoren Γ_1 und Γ_2. Wegen

$$\Gamma_1 - \Gamma_2 = (V_2^2 - V_1^2)\,\Gamma_1\,\Gamma_2$$

ist dann

$$\Gamma_1\,\mathfrak{n}\,\Gamma_2\,\mathfrak{n} = \mathfrak{n}\,\Gamma_1\,\Gamma_2\,\mathfrak{n} = \frac{\mathfrak{n}\,\Gamma_1\,\mathfrak{n} - \mathfrak{n}\,\Gamma_2\,\mathfrak{n}}{V_2^2 - V_1^2},$$

also nach (21)

$$(24) \qquad\qquad \Gamma_1\,\mathfrak{n}\,\Gamma_2\,\mathfrak{n} = 0.$$

Die beiden Vektoren $\Gamma_1\,\mathfrak{n}$ und $\Gamma_2\,\mathfrak{n}$ sind demnach senkrecht zueinander
folglich nach (20) auch die entsprechenden Verschiebungen $\mathfrak{D}_1$ und $\mathfrak{D}_2$
und nach (13) auch die magnetischen Felder $\mathfrak{H}_1$ und $\mathfrak{H}_2$. **Die beiden
gleichzeitig vorhandenen Wellen sind senkrecht zueinander
polarisiert.**

Um **Maxwells** Rechnungsgang nachzuahmen, müßten wir den
Tensor

$$(25) \qquad\qquad \Lambda = \mathsf{I} - \mathfrak{n}\,;\mathfrak{n} - V^2\,\overline{\mu}\,(\bar{\varepsilon})$$

in Betracht ziehen. Für diesen gilt nach (14) $\Lambda\,\mathfrak{E} = 0$. Der Tensor Λ
vernichtet also jeden zur elektrischen Feldstärke parallelen Vektor.
Bezeichnen wir mit $\mathfrak{w}$ einen willkürlichen Vektor, so ist natürlich auch
$\mathfrak{w}\,\Lambda\,\mathfrak{E} = 0$, folglich $\Lambda\,\mathfrak{w}$ senkrecht zu $\mathfrak{E}$. Der Tensor Λ legt jeden
nicht zu $\mathfrak{E}$ parallelen Vektor in die Wellenebene um (im allgemeinen
unter Dehnung oder Verkürzung). Mit drei verschieden gerichteten
Vektoren $\mathfrak{u}$, $\mathfrak{v}$, $\mathfrak{w}$ ergibt sich daher zur Bestimmung von V die skalare
Gleichung

$$(26) \qquad\qquad \Lambda\,\mathfrak{u}\,[\Lambda\,\mathfrak{v}\,\Lambda\,\mathfrak{w}] = 0.$$

In (4b) ist $\mathfrak{u} = \mathfrak{i}$, $\mathfrak{v} = \mathfrak{j}$, $\mathfrak{w} = \mathfrak{k}$ gewählt worden, wodurch (26) in (21) überging.

Weiteres findet man z. B. bei E. Cohn, Das elektromagnetische Feld, S. 562, oder ausführlicher bei P. Drude, Lehrbuch der Optik (3. Aufl.), S. 300, oder bei F. Pockels, Lehrbuch der Kristalloptik (in diesem viele erläuternde Figuren).

Beziehung zwischen elektrischer Leitfähigkeit und Undurchsichtigkeit.

[798.] Wenn der Stoff kein vollkommener Isolator ist, sondern ein Leiter mit der Leitfähigkeit C „pro Volumeneinheit“, so besteht die Störung nicht nur aus elektrischen Verschiebungen, sondern auch aus Leitungsströmen, bei denen elektrische Energie in Wärme verwandelt wird, so daß die Welle durch den Stoff absorbiert wird.

Wenn die Störung durch eine Kreisfunktion dargestellt wird, können wir schreiben

$$(1) \qquad A_x = e^{-pz} \cos(nt - qz),$$

denn dies befriedigt die Gleichung

$$(2) \qquad \frac{\partial^2 A_x}{\partial z^2} = \bar{\varepsilon}\,\bar{\mu}\, \frac{\partial^2 A_x}{\partial t^2} + 4\pi\,\bar{\mu}\, C \frac{\partial A_x}{\partial t},$$

vorausgesetzt, daß

$$(3) \qquad q^2 - p^2 = \bar{\varepsilon}\,\bar{\mu}\, n^2$$

und

$$(4) \qquad 2pq = 4\pi\,\bar{\mu}\, C n$$

ist. Die Fortpflanzungsgeschwindigkeit ist

$$(5) \qquad V = \frac{n}{q}$$

und der Absorptionskoeffizient (der Koeffizient der räumlichen Dämpfung)

$$(6) \qquad p = 2\pi\,\bar{\mu}\, C V.$$

R sei der Widerstand einer Platte von der Länge l, der Breite b und der Dicke z (der Widerstand für einen Strom in der Längsrichtung), und zwar in elektromagnetischem Maße:

$$(7) \qquad R = \frac{l}{b\,z\,C}.$$

Der Bruchteil des einfallenden Lichtes, der durch diese Platte hindurchgeht, ist:

$$(8) \qquad e^{-2pz} = e^{-4\pi\bar{\mu}\frac{l}{b}\frac{V}{R}}.$$

[799.] Die meisten durchsichtigen festen Körper sind gute Isolatoren, und alle guten Leiter sind sehr undurchsichtig. Es gibt indessen viele Ausnahmen von der Regel, daß ein Körper um so undurchsichtiger ist, je besser er leitet.

Elektrolyte lassen den elektrischen Strom durch, und trotzdem sind viele von ihnen durchsichtig. Wir können aber annehmen, daß bei den rasch wechselnden Kräften, die bei der Lichtfortpflanzung auftreten, die elektrische Feldstärke nur so kurze Zeit in einer Richtung wirkt, daß sie nicht imstande ist, die vereinigten Moleküle vollkommenen zu trennen. Wenn die elektrische Feldstärke während der zweiten Hälfte der Schwingung in entgegengesetzter Richtung wirkt, so kehrt sie nur um, was sie in der ersten Hälfte vollbracht hat. Es findet daher im Elektrolyten keine richtige Leitung statt, kein Verlust an elektrischer Energie und infolgedessen keine Lichtabsorption.

[800.] Gold, Silber und Platin sind gute Leiter, und trotzdem lassen sie in Form von dünnen Plättchen Licht durch. Aus Versuchen, die ich an einem Stückchen Goldblatt gemacht habe, dessen Widerstand von Herrn Hockin bestimmt worden ist, geht hervor, daß die Durchsichtigkeit viel größer ist, als die Theorie es verlangt, wir müßten denn annehmen, daß der Energieverlust beim Licht, wo die elektrische Feldstärke bei jeder halben Schwingung die Richtung wechselt, geringer ist, als bei den gewöhnlichen Versuchen, wo die Feldstärke eine merkliche Zeit lang in derselben Richtung wirkt[1]).

[801.] Wir wollen nun den Fall betrachten, daß die Leitfähigkeit eines Stoffes groß ist im Vergleich zu seiner Dielek-

---

[1]) Das Reflexionsvermögen der Metalle für sichtbare Strahlen steht im Widerspruch zu Maxwells Theorie. Für Strahlen von mehr als $1/_{100}$ mm Wellenlänge (ultrarote Strahlen) stimmt dagegen das Reflexionsvermögen der Metalle mit dem nach der Maxwellschen Theorie aus ihrem spezifischen Widerstand berechneten überein, wie Hagen und Rubens gefunden haben. (Ann. d. Phys. **11**, 873, 1903.)

trizitätskonstante (d. h., daß seine Relaxationszeit $T = \bar{\varepsilon}/4\,\pi\,C$ sehr kurz ist).

Wir können in diesem Falle in den Gleichungen des Art. 783, S. 137 die Glieder mit $\bar{\varepsilon}$ weglassen. Wir bekommen dann

$$(1) \qquad \nabla^2 \mathfrak{A} = 4\,\pi\,\bar{\mu}\,C\,\frac{\partial \mathfrak{A}}{\partial t}.$$

Diese Gleichung hat dieselbe Form, wie die Wärmeleitungsgleichung von Fourier (Traité de la chaleur).

[802.] Jede Komponente des Vektorpotentials ändert sich in derselben Weise mit Zeit und Ort, wie die Temperatur eines homogenen Körpers sich mit Zeit und Ort ändert, wenn die Anfangsbedingungen und die Flächen in den beiden Fällen übereinstimmen; die Größe $4\,\pi\,\bar{\mu}\,C$ ist numerisch gleich dem reziproken Wert der Temperaturleitfähigkeit des Stoffes, das ist die Zahl der Volumeneinheiten des Stoffes, die um einen Grad von der Wärmemenge erwärmt würden, die (in der Zeiteinheit) durch einen Einheitswürfel des Stoffes hindurchgeht, wenn zwei gegenüberliegende Seiten des Würfels eine Temperaturdifferenz von einem Grad haben, während die anderen Seiten für Wärme undurchlässig sind.

Die verschiedenen Probleme der Wärmeleitung, für die Fourier die Lösung angegeben hat, können alle in Probleme der Fortleitung elektromagnetischer Größen umgewandelt werden, wenn man nur dabei beachtet, daß $\mathfrak{A}$ ein Vektor ist, während die Temperatur in Fouriers Problem eine skalare Größe ist.

Wir wollen einen von den Fällen betrachten, für die Fourier eine vollkommene Lösung angegeben hat, nämlich den Fall eines unendlich ausgedehnten Körpers, dessen Anfangszustand gegeben ist.

Der Zustand in irgendeinem Punkte des Körpers zur Zeit t wird dadurch gefunden, daß man das Mittel der Zustände aller Teile des Körpers nimmt, wobei jeder Teil des Körpers mit dem Gewichte

$$e^{-\dfrac{\pi\,\bar{\mu}\,Cr^2}{t}}$$

zu belegen ist; r ist der Abstand des betreffenden Teiles von dem betrachteten Punkte. Bei Vektoren nimmt man am besten das Mittel jeder Komponente für sich.

[803.] Es ist vor allem zu bemerken, daß die Temperaturleitfähigkeit in diesem Problem umgekehrt proportional zur elektrischen Leitfähigkeit unseres Körpers gesetzt werden muß, so daß die Zeit, die nötig ist, damit die Ausbreitung einen bestimmten Punkt erreicht, um so größer ist, je größer die elektrische Leitfähigkeit ist. Das ist kein Widerspruch, wenn wir uns daran erinnern, daß wir in Art. 655 zu dem Resultat gekommen sind, daß ein Körper von unendlich großer Leitfähigkeit ein vollkommenes Hindernis für die Ausbreitung magnetischer Kräfte ist.

Wie sich die thermischen und die elektromagnetischen Größen entsprechen, geht aus der folgenden Gegenüberstellung hervor. Es sei $\mathfrak{Q}$ die Wärmestromdichte, ϑ die Temperatur, k die Wärmeleitfähigkeit, c die spezifische Wärme, γ das spezifische Gewicht, $\varrho = 1/C$ der spezifische elektrische Widerstand. Dann hat man

$$\mathfrak{Q} = - k \operatorname{grad} \vartheta, \qquad\qquad \mathfrak{E} = \frac{\varrho}{4\,\pi} \operatorname{rot} \mathfrak{H},$$

$$\operatorname{div} \mathfrak{Q} = - c\gamma \frac{\partial \vartheta}{\partial t}, \qquad\qquad \operatorname{rot} \mathfrak{E} = - \bar{\mu} \frac{\partial \mathfrak{H}}{\partial t},$$

$$k \, \nabla^2 \vartheta = c\gamma \frac{\partial \vartheta}{\partial t}, \qquad\qquad \frac{\varrho}{4\,\pi} \nabla^2 \mathfrak{H} = \bar{\mu} \frac{\partial \mathfrak{H}}{\partial t},$$

$$k \, \nabla^2 \mathfrak{Q} = c\gamma \frac{\partial \mathfrak{Q}}{\partial t}, \qquad\qquad \frac{\varrho}{4\,\pi} \nabla^2 \mathfrak{E} = \bar{\mu} \frac{\partial \mathfrak{E}}{\partial t}.$$

Es entsprechen sich also die folgenden untereinander stehenden Größen:

ϑ	$\mathfrak{Q}$	k	$c\gamma$	$c\gamma/k$
$\mathfrak{H}$	$\mathfrak{E}$	$\varrho/4\,\pi$	μ	$4\,\pi\,\mu/\varrho$.

Bei demselben Temperaturgefälle wird der Wärmestrom um so größer, je größer die Wärmeleitfähigkeit k ist. Bei demselben magnetischen Wirbel ist die elektrische Feldstärke um so größer, je größer der spezifische Widerstand ϱ ist. Bei demselben Temperaturabfall wird die Wärmeabfuhr um so größer, je größer die spezifische Wärme c ist. Bei demselben Abfall der magnetischen Feldstärke wird der elektrische Wirbel um so größer, je größer die Permeabilität $\bar{\mu}$ ist. Bei geeigneter Verteilung kann sowohl ein Temperaturfeld, wie ein Magnetfeld ohne Energiezufuhr von außen fortbestehen. Wärmestrom und elektrischer Strom verklingen bei mangelnder Energiezufuhr.

Die Maßeinheiten seien so gewählt, daß die Konstanten β und Γ von S. 108 reziproke Werte werden, $\beta\,\Gamma = 1$. Dann kann man die der

Temperaturleitfähigkeit $k/c\gamma$ entsprechende Konstante $TV^2 = \varrho/4\,\pi\,\bar{\mu}$ definieren als den Betrag der elektrischen Feldstärke, die in einem Leiter vorhanden sein muß, damit in ihm ein magnetischer Induktionswirbel von der Stärke 1 entsteht. (Ist $\beta\Gamma \neq 1$, so ergibt diese Definition

$$\frac{TV^2}{\beta\,\Gamma} = \frac{\Gamma\varrho}{\beta\Pi} \quad \text{statt} \quad TV^2 = \frac{\Gamma^2\varrho}{\Pi}.)$$

Einen numerischen Vergleich geben die folgenden runden Zahlen:

	Eisen	Kupfer	Blei	
$c\gamma/k$ =	5,5	0,9	4	sek/cm^2
$4\,\pi\,\bar{\mu}/\varrho$ =	2,5	0,007 5	0,000 6	„

oder in anderer Form:

	Eisen	Kupfer	Blei	
$\sqrt{k/c\gamma}$ =	0,43	1,05	0,5	cm/sek$^{1/2}$
$\sqrt{\varrho/4\,\pi\,\bar{\mu}}$ =	0,65	11,5	40	„

Die reziproken Werte der Zahlen in der ersten Tabelle und die Quadrate der Zahlen in der zweiten geben die Temperaturleitfähigkeit und die Konstante TV^2 an. Kupfer hat eine große Temperaturleitfähigkeit, weil es ein guter Wärmeleiter ist. Blei hat ein großes TV^2, weil es einen hohen spezifischen Widerstand hat. Eisen hat wegen seiner großen Permeabilität ein sehr kleines TV^2, ähnlich wie ein guter Wärmeleiter mit ungewöhnlich großer spezifischer Wärme eine geringe Temperaturleitfähigkeit haben würde.

Lassen wir zunächst das Eisen beiseite, so sehen wir: Die Metalle sind thermisch viel träger als elektromagnetisch. Temperaturdifferenzen gleichen sich in ihnen viel langsamer aus, als magnetische Felder in ihnen eine stationäre Verteilung annehmen. Im Kupfer braucht der Temperaturausgleich für denselben Weg die 120fache Zeit, im Blei die 7000fache. Ein elektromagnetischer Zustand legt in derselben Zeit im Kupfer etwa den 10fachen Weg zurück, im Blei den 80fachen.

Nur die elektromagnetische Trägheit der ferromagnetischen Metalle, insbesondere des Eisens, erreicht die thermische Trägheit sämtlicher Metalle. Wie langsam magnetische Felder in ausgedehnten Eisenmassen stationär werden, kann man z. B. bequem an den Magnetpolen großer Dynamomaschinen beobachten.

Ein zweiter bemerkenswerter Punkt ist der, daß die Zeit, die nötig ist, um ein bestimmtes Stadium in dem Ausbreitungsprozeß hervorzubringen, proportional zum Quadrate der linearen Abmessungen des Systems ist.

Es gibt keine bestimmte Geschwindigkeit, die man als Ausbreitungsgeschwindigkeit definieren könnte. Wenn man sie dadurch messen wollte, daß man untersucht, nach welcher Zeit in einer gegebenen Entfernung von der Störungsquelle eine Störung von gegebener Stärke auftritt, so würde man eine um so größere Geschwindigkeit finden, je kleiner die gewählte Störung ist. Denn wie groß auch die Entfernung und wie kurz auch die Zeit sein mag, die Stärke der Störung wird doch mathematisch von Null verschieden sein.

Diese Eigentümlichkeit unterscheidet die Ausbreitung von der Wellenfortpflanzung, die immer mit einer bestimmten Geschwindigkeit vor sich geht. In einem bestimmten gegebenen Punkte tritt keine Störung ein, bevor die Welle dort ankommt, und wenn die Welle vorbei ist, verschwindet die Störung für immer.

Über die eigentümliche Art, in der sich Temperaturen durch Wärmeleitung in festen Körpern und elektromagnetische Zustände in Metallen ausbreiten, wird man durch einige numerische Angaben etwas deutlichere Vorstellungen gewinnen.

1. Ein im übrigen unendlich ausgedehnter homogener Metallkörper sei einseitig durch eine unendliche Ebene $x = 0$ begrenzt. An dieser Ebene entstehe zur Zeit $t = 0$ plötzlich ein tangentiales Magnetfeld, das an allen Punkten der Ebene $x = 0$ dieselbe Stärke H_0 und dieselbe Richtung hat, und das darauf konstant gehalten wird. Im Falle der Wärmeleitung würde dem eine konstante Temperatur ϑ_0 bei $x = 0$ entsprechen.

Dann hat das Magnetfeld zur Zeit t an einem Punkte im Inneren des Metallkörpers im Abstand x. von der Grenzebene die Stärke

$$H = H_0 f_1(\xi) = H_0 \frac{2}{\sqrt{\pi}} \int_{\xi}^{\infty} e^{-\eta^2} d\eta \quad \text{mit} \quad \xi = \frac{x}{2\,q\sqrt{t}}$$

oder

$$H = H_0 f_2(\tau) = H_0 \frac{2}{\sqrt{\pi}} \int_{\frac{1}{\sqrt{\tau}}}^{\infty} e^{-\eta^2} d\eta \quad \text{mit} \quad \tau = \frac{4\,q^2 t}{x^2}.$$

Hierin ist zur Abkürzung $T V^2 = \dfrac{\varrho}{4\,\pi\,\bar{\mu}} = q^2$ gesetzt. Die („Fehler"-) Funktion $f_1(\xi)$ stellt die Feldverteilung in einem beliebigen Augenblicke dar, und die Funktion $f_2(\tau)$ gibt an, wie das Feld an einem beliebigen Punkte mit der Zeit anwächst und sich seinem stationären Wert nähert.

Die Kurven Fig. 8, S. 163, zeigen den Verlauf dieser beiden Funktionen. Wie man sieht, steigt die Feldstärke an einem bestimmten Punkte zuerst sehr schnell an, sobald sie aber etwa 80 Proz. ihres stationären Wertes erreicht hat, nur noch sehr langsam. Als Vergleichskurve ist noch die der Funktion

$$e^{-\frac{2}{\sqrt{\pi}}\,\xi}$$

eingetragen, deren Differentialquotient für $\xi = 0$ mit $f'_1(0)$ übereinstimmt.

Um auch von den absoluten Zahlenwerten eine Vorstellung zu geben, ist in der folgenden Tafel wieder für Eisen, Kupfer und Blei in runden Zahlen angegeben, wo und wann 10, 50, 90, 99 Proz. des stationären Wertes sowohl im Falle der Wärmeleitung, wie im Falle der elektromagnetischen Ausbreitung anzutreffen sind. Man setze etwa in der ersten Tafel $x = 1$ cm, in der zweiten $t = 1$ sek oder wähle sonst irgendwelche geeignete runde Werte für diese Größen. Dann gibt die erste Tafel die zugehörigen Zeiten, die zweite die zugehörigen Tiefen.

$100\,\dfrac{\vartheta}{\vartheta_0}$ $100\,\dfrac{H}{H_0}$	$\dfrac{\tau}{4}=\dfrac{1}{4\,\xi^2}$	Tafel für t/x^2					
		Wärmeleitung			Elektromagnetisches Feld		
		Eisen	Kupfer	Blei	Eisen	Kupfer	Blei
		$\dfrac{1}{q^2}=5,5$	0,9	4	2,5	0,0075	0,0006 sek/cm²
Proz.		sek/cm²	sek/cm²	sek/cm²	sek/cm²	sek/cm²	sek/cm²
10	0,185	1,0	0,16	0,8	0,45	0,0014	0,00011
50	1,097	6,1	1,0	4,6	2,7	0,008	0,00065
90	31,7	180	28	130	80	0,24	0,019
99	3190	18000	2800	13000	8000	24	1,9

	$2\,\xi=\dfrac{2}{\sqrt{\tau}}$	Tafel für $x/\sqrt{t}$					
		$q=0,43$	1,05	0,5	0,65	11,5	40 cm/sek¹/₂
Proz.		cm/sek¹/₂	cm/sek¹/₂	cm/sek¹/₂	cm/sek¹/₂	cm/sek¹/₂	cm/sek¹/₂
10	2,326	1,0	2,5	1,1	1,5	27	100
50	0,954	0,41	1,0	0,47	0,60	11	30
90	0,1776	0,075	0,19	0,087	0,11	2,1	7,5
99	0,01772	0,0075	0,019	0,0087	0,011	0,21	0,75

2. Wir betrachten noch einen anderen Fall. An der Mantelfläche eines unendlich langen Metallzylinders vom Durchmesser $2\,a$ entstehe zur

Zeit $t = 0$ plötzlich ein axiales Magnetfeld H_0, das darauf konstant bleibt.

Dann hat man für das Magnetfeld H an einem Punkte im Inneren des Metallzylinders im Abstand $r < a$ von der Zylinderachse zur Zeit t

$$\frac{H}{H_0} = 1 - \sum_{\nu=1}^{\infty} \frac{2 J_0\left(g_\nu \dfrac{r}{a}\right)}{g_\nu J_1(g_\nu)}\, e^{-g_\nu^2 \tau} \quad \text{mit} \quad \tau = \frac{q^2 t}{a^2}.$$

Hierin bedeutet, wie gewöhnlich, $J_n(x)$ die im Nullpunkt endliche Zylinderfunktion von der Ordnung n, und $g_1, g_2, g_3, \ldots$ sind die unendlich vielen Wurzeln der transzendenten Gleichung $J_0(x) = 0$. Beispielsweise gilt für einen Punkt auf der Zylinderachse $r = 0$

$$\frac{H}{H_0} = 1 - 1{,}602\, e^{-5{,}783\,\tau} + 1{,}065\, e^{-30{,}471\,\tau} - + \cdots$$

und für einen Punkt im Abstande $r = \frac{1}{2} a$ von der Achse

$$\frac{H}{H_0} = 1 - 1{,}073\, e^{-5{,}783\,\tau} - 0{,}1793\, e^{-30{,}471\,\tau} + \cdots$$

Der Induktionsfluß durch einen beliebigen Querschnitt des Zylinders ist

$$Q = \int_0^a \mu H \cdot 2\,\pi\, r\, dr.$$

Sein stationärer Wert ist

$$Q_0 = \pi\, a^2\, \mu\, H_0.$$

Für den Fluß Q zur Zeit t ergibt sich

$$\frac{Q}{Q_0} = 1 - \sum_{\nu=1}^{\infty} \frac{4}{g_\nu^2}\, e^{-g_\nu^2 \tau} = 1 - 0{,}692\, e^{-5{,}783\,\tau} - 0{,}1313\, e^{-30{,}471\,\tau} - \cdots$$

Von den Kurven Fig. 9 stellt die unterste H/H_0 bei $r = 0$, die mittlere H/H_0 bei $r = \frac{1}{2} a$ und die oberste Q/Q_0 als Funktion von τ dar. Man erkennt, daß das Feld an einem Punkte um so später merklich zu wachsen beginnt und einen bestimmten Wert um so später annimmt, je weiter der Punkt von der Oberfläche entfernt ist. Der Induktionsfluß wächst anfangs rasch, wenn er aber dem stationären Werte nahe gekommen ist, nur noch sehr langsam.

Für $\tau = 1$ ist $t = a^2/q^2$. Sei z. B. der Durchmesser des Metallzylinders $2\,a = 40$ cm. Dann ergeben sich für a^2/q^2 folgende Werte:

	Eisen	Kupfer	Blei	
Wärmeleitung	2200	360	1600	sek
Elektromagnetisches Feld . . .	1000	3	0,24	„

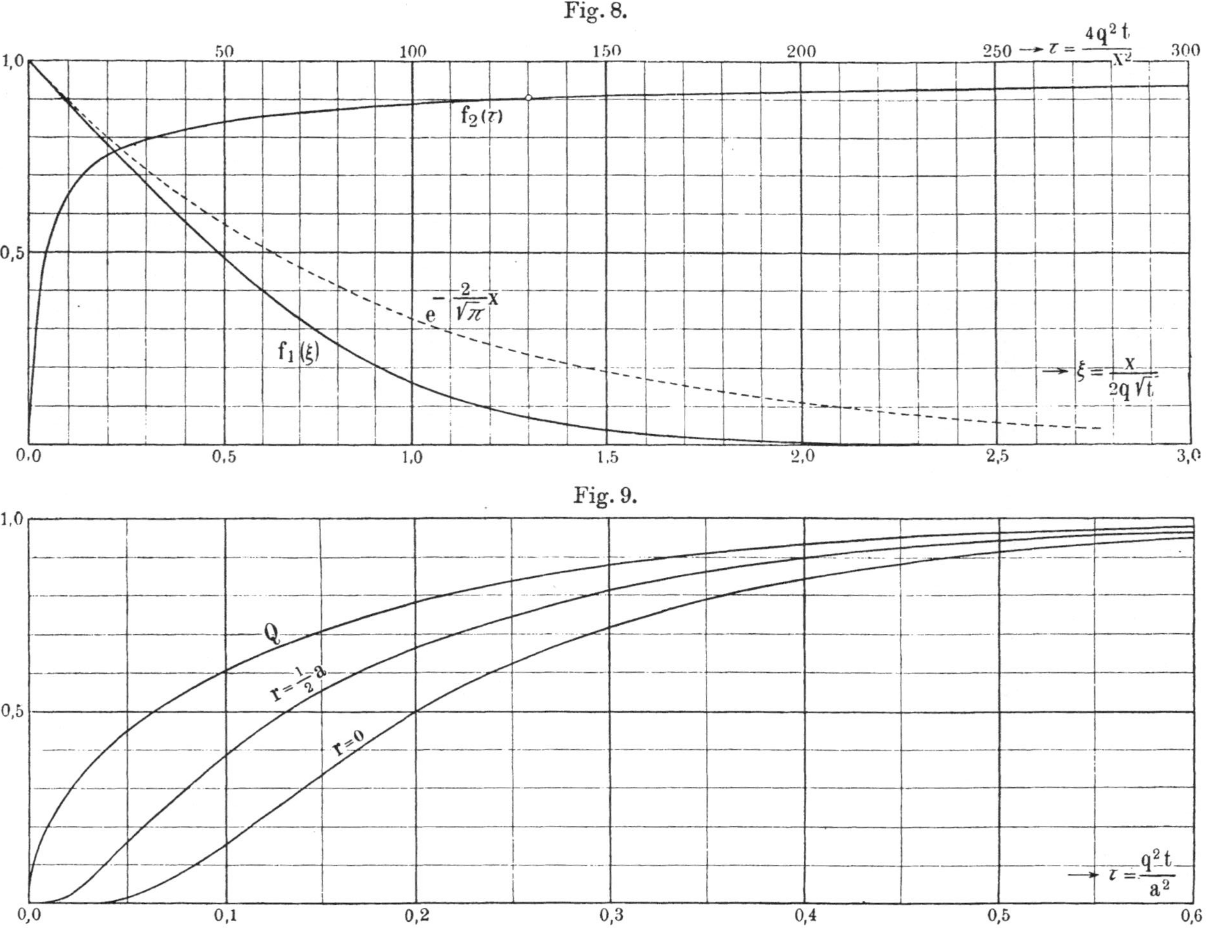

Fig. 8.
$\tau = \dfrac{4q^2 t}{x^2}$
$f_2(\tau)$
$e^{-\frac{2}{\sqrt{\pi}}x}$
$f_1(\xi)$
$\xi = \dfrac{x}{2q\sqrt{t}}$
Fig. 9.
Q
$r = \tfrac{1}{2}a$
$r = 0$
$\tau = \dfrac{q^2 t}{a^2}$

Z. B. erreicht der Fluß in einem Elektromagnet von 40 cm Durchmesser 95 Proz. seines stationären Wertes erst nach $7^1/_2$ Min. ($\tau = 0{,}45$). In einem ebenso großen Kupferzylinder wären noch nicht $1^1/_2$ sek erforderlich und in einem ebenso großen Bleizylinder etwa nur $^1/_{10}$ sek.

Einschalten eines Stromes bei leitender Umgebung.

[804.] Wir wollen nun den Vorgang untersuchen, der sich abspielt, wenn **ein elektrischer Strom in einem linearen Leiterkreis zu fließen beginnt und weiter fließt; das umgebende Medium habe eine endliche elektrische Leitfähigkeit** (vgl. Art. 660.)

Das erste, was beim Schließen des Stromes geschieht, ist, daß in der Nähe des Drahtes im Medium ein Induktionsstrom hervorgerufen wird. Die Richtung dieses Stromes ist dem ursprünglichen Strome entgegengesetzt, und im ersten Augenblick ist er ebenso groß wie dieser, so daß die elektromagnetische Wirkung auf weiter entfernte Teile des Mediums anfangs Null ist und erst allmählich, wenn der Induktionsstrom wegen des elektrischen Widerstandes des Mediums verklingt, zu ihrem schließlichen Werte ansteigt.

Aber durch das Verklingen des Induktionsstromes wird in den weiter abliegenden Teilen des Mediums ein neuer Induktionsstrom erzeugt, so daß der von Induktionsströmen eingenommene Raum immer größer wird, während gleichzeitig die Intensität der Ströme abnimmt.

Diese Ausbreitung und Schwächung des Induktionsstromes entspricht genau der Wärmeausbreitung von einem Punkte des Mediums aus, der anfangs wärmer oder kälter ist als seine Umgebung. Wir müssen aber dabei beachten, daß der Strom eine vektorielle Größe ist und daß er, in einem Kreise fließend, an entgegengesetzten Punkten entgegengesetzte Richtung hat; für die Berechnung irgendeiner Komponente des Induktionsstromes haben wir daher zum Vergleich das Problem heranzuziehen, wo gleiche Mengen von Wärme und Kälte von benachbarten Punkten ausgehen; die Wirkung auf entfernte Punkte ist dann eine geringere.

[805.] Wenn der Strom in dem linearen Kreise konstant erhalten wird, so breiten sich die Induktionsströme, die von der anfänglichen Zustandsänderung abhängen, allmählich aus, verschwinden und lassen das Medium in einem Dauerzustande, der dem Dauerzustande bei Wärmeströmung ganz analog ist. Für diesen Zustand gilt für das ganze System

$$(2) \qquad \nabla^2 \mathfrak{A} = 0,$$

nur in den von dem Stromkreise eingenommenen Teilen ist (wenn $\mu = 1$)

$$(3) \qquad \nabla^2 \mathfrak{A} + 4\pi \mathfrak{C} = 0.$$

Diese Gleichung genügt, um die Werte von $\mathfrak{A}$ im ganzen Medium zu bestimmen. Sie sagt aus, daß außerhalb des Kreises keine Ströme bestehen und daß keine anderen magnetischen Kräfte auftreten, als die, die nach der gewöhnlichen Theorie von dem Strome hervorgerufen werden. Die Geschwindigkeit, mit der der Dauerzustand hergestellt wird, ist so groß, daß sie mit unseren experimentellen Methoden nicht gemessen werden kann, außer vielleicht im Falle einer sehr großen Masse eines sehr gut leitenden Stoffes, wie Kupfer.

Auf S. 140 ist angegeben, wie sich beliebige elektromagnetische Störungen in einem Isolator ausbreiten, und auf S. 157, wie sie sich in einem metallischen Leiter ausbreiten. Es sind das Grenzfälle der Ausbreitung in einem Halbleiter. Diese ist von Birkeland untersucht worden. Siehe E. Cohn, Das elektromagnetische Feld, S. 413.

Für die drahtlose Telegraphie ist die Frage wichtig, wie sich periodische Störungen ausbreiten, die von einem vertikalen Dipol an der Erdoberfläche ausgehen. Siehe darüber A. Sommerfeld, Ann. d. Phys. **28**, 665, 1909; Jahrbuch der drahtlosen Telegraphie **4**, 157, 1910; ebenda **7**, 185, 1913; ferner W. v. Rybczyński, Ann d. Phys. **41**, 191, 1913.

Anhang.

Formeln aus der Vektorenrechnung.

Vektorenalgebra.

1. Produkte.

a) Zwei Faktoren.

(1) $\quad \mathfrak{A}\mathfrak{A} = \mathfrak{A}^2 = A^2.$

(2) $\quad \mathfrak{A}\mathfrak{B} = 0$, wenn $\mathfrak{A} \perp \mathfrak{B}.$

(3) $\quad [\mathfrak{A}\mathfrak{B}] = -[\mathfrak{B}\mathfrak{A}], \qquad [\mathfrak{A}\mathfrak{A}] = 0.$

(4) $\quad [\mathfrak{A}\mathfrak{B}] = 0$, wenn $\mathfrak{A} \parallel \mathfrak{B}.$

b) Drei Faktoren.

Der aus $\mathfrak{A}$, $\mathfrak{B}$, $\mathfrak{C}$ gebildete Spat hat das Volumen

(5) $\qquad\qquad \mathfrak{A}[\mathfrak{B}\mathfrak{C}] = \mathfrak{B}[\mathfrak{C}\mathfrak{A}] = \mathfrak{C}[\mathfrak{A}\mathfrak{B}].$

(6) $\quad \mathfrak{A}[\mathfrak{A}\mathfrak{B}] = 0.$

(7) $\quad \mathfrak{A}[\mathfrak{B}\mathfrak{C}] = 0$, wenn $\mathfrak{A}$, $\mathfrak{B}$, $\mathfrak{C}$ in einer Ebene liegen.

Der Vektor

(8) $\quad \left[\mathfrak{A}[\mathfrak{B}\mathfrak{C}]\right] = \mathfrak{B} \cdot \mathfrak{A}\mathfrak{C} - \mathfrak{C} \cdot \mathfrak{A}\mathfrak{B} = \left[[\mathfrak{C}\mathfrak{B}]\mathfrak{A}\right]$

liegt $\perp \mathfrak{A}$ in der Ebene durch $\mathfrak{B}$ und $\mathfrak{C}.$

(9) $\quad \left[\mathfrak{A}[\mathfrak{B}\mathfrak{C}]\right] = 0$, wenn $\mathfrak{A} \perp$ zur Ebene durch $\mathfrak{B}$ und $\mathfrak{C}.$

Zerlegung eines Vektors $\mathfrak{A}$ in Komponenten $\parallel$ und $\perp$ zu $\mathfrak{n}$ ($\mathfrak{n}^2 = 1$):

(10) $\quad \mathfrak{A} = \mathfrak{n} \cdot \mathfrak{A}\mathfrak{n} + \left[\mathfrak{n}[\mathfrak{A}\mathfrak{n}]\right].$

Drehung eines Vektors $\mathfrak{A}$ um eine Achse $\mathfrak{n}$ ($\mathfrak{n}^2 = 1$) um den Winkel α:

(11) $\quad \mathfrak{A}_{(\mathfrak{n},\,\alpha)} = \mathfrak{n} \cdot \mathfrak{A}\mathfrak{n} + \left[\mathfrak{n}[\mathfrak{A}\mathfrak{n}]\right] \cos\alpha + [\mathfrak{n}\mathfrak{A}] \sin\alpha. \qquad \text{(Versor)}$

c) Vier Faktoren.

$(12) \quad [\mathfrak{A}\mathfrak{B}][\mathfrak{C}\mathfrak{D}] = \mathfrak{A}\big[\mathfrak{B}[\mathfrak{C}\mathfrak{D}]\big] = \mathfrak{A}\mathfrak{C}\cdot\mathfrak{B}\mathfrak{D} - \mathfrak{A}\mathfrak{D}\cdot\mathfrak{B}\mathfrak{C}.$

$(13) \quad [\mathfrak{A}\mathfrak{B}][\mathfrak{C}\mathfrak{D}] = 0,$ wenn Ebene $(\mathfrak{A}, \mathfrak{B}) \perp$ zur Ebene $(\mathfrak{C}, \mathfrak{D}).$

Der Vektor

$(14) \quad \big[[\mathfrak{A}\mathfrak{B}][\mathfrak{C}\mathfrak{D}]\big] = \mathfrak{B}\cdot\mathfrak{A}[\mathfrak{C}\mathfrak{D}] - \mathfrak{A}\cdot\mathfrak{B}[\mathfrak{C}\mathfrak{D}] = [\mathfrak{A}\mathfrak{B}]\mathfrak{D}\cdot\mathfrak{C} - [\mathfrak{A}\mathfrak{B}]\mathfrak{C}\cdot\mathfrak{D}$

fällt in die Schnittlinie der Ebenen $(\mathfrak{A}, \mathfrak{B})$ und $(\mathfrak{C}, \mathfrak{D}).$

$(15) \quad \big[[\mathfrak{A}\mathfrak{B}][\mathfrak{A}\mathfrak{C}]\big] = \mathfrak{A}\cdot\mathfrak{A}[\mathfrak{B}\mathfrak{C}] = \mathfrak{A}\,v.$

$(16) \quad \big[[\mathfrak{A}\mathfrak{B}][\mathfrak{C}\mathfrak{D}]\big] = 0,$ wenn $\mathfrak{A}, \mathfrak{B}, \mathfrak{C}, \mathfrak{D}$ in einer Ebene liegen.

Der Vektor

$(17) \quad \Big[\mathfrak{A}\big[\mathfrak{B}[\mathfrak{C}\mathfrak{D}]\big]\Big] = [\mathfrak{A}\mathfrak{C}]\cdot\mathfrak{B}\mathfrak{D} - [\mathfrak{A}\mathfrak{D}]\cdot\mathfrak{B}\mathfrak{C}$

liegt $\perp \mathfrak{A}$ in der zur Ebene $(\mathfrak{C}, \mathfrak{D})$ senkrechten Ebene durch $\mathfrak{B}.$

$(18) \quad \Big[\mathfrak{A}\big[\mathfrak{B}[\mathfrak{C}\mathfrak{A}]\big]\Big] = \mathfrak{A}\mathfrak{B}\cdot[\mathfrak{A}\mathfrak{C}].$

$(19) \quad \Big[\mathfrak{A}\big[\mathfrak{B}[\mathfrak{C}\mathfrak{D}]\big]\Big] = 0,$ wenn $\mathfrak{A} \perp$ zu $\mathfrak{B}$ in der Ebene durch $\mathfrak{C}$

und $\mathfrak{D}$ liegt.

2. Sprungflächen.

φ_1, φ_2, $\mathfrak{A}_1$, $\mathfrak{A}_2$ seien die Werte eines Skalars φ und eines Vektors $\mathfrak{A}$ zu beiden Seiten der Fläche. Die Einheitsnormale $\mathfrak{n}_{12} = -\mathfrak{n}_{21}$ von der Seite 1 nach der Seite 2 werde kurz mit $\mathfrak{n}$ bezeichnet $(\mathfrak{n}^2 = 1).$

$$\operatorname{Div}\mathfrak{A} \equiv \mathfrak{n}(\mathfrak{A}_2 - \mathfrak{A}_1), \qquad \operatorname{Rot}\mathfrak{A} \equiv [\mathfrak{n}(\mathfrak{A}_2 - \mathfrak{A}_1)],$$

$$\operatorname{Grad}\varphi \equiv \mathfrak{n}(\varphi_2 - \varphi_1), \qquad (\operatorname{Grad}\mathfrak{A})\mathfrak{B} \equiv \mathfrak{n}\mathfrak{A}_2\cdot\mathfrak{B}_2 - \mathfrak{n}\mathfrak{A}_1\cdot\mathfrak{B}_1,$$

Mittelwerte: $\tfrac{1}{2}(\varphi_1 + \varphi_2) \equiv \overline{\varphi}, \qquad \tfrac{1}{2}(\mathfrak{A}_1 + \mathfrak{A}_2) \equiv \overline{\mathfrak{A}},$

$(\mathfrak{A}\operatorname{Grad})\mathfrak{B} \equiv \overline{\mathfrak{A}}\mathfrak{n}\cdot(\mathfrak{B}_2 - \mathfrak{B}_1), \qquad (\mathfrak{A}\cdot\operatorname{Grad}\cdot\mathfrak{B}) \equiv \mathfrak{n}\cdot\overline{\mathfrak{A}}(\mathfrak{B}_2 - \mathfrak{B}_1),$

$[\mathfrak{A}\operatorname{Grad}]\mathfrak{B} \equiv [\overline{\mathfrak{A}}\mathfrak{n}](\mathfrak{B}_2 - \mathfrak{B}_1), \qquad [\operatorname{Grad}\mathfrak{A}]\mathfrak{B} \equiv [\mathfrak{n}\mathfrak{A}_2]\mathfrak{B}_2 - [\mathfrak{n}\mathfrak{A}_1]\mathfrak{B}_1,$

$\big[[\mathfrak{A}\operatorname{Grad}]\mathfrak{B}\big] \equiv \big[[\overline{\mathfrak{A}}\mathfrak{n}](\mathfrak{B}_2 - \mathfrak{B}_1)\big], \qquad \big[[\operatorname{Grad}\mathfrak{A}]\mathfrak{B}\big] \equiv \big[[\mathfrak{n}\mathfrak{A}_2]\mathfrak{B}_2\big] - \big[[\mathfrak{n}\mathfrak{A}_1]\mathfrak{B}_1\big].$

$(20) \qquad \operatorname{Div}\varphi\mathfrak{A} = \overline{\varphi}\operatorname{Div}\mathfrak{A} + \overline{\mathfrak{A}}\operatorname{Grad}\varphi,$

$(21) \qquad \operatorname{Rot}\varphi\mathfrak{A} = \overline{\varphi}\operatorname{Rot}\mathfrak{A} - [\overline{\mathfrak{A}}\operatorname{Grad}\varphi],$

$(22) \qquad \operatorname{Div}[\mathfrak{A}\mathfrak{B}] = \overline{\mathfrak{B}}\operatorname{Rot}\mathfrak{A} - \overline{\mathfrak{A}}\operatorname{Rot}\mathfrak{B},$

$(23) \qquad (\operatorname{Grad}\mathfrak{A})\mathfrak{B} = (\mathfrak{A}\operatorname{Grad})\mathfrak{B} + \overline{\mathfrak{B}}\operatorname{Div}\mathfrak{A},$

$(24) \qquad (\mathfrak{A}\cdot\operatorname{Grad}\cdot\mathfrak{B}) = (\mathfrak{A}\operatorname{Grad})\mathfrak{B} + [\overline{\mathfrak{A}}\operatorname{Rot}\mathfrak{B}],$

$(25) \qquad \operatorname{Rot}[\mathfrak{A}\mathfrak{B}] = (\operatorname{Grad}\mathfrak{B})\mathfrak{A} - (\operatorname{Grad}\mathfrak{A})\mathfrak{B}$

$$\qquad\qquad = (\mathfrak{B}\operatorname{Grad})\mathfrak{A} + \overline{\mathfrak{A}}\operatorname{Div}\mathfrak{B} - (\mathfrak{A}\operatorname{Grad})\mathfrak{B} - \overline{\mathfrak{B}}\operatorname{Div}\mathfrak{A},$$

$$(26) \quad \mathrm{Grad}\,(\mathfrak{A}\,\mathfrak{B}) = (\mathfrak{A}\cdot\mathrm{Grad}\cdot\mathfrak{B}) + (\mathfrak{B}\cdot\mathrm{Grad}\cdot\mathfrak{A})$$
$$= (\mathfrak{A}\,\mathrm{Grad})\,\mathfrak{B} + [\overline{\mathfrak{A}}\,\mathrm{Rot}\,\mathfrak{B}] + (\mathfrak{B}\,\mathrm{Grad})\,\mathfrak{A} + [\overline{\mathfrak{B}}\,\mathrm{Rot}\,\mathfrak{A}],$$
$$(27) \quad \mathrm{Grad}\,(\tfrac{1}{2}\,\mathfrak{A}^2) = (\mathfrak{A}\cdot\mathrm{Grad}\cdot\mathfrak{A}).$$

$$(28) \quad [\mathfrak{A}\,\mathrm{Grad}]\,\mathfrak{B} = \overline{\mathfrak{A}}\,\mathrm{Rot}\,\mathfrak{B}, \quad [\mathrm{Grad}\,\mathfrak{A}]\,\mathfrak{B} = \mathrm{Div}\,[\mathfrak{A}\,\mathfrak{B}],$$
$$(29) \quad (\mathfrak{A}\,\mathrm{Grad})\,\varphi\,\mathfrak{B} = \overline{\varphi}\,(\mathfrak{A}\,\mathrm{Grad})\,\mathfrak{B} + \overline{\mathfrak{B}}\cdot\overline{\mathfrak{A}}\,\mathrm{Grad}\,\varphi,$$
$$(30) \quad \overline{\mathfrak{A}}\,(\mathfrak{B}\cdot\mathrm{Grad}\cdot\mathfrak{C}) = \overline{\mathfrak{B}}\,(\mathfrak{A}\,\mathrm{Grad})\,\mathfrak{C},$$
$$(31) \quad \overline{\mathfrak{A}}\,\mathrm{Grad}\,(\mathfrak{B}\,\mathfrak{C}) = \overline{\mathfrak{B}}\,(\mathfrak{A}\,\mathrm{Grad})\,\mathfrak{C} + \overline{\mathfrak{C}}\,(\mathfrak{A}\,\mathrm{Grad})\,\mathfrak{B},$$
$$(32) \quad (\mathfrak{A}\,\mathrm{Grad})\,[\mathfrak{B}\,\mathfrak{C}] = [\overline{\mathfrak{B}}\,(\mathfrak{A}\,\mathrm{Grad})\,\mathfrak{C}] - [\overline{\mathfrak{C}}\,(\mathfrak{A}\,\mathrm{Grad})\,\mathfrak{B}],$$
$$(33) \quad \big[[\mathfrak{A}\,\mathrm{Grad}]\,\mathfrak{B}\big] = (\mathfrak{A}\cdot\mathrm{Grad}\cdot\mathfrak{B}) - \overline{\mathfrak{A}}\,\mathrm{Div}\,\mathfrak{B}$$
$$= (\mathfrak{A}\,\mathrm{Grad})\,\mathfrak{B} + [\overline{\mathfrak{A}}\,\mathrm{Rot}\,\mathfrak{B}] - \overline{\mathfrak{A}}\,\mathrm{Div}\,\mathfrak{B},$$
$$(34) \quad \Big[\big[[\mathfrak{A}\,\mathfrak{B}]\,\mathrm{Grad}\big]\,\mathfrak{C}\Big] = [\overline{\mathfrak{B}}\,(\mathfrak{A}\,\mathrm{Grad})\,\mathfrak{C}] - [\overline{\mathfrak{A}}\,(\mathfrak{B}\,\mathrm{Grad})\,\mathfrak{C}],$$
$$(35) \quad ([\mathfrak{A}\,\mathfrak{B}]\,\mathrm{Grad})\,\mathfrak{C} = [\overline{\mathfrak{A}}\,\overline{\mathfrak{B}}]\,\mathrm{Div}\,\mathfrak{C} - \big[[\overline{\mathfrak{A}}\,\overline{\mathfrak{B}}]\,\mathrm{Rot}\,\mathfrak{C}\big]$$
$$+ \Big[\big[[\mathfrak{A}\,\mathfrak{B}]\,\mathrm{Grad}\big]\,\mathfrak{C}\Big]$$
$$= [\overline{\mathfrak{A}}\,\overline{\mathfrak{B}}]\,\mathrm{Div}\,\mathfrak{C} - \big[[\overline{\mathfrak{A}}\,\overline{\mathfrak{B}}]\,\mathrm{Rot}\,\mathfrak{C}\big]$$
$$- [\overline{\mathfrak{A}}\,(\mathfrak{B}\,\mathrm{Grad})\,\mathfrak{C}] + [\overline{\mathfrak{B}}\,(\mathfrak{A}\,\mathrm{Grad})\,\mathfrak{C}],$$
$$(36) \quad \big[[\mathrm{Grad}\,\mathfrak{A}]\,\mathfrak{B}\big] = (\mathrm{Grad}\,\mathfrak{B})\,\mathfrak{A} - \mathrm{Grad}\,(\mathfrak{A}\,\mathfrak{B})$$
$$= - \big[[\mathfrak{A}\,\mathrm{Grad}]\,\mathfrak{B}\big] - [\overline{\mathfrak{B}}\,\mathrm{Rot}\,\mathfrak{A}].$$

Vektorenanalysis.

3. Erste Ableitungen.

Läßt man die Überstreichungen weg und schreibt man zur Unterscheidung grad, div, rot statt Grad, Div, Rot, so gehen die Formeln (20) bis (36) in die entsprechenden für die räumlichen Operatoren über, die für stetige Änderungen gelten.

$$\mathrm{grad}\,\varphi = \frac{\mathfrak{d}\,\varphi}{d\,\mathfrak{r}}, \quad \mathrm{div}\,\mathfrak{A} = \frac{\mathfrak{d}}{d\,\mathfrak{r}}\,\mathfrak{A}, \quad \mathrm{rot}\,\mathfrak{A} = \left[\frac{\mathfrak{d}}{d\,\mathfrak{r}}\,\mathfrak{A}\right],$$
$$d\,\varphi = d\,\mathfrak{r}\,\frac{\mathfrak{d}\,\varphi}{d\,\mathfrak{r}}, \quad d\,\mathfrak{A} = \left(d\,\mathfrak{r}\,\frac{\mathfrak{d}}{d\,\mathfrak{r}}\right)\,\mathfrak{A}.$$

($\mathfrak{r} = $ Ortsvektor, Radiusvektor, Fahrstrahl, mit den Komponenten $x,\ y,\ z$.)

4. Zweite Ableitungen.

(37) $\operatorname{rot}\operatorname{grad}\varphi = 0,$

(38) $\operatorname{div}\operatorname{rot}\mathfrak{A} = 0,$ $\operatorname{div}\operatorname{grad}\varphi \equiv \nabla^2\varphi.$

5. Ableitungen des Ortsvektors.

Ortsvektor $\mathfrak{r} = |\mathfrak{r}|\cdot\mathfrak{r}_0 = r\mathfrak{r}_0,\quad \mathfrak{r}_0^2 = 1,\quad \mathfrak{r}^2 = r^2.$

(39) $\operatorname{div}\mathfrak{r} = 3,\quad \operatorname{rot}\mathfrak{r} = 0,\quad \operatorname{div}\mathfrak{r}_0 = \dfrac{2}{r},\quad \operatorname{rot}\mathfrak{r}_0 = 0.$

(40) $\operatorname{grad} r = \dfrac{\mathfrak{r}}{r} = \mathfrak{r}_0,\quad \operatorname{grad}(\tfrac{1}{2}\mathfrak{r}^2) = \mathfrak{r},\quad -\operatorname{grad}\dfrac{1}{r} = \dfrac{\mathfrak{r}_0}{r^2}.$

(41) $\mathfrak{r} = r^3\operatorname{rot}\left\{\left(1 - \dfrac{\mathfrak{k}\mathfrak{r}}{r}\right)\dfrac{[\mathfrak{k}\mathfrak{r}]}{[\mathfrak{k}\mathfrak{r}]^2}\right\}$ $(d\,\mathfrak{k} = 0,\quad \mathfrak{k}^2 = 1).$

(42) $\operatorname{grad} r^n = n r^{n-1}\mathfrak{r}_0.$

(43) $\operatorname{div}(r^n\mathfrak{r}_0) = (n+2)r^{n-1},$ $\operatorname{rot}(r^n\mathfrak{r}_0) = 0.$

(44) $\nabla^2 r^n = n(n+1)r^{n-2},$ $\nabla^2\dfrac{1}{r} = 0.$

(45) $\nabla^2(r^n\mathfrak{r}_0) = (n+2)(n-1)r^{n-2}\mathfrak{r}_0.$

(46) $\mathfrak{C} = \operatorname{grad}(\mathfrak{C}\mathfrak{r}) = \tfrac{1}{2}\operatorname{rot}[\mathfrak{C}\mathfrak{r}],$ $(d\,\mathfrak{C} = 0).$

(47) $\operatorname{grad}(\mathfrak{C}\mathfrak{r}_0) = \dfrac{1}{r}\left[\mathfrak{r}_0\,[\mathfrak{C}\mathfrak{r}_0]\right],\quad \operatorname{rot}[\mathfrak{C}\mathfrak{r}_0] = \dfrac{1}{r}(\mathfrak{C} + \mathfrak{r}_0\,\mathfrak{C}\!\cdot\!\mathfrak{r}_0),$
$(d\,\mathfrak{C} = 0).$

(48) $\tfrac{1}{2}\operatorname{rot}\left[\mathfrak{C}\dfrac{\mathfrak{r}_0}{r}\right] = \mathfrak{r}_0\,\mathfrak{C}\!\cdot\!\dfrac{\mathfrak{r}_0}{r^2},$ $(d\,\mathfrak{C} = 0).$

(49) $\operatorname{grad}(r^n\mathfrak{r}_0\,\mathfrak{C}) = r^{n-1}\left(\left[\mathfrak{r}_0\,[\mathfrak{C}\mathfrak{r}_0]\right] + n\,\mathfrak{r}_0\,\mathfrak{C}\!\cdot\!\mathfrak{r}_0\right),$ $(d\,\mathfrak{C} = 0).$

(50) $\operatorname{rot}[\mathfrak{C}\,r^n\mathfrak{r}_0] = \left(\mathfrak{C} + \mathfrak{r}_0\!\cdot\!\mathfrak{C}\mathfrak{r}_0 + n\left[\mathfrak{r}_0\,[\mathfrak{C}\mathfrak{r}_0]\right]\right)r^{n-1},$ $(d\,\mathfrak{C} = 0).$

(51) $(\mathfrak{A}\operatorname{grad})\mathfrak{r} = \mathfrak{A},$ $\left[[\mathfrak{A}\operatorname{grad}]\mathfrak{r}\right] = -2\,\mathfrak{A}.$

(52) $(\mathfrak{r}_0\operatorname{grad})\mathfrak{A} = \dfrac{d\,\mathfrak{A}}{d\,r}.$

6. Vollständige Differentiale.

(53) $\displaystyle\int_{(P)}^{(Q)} d\mathfrak{r}\operatorname{grad}\varphi = \varphi_Q - \varphi_P,$

(54) $\displaystyle\oint d\mathfrak{r}\operatorname{grad}\varphi = 0,\ \text{wenn } \varphi \text{ eindeutig.}$

$$(55) \qquad \int_{(P)}^{(Q)} (d\mathfrak{r}\,\mathrm{grad})\,\mathfrak{A} = \mathfrak{A}_Q - \mathfrak{A}_P,$$

$$(56) \qquad \oint (d\mathfrak{r}\,\mathrm{grad})\,\mathfrak{A} = 0, \text{ wenn } \mathfrak{A} \text{ eindeutig.}$$

Im folgenden bedeutet $d\mathfrak{f} = [d_1\mathfrak{r}\,d_2\mathfrak{r}]$ einen Vektor senkrecht zu dem Flächenelement (Parallelogramm) aus $d_1\mathfrak{r}$ und $d_2\mathfrak{r}$, und $dv = d_3\mathfrak{r}\,d\mathfrak{f}$ ein Raumelement.

7. Gaußscher Satz.

$$(57) \qquad \oint \mathfrak{A}\,d\mathfrak{f} = \int \mathrm{div}\,\mathfrak{A}\,dv \qquad \text{(Gaußscher Satz).}$$

$$(58) \qquad \oint d\mathfrak{f} = 0, \qquad\qquad v = \tfrac{1}{3} \oint \mathfrak{r}\,d\mathfrak{f}.$$

$$(59) \qquad \oint \varphi\,\mathrm{grad}\,\psi\,d\mathfrak{f} = \int (\varphi\,\nabla^2\psi + \mathrm{grad}\,\varphi\,\mathrm{grad}\,\psi)\,dv$$

$$(60) \qquad \oint (\varphi\,\mathrm{grad}\,\psi - \psi\,\mathrm{grad}\,\varphi)\,d\mathfrak{f} = \int (\varphi\,\nabla^2\psi - \psi\,\nabla^2\varphi)\,dv$$
$$\text{(Greensche Sätze).}$$

$$(61) \qquad \int \mathrm{grad}\,\varphi\,\mathrm{rot}\,\mathfrak{A}\,dv = \oint \varphi\,\mathrm{rot}\,\mathfrak{A}\,d\mathfrak{f}.$$

$$(62) \qquad \int \varphi\,\mathrm{div}\,\mathfrak{A}\,dv = \oint \varphi\,\mathfrak{A}\,d\mathfrak{f} - \int \mathfrak{A}\,\mathrm{grad}\,\varphi\,dv.$$

$$(63) \qquad \int \mathfrak{A}\,\mathrm{rot}\,\mathfrak{B}\,dv = \int \mathfrak{B}\,\mathrm{rot}\,\mathfrak{A}\,dv - \oint [\mathfrak{A}\,\mathfrak{B}]\,d\mathfrak{f}.$$

8. Stokesscher Satz.

$$(64) \qquad \oint \mathfrak{A}\,d\mathfrak{r} = \int \mathrm{rot}\,\mathfrak{A}\,d\mathfrak{f} \qquad \text{(Stokesscher Satz).}$$

$$(65) \qquad \oint \mathrm{rot}\,\mathfrak{A}\,d\mathfrak{f} = 0, \qquad\qquad \oint r^n \mathfrak{r}\,d\mathfrak{r} = 0.$$

9. Vektorenhafte Randintegrale.

$$(66) \qquad \oint [d\mathfrak{r}\,\mathfrak{A}] = \int [[d\mathfrak{f}\,\mathrm{grad}]\,\mathfrak{A}].$$

$$(67) \qquad \oint [d\mathfrak{r}\,\mathrm{grad}\,\varphi] = \int (d\mathfrak{f}\,\mathrm{grad})\,\mathrm{grad}\,\varphi - \int d\mathfrak{f}\,\nabla^2\varphi.$$

$$(68) \quad \oint [d\mathfrak{r}\,\mathrm{rot}\,\mathfrak{A}] = \int (d\mathfrak{f} \cdot \mathrm{grad} \cdot \mathrm{rot}\,\mathfrak{A}).$$

$$(69) \quad \oint \big[[d\mathfrak{f}\,\mathrm{grad}]\,\mathfrak{A}\big] = 0.$$

$$(70) \quad \tfrac{1}{2}\oint \frac{[\mathfrak{r}\,d\mathfrak{r}]}{r^2} = \int \frac{\mathfrak{r}}{r^4}\cdot\mathfrak{r}\,d\mathfrak{f}, \qquad \tfrac{1}{2}\oint [\mathfrak{r}\,d\mathfrak{r}] = \int d\mathfrak{f} \equiv \mathfrak{f}.$$

$$(71) \quad \oint r^n[\mathfrak{r}\,d\mathfrak{r}] = (n+2)\int r^n\,d\mathfrak{f} - n\int r^{n-2}\,\mathfrak{r}\cdot\mathfrak{r}\,d\mathfrak{f}.$$

$$(72) \quad \oint \frac{[(\mathfrak{r}_q - \mathfrak{r}_a)\,d\mathfrak{r}_q]}{|\mathfrak{r}_q - \mathfrak{r}_a|^3} = -\frac{\mathfrak{d}}{d\,\mathfrak{r}_a}\int \frac{\mathfrak{r}_a - \mathfrak{r}_q}{|\mathfrak{r}_a - \mathfrak{r}_q|^3}\,d\mathfrak{f} = \left[\frac{\mathfrak{d}}{d\,\mathfrak{r}_a}\oint \frac{d\,\mathfrak{r}_q}{|\mathfrak{r}_a - \mathfrak{r}_q|}\right]$$

$$= \mathrm{grad\ div}\int \frac{d\mathfrak{f}}{|\mathfrak{r}_a - \mathfrak{r}_q|}.$$

$$(73) \quad \oint \varphi\,d\mathfrak{r} = \int [d\mathfrak{f}\,\mathrm{grad}\,\varphi].$$

$$(74) \quad \oint d\mathfrak{r} = 0, \qquad \tfrac{1}{2}\oint \mathfrak{r}^2\,d\mathfrak{r} = \int [d\mathfrak{f}\,\mathfrak{r}].$$

$$(75) \quad \oint \frac{d\mathfrak{r}}{r} = \int \frac{[\mathfrak{r}_0\,d\mathfrak{f}]}{r^2}.$$

$$(76) \quad \oint [d\mathfrak{f}\,\mathrm{grad}\,\varphi] = 0, \qquad \oint [\mathfrak{r}\,d\mathfrak{f}] = 0.$$

$$(77) \quad \oint \mathfrak{C}\,\mathfrak{r}\cdot d\mathfrak{r} = -\left[\mathfrak{C}\int d\mathfrak{f}\right] = [\mathfrak{f}\,\mathfrak{C}], \qquad\qquad (d\mathfrak{C} = 0).$$

$$(78) \quad \oint \mathfrak{A}\cdot\mathfrak{B}\,d\mathfrak{r} = \int \mathfrak{A}\cdot\mathrm{rot}\,\mathfrak{B}\,d\mathfrak{f} + \int ([\mathfrak{B}\,d\mathfrak{f}]\,\mathrm{grad})\,\mathfrak{A}.$$

$$(79) \quad \oint \mathfrak{r}\cdot\mathfrak{C}\,d\mathfrak{r} = [\mathfrak{C}\,\mathfrak{f}], \qquad\qquad (d\mathfrak{C} = 0).$$

$$(80) \quad \oint \mathfrak{r}\cdot\mathfrak{r}\,d\mathfrak{r} = \int [\mathfrak{r}\,d\mathfrak{f}].$$

10. Vektorenhafte Hüllenintegrale.

$$(81) \quad \oint \varphi\,d\mathfrak{f} = \int \mathrm{grad}\,\varphi\,dv.$$

$$(82) \quad \tfrac{1}{2}\oint \mathfrak{r}^2\,d\mathfrak{f} = \int \mathfrak{r}\,dv.$$

$$(83) \quad v = \oint \mathfrak{m}\,\mathfrak{r}\cdot\mathfrak{m}\,d\mathfrak{f}, \qquad\qquad (d\mathfrak{m} = 0,\ \mathfrak{m}^2 = 1).$$

$$(84) \quad v = \tfrac{1}{2} \oint [\mathfrak{m}\, \mathfrak{r}] \, [\mathfrak{m}\, d\mathfrak{f}], \qquad\qquad (d\,\mathfrak{m} = 0, \ \mathfrak{m}^2 = 1).$$

$$(85) \quad \oint [d\mathfrak{f}\, \mathfrak{A}] = \int \operatorname{rot} \mathfrak{A}\, dv.$$

$$(86) \quad \oint [d\mathfrak{f}\, \mathfrak{r}]\, r^n\, \mathfrak{r}\, \mathfrak{C} = \int [\mathfrak{C}\, \mathfrak{r}]\, r^n\, dv, \qquad\qquad (d\,\mathfrak{C} = 0).$$

$$(87) \quad \oint d\mathfrak{f}\, \mathfrak{A} \cdot \mathfrak{B} = \int (\operatorname{grad} \mathfrak{A})\, \mathfrak{B}\, dv.$$

$$(88) \quad \oint d\mathfrak{f}\, \mathfrak{r} \cdot r^n\, \mathfrak{r} = (n + 4) \int r^n\, \mathfrak{r}\, dv.$$

$$(89) \quad \tfrac{1}{4} \oint d\mathfrak{f}\, \mathfrak{r} \cdot \mathfrak{r} = \int \mathfrak{r}\, dv.$$

$$(90) \quad \oint d\mathfrak{f}\, \operatorname{rot} \mathfrak{A} \cdot \mathfrak{r} = \int \operatorname{rot} \mathfrak{A}\, dv.$$

$$(91) \quad \oint \big[[d\mathfrak{f}\, \mathfrak{r}]\, \mathfrak{r}\big]\, r^n = 2 \int r^n\, \mathfrak{r}\, dv.$$

$$(92) \quad \oint (d\mathfrak{f}\, \operatorname{grad})\, \mathfrak{A} = \int \nabla^2 \mathfrak{A}\, dv.$$

$$(93) \quad \operatorname{grad} \operatorname{div} \mathfrak{A} = \operatorname{rot} \operatorname{rot} \mathfrak{A} + \nabla^2 \mathfrak{A}.$$

$$(94) \quad \nabla^2 \varphi\, \mathfrak{A} = \mathfrak{A}\, \nabla^2 \varphi + \varphi\, \nabla^2 \mathfrak{A} + 2\, (\operatorname{grad} \varphi \cdot \operatorname{grad})\, \mathfrak{A}.$$

$$(95) \quad 2 \operatorname{div} (\mathfrak{A} \cdot \operatorname{grad} \cdot \mathfrak{B}) = \nabla^2 (\mathfrak{A}\, \mathfrak{B}) + \mathfrak{A}\, \nabla^2 \mathfrak{B} - \mathfrak{B}\, \nabla^2 \mathfrak{A}.$$

II. Verschiebungen.

Die Punkte eines Linienelementes $d\mathfrak{r}$, eines Flächenelementes, vertreten durch $d\mathfrak{f} = [d_1 \mathfrak{r}\, d_2 \mathfrak{r}]$, eines Raumelementes $dv = d_3 \mathfrak{r}\, d\mathfrak{f}$ werden um unendlich kleine Strecken $\delta\mathfrak{r}$ verschoben. Dann ist

$$(96) \qquad\qquad (\delta\mathfrak{r}\, \operatorname{grad})\, d\mathfrak{r} = (d\mathfrak{r}\, \operatorname{grad})\, \delta\mathfrak{r}.$$

$$(97) \qquad\qquad (\delta\mathfrak{r}\, \operatorname{grad})\, d\mathfrak{f} = - \big[[d\mathfrak{f}\, \operatorname{grad}]\, \delta\mathfrak{r}\big]$$
$$= d\mathfrak{f}\, \operatorname{div} \delta\mathfrak{r} - (d\mathfrak{f} \cdot \operatorname{grad} \cdot \delta\mathfrak{r}).$$

$$(98) \qquad\qquad \delta\mathfrak{r}\, \operatorname{grad} dv = dv\, \operatorname{div} \delta\mathfrak{r}.$$

Vergleicht man die Werte eines Skalars φ an einem Punkt P und an einem um $d\mathfrak{r}$ abgelegenen benachbarten Punkt P' und ebenso die entsprechenden Werte eines Vektors $\mathfrak{A}$, so findet man die Unterschiede

$$(99) \qquad d\varphi = d\mathfrak{r}\,\mathrm{grad}\,\varphi,$$

$$(100) \qquad d\mathfrak{A} = (d\mathfrak{r}\,\mathrm{grad})\,\mathfrak{A}.$$

Ein Punkt $O(\mathfrak{a})$ eines **starren** Körpers verschiebe sich um $\delta\mathfrak{a}$. Dann verschiebt sich ein beliebiger anderer Punkt $S(\mathfrak{r})$ des Körpers um

$$(\mathbf{101}) \qquad \delta\mathfrak{r} = \delta\mathfrak{a} + [\mathfrak{d}\mathfrak{w}\,(\mathfrak{r} - \mathfrak{a})].$$

$\mathfrak{d}\mathfrak{w}$ stellt nach Achse und Winkel eine unendlich kleine Drehung dar und hat für alle Punkte $S(\mathfrak{r})$ denselben Wert. (Es gibt keinen endlichen Winkel $\mathfrak{w}$, dessen Zuwachs $\mathfrak{d}\mathfrak{w}$ wäre!) Daher

$$(102) \qquad \mathfrak{d}\mathfrak{w} = {}^{1}\!/_{2}\,\mathrm{rot}\,\delta\mathfrak{r}$$

und

$$(103) \qquad (d\mathfrak{r}\,\mathrm{grad})\,\delta\mathfrak{r} = [\mathfrak{d}\mathfrak{w}\,d\mathfrak{r}].$$

Der Vektor $\delta\mathfrak{r} + [\mathfrak{r}\,\mathfrak{d}\mathfrak{w}]$ ist allen Punkten des Körpers gemeinsam, also unabhängig von $\mathfrak{r}$.

Ein Skalar φ und ein Vektor $\mathfrak{A}$ an einem Punkt P mögen in der Zeit dt zunehmen um

$$\partial\varphi = \frac{\partial\varphi}{\partial t}\,dt \quad \text{und} \quad \partial\mathfrak{A} = \frac{\partial\mathfrak{A}}{\partial t}\,dt.$$

Von einem starren Körper aus gemessen, nehmen dann φ und $\mathfrak{A}$ zu um

$$(\mathbf{104}) \qquad d\varphi = \partial\varphi + \delta\mathfrak{r}\,\mathrm{grad}\,\varphi,$$

$$(\mathbf{105}) \qquad d\mathfrak{A} = \partial\mathfrak{A} + (\delta\mathfrak{r}\,\mathrm{grad})\,\mathfrak{A} + [\mathfrak{A}\,\mathfrak{d}\mathfrak{w}].$$

Denn ein Körperpunkt S, an dem die Werte von φ und $\mathfrak{A}$ zu den Zeiten t und $t + dt$ gemessen werden, fällt zu diesen Zeiten mit zwei verschiedenen Raumpunkten $P(\mathfrak{r})$ und $P'(\mathfrak{r} + \delta\mathfrak{r})$ zusammen. Außerdem dreht sich der Vektor $\mathfrak{A}$ scheinbar gegen den starren Körper um $-\mathfrak{d}\mathfrak{w}$.

φ und $\mathfrak{A}$ zur Zeit t sollen verglichen werden mit φ und $\mathfrak{A}$ zur Zeit $t + dt$ an identischen Punkten bewegter geometrischer Gebilde (bewegter deformierbarer Körper). Die (unendlich kleine)

Verschiebung $\delta\mathfrak{r}$ sei also jetzt eine zwar stetige, im übrigen aber beliebige Funktion von $\mathfrak{r}$. Die so gefundenen Zunahmen werden als **substantielle** bezeichnet. Es ergibt sich:

(106) $\quad d(\varphi\,dv) = dv\,\{\partial\varphi + \mathrm{div}\,(\varphi\,\delta\mathfrak{r})\}.$

(107) $\quad d(\mathfrak{A}\,d\mathfrak{r}) = d\mathfrak{r}\,\{\partial\mathfrak{A} + \mathrm{grad}\,(\mathfrak{A}\,\delta\mathfrak{r}) + [\mathrm{rot}\,\mathfrak{A}\,\delta\mathfrak{r}]\}.$

(108) $\quad d(\mathfrak{A}\,d\mathfrak{f}) = d\mathfrak{f}\,\{\partial\mathfrak{A} + \mathrm{rot}\,[\mathfrak{A}\,\delta\mathfrak{r}] + \delta\mathfrak{r}\,\mathrm{div}\,\mathfrak{A}\}.$

(109) $\quad d(\varphi\,d\mathfrak{r}) = d\mathfrak{r}\,(\partial\varphi + \delta\mathfrak{r}\,\mathrm{grad}\,\varphi) + \varphi\,(d\mathfrak{r}\,\mathrm{grad})\,\delta\mathfrak{r}.$

(110) $\quad d(\varphi\,d\mathfrak{f}) = d\mathfrak{f}\,\{\partial\varphi + \mathrm{div}\,(\varphi\,\delta\mathfrak{r})\} - \varphi\,(d\mathfrak{f}\cdot\mathrm{grad}\cdot\delta\mathfrak{r}).$

(111) $\quad d(\mathfrak{A}\,dv) = dv\,\{\partial\mathfrak{A} + (\mathrm{grad}\,\delta\mathfrak{r})\,\mathfrak{A}\}.$

(112) $\quad d[d\mathfrak{r}\,\mathfrak{A}] = \big[d\mathfrak{r}\,\{\partial\mathfrak{A} + (\delta\mathfrak{r}\,\mathrm{grad})\,\mathfrak{A}\}\big] - [\mathfrak{A}\cdot(d\mathfrak{r}\,\mathrm{grad})\,\delta\mathfrak{r}].$

(113) $\quad d[d\mathfrak{f}\,\mathfrak{A}] = \big[d\mathfrak{f}\,\{\partial\mathfrak{A} + \mathrm{grad}\,(\mathfrak{A}\,\delta\mathfrak{r}) + [\mathrm{rot}\,\mathfrak{A}\cdot\delta\mathfrak{r}]\}\big] + ([d\mathfrak{f}\,\mathfrak{A}]\,\mathrm{grad})\,\delta\mathfrak{r}.$

12. Richtungsänderungen entlang krummlinigen Koordinaten.

Der Ortsvektor $\mathfrak{r}$ sei Funktion von drei Parametern u, v, w, und es werde

$$d\mathfrak{r} = \frac{\partial\mathfrak{r}}{\partial u}\,du + \frac{\partial\mathfrak{r}}{\partial v}\,dv + \frac{\partial\mathfrak{r}}{\partial w}\,dw = \mathfrak{u}_0\,U\,du + \mathfrak{v}_0\,V\,dv + \mathfrak{w}_0\,W\,dw$$

gesetzt mit

$$\left(\frac{\partial\mathfrak{r}}{\partial u}\right)^2 = U^2, \quad \mathfrak{u}_0^2 = 1, \quad \text{so daß} \quad \mathfrak{u}_0\,d\mathfrak{u}_0 = 0, \quad \text{usw.}$$

Wir wollen uns auf **rechtwinklige** Koordinaten beschränken. Dann ist

$$\mathfrak{v}_0\,\mathfrak{w}_0 = 0, \quad (\mathfrak{v}_0 - \mathfrak{w}_0)^2 = \text{const}, \quad \text{so daß} \quad \mathfrak{v}_0\,d\mathfrak{w}_0 + \mathfrak{w}_0\,d\mathfrak{v}_0 = 0, \quad \text{usw.}$$

Aus

$$\frac{\partial^2\mathfrak{r}}{\partial v\,\partial w} = \frac{\partial\mathfrak{v}_0\,V}{\partial w} = \frac{\partial\mathfrak{w}_0\,W}{\partial v}, \quad \text{usw.}$$

folgt

$$\frac{1}{W}\frac{\partial\mathfrak{v}_0}{\partial w} - \frac{\mathfrak{w}_0}{WV}\frac{\partial W}{\partial v} = \frac{1}{V}\frac{\partial\mathfrak{w}_0}{\partial v} - \frac{\mathfrak{v}_0}{VW}\frac{\partial V}{\partial w} = \mathfrak{u}_0\,\alpha,$$

$$\frac{1}{U}\frac{\partial\mathfrak{w}_0}{\partial u} - \frac{\mathfrak{u}_0}{UW}\frac{\partial U}{\partial w} = \frac{1}{W}\frac{\partial\mathfrak{u}_0}{\partial w} - \frac{\mathfrak{w}_0}{WU}\frac{\partial W}{\partial u} = \mathfrak{v}_0\,\beta,$$

$$\frac{1}{V}\frac{\partial\mathfrak{u}_0}{\partial v} - \frac{\mathfrak{v}_0}{VU}\frac{\partial V}{\partial u} = \frac{1}{U}\frac{\partial\mathfrak{v}_0}{\partial u} - \frac{\mathfrak{u}_0}{UV}\frac{\partial U}{\partial v} = \mathfrak{w}_0\,\gamma.$$

Weiter ist wegen $\dfrac{\mathfrak{v}_0}{U}\dfrac{\partial\,\mathfrak{w}_0}{\partial u}+\dfrac{\mathfrak{w}_0}{U}\dfrac{\partial\,\mathfrak{v}_0}{\partial u}=0$, usw.

$$\beta+\gamma=\gamma+\alpha=\alpha+\beta=0 \quad\text{oder}\quad \alpha=\beta=\gamma=0.$$

Wegen $\mathfrak{u}_0=[\mathfrak{v}_0\,\mathfrak{w}_0]$, $\cdots$ erhält man noch $\dfrac{\partial\,\mathfrak{u}_0}{\partial u}$, $\cdots$ aus

$$\frac{\partial\,\mathfrak{u}_0}{\partial u}=\left[\frac{\partial\,\mathfrak{v}_0}{\partial u}\,\mathfrak{w}_0\right]+\left[\mathfrak{v}_0\,\frac{\partial\,\mathfrak{w}_0}{\partial u}\right],\;\cdots,$$

somit (siehe auch am Schluß S. 179)

$$\frac{\partial\,\mathfrak{u}_0}{\partial u}=-\frac{\mathfrak{v}_0}{V}\frac{\partial U}{\partial v}-\frac{\mathfrak{w}_0}{W}\frac{\partial U}{\partial w},$$

(114)

$$\frac{\partial\,\mathfrak{v}_0}{\partial u}=\frac{\mathfrak{u}_0}{V}\frac{\partial U}{\partial v},\qquad\qquad \frac{\partial\,\mathfrak{w}_0}{\partial u}=\frac{\mathfrak{u}_0}{W}\frac{\partial U}{\partial w}.$$

Beim Fortschritt längs einer u-Linie vollführt das Dreikant der Einheitsvektoren $\mathfrak{u}_0$, $\mathfrak{v}_0$, $\mathfrak{w}_0$ die Drehung

$$(115)\qquad \left[\frac{\partial\,\mathfrak{w}_0}{\partial u}\frac{\partial\,\mathfrak{u}_0}{\partial u}\right]du\,:\,\mathfrak{u}_0\frac{\partial\,\mathfrak{w}_0}{\partial u}=[\mathfrak{u}_0(-\operatorname{grad}U)]\,du.$$

Die Drehungsachse ist senkrecht zur Fortschrittsrichtung und zum Gefälle der Funktion U.

Mit dem Dreikant fest verbunden sei ein von der Ecke in beliebiger Richtung ausgehender Vektor $\mathfrak{s}$ von konstanter Länge ($\mathfrak{s}\,d\mathfrak{s}=0$). Seine Richtung ändert sich bei der Drehung des Dreikants:

$$(116)\quad \frac{\partial\,\mathfrak{s}}{\partial u}=\big[\mathfrak{s}\,[\mathfrak{u}_0\operatorname{grad}U]\big]=\mathfrak{u}_0\boldsymbol{\cdot}\mathfrak{s}\operatorname{grad}U-\mathfrak{s}\,\mathfrak{u}_0\boldsymbol{\cdot}\operatorname{grad}U.$$

Entsprechende Ausdrücke gelten beim Fortschritt längs einer v-Linie oder längs einer w-Linie. Ersetzt man in ihnen $\mathfrak{s}$ der Reihe nach durch $\mathfrak{u}_0$, $\mathfrak{v}_0$, $\mathfrak{w}_0$, so erhält man die neun Ableitungen dieser Einheitsvektoren, von denen in (114) drei angegeben sind.

Bei **Zylinderkoordinaten**, also im Falle

$$x=u\cos v,\quad y=u\sin v,\quad z=w,$$

ist $U=W=1,\qquad V=u,\qquad \operatorname{grad}V=\mathfrak{u}_0,$

$$(117)\qquad\qquad [\mathfrak{v}_0(-\operatorname{grad}V)]=\mathfrak{w}_0.$$

Daher sind die von Null verschiedenen Ableitungen der Einheitsvektoren

$$\frac{\partial \mathfrak{u}_0}{\partial v} = \mathfrak{v}_0, \qquad\qquad \frac{\partial \mathfrak{v}_0}{\partial v} = -\,\mathfrak{u}_0.$$

Bei räumlichen Polarkoordinaten, also im Falle

$$x = u \sin v \cos w, \quad y = u \sin v \sin w, \quad z = u \cos v,$$

ist $U = 1,$ $\qquad V = u,$ $\qquad W = u \sin v,$ also

$$\operatorname{grad} U = 0, \quad \operatorname{grad} V = \mathfrak{u}_0, \quad \operatorname{grad} W = \mathfrak{u}_0 \sin v + \mathfrak{v}_0 \cos v.$$

Beim Fortschritt längs einer u-Linie (Radius) oder längs einer v-Linie (Meridian) ist gegenüber Zylinderkoordinaten kein Unterschied vorhanden. Dagegen ist beim Fortschritt längs einer w-Linie (Breitenkreis)

$$(118) \qquad\qquad \big[\mathfrak{w}_0 \,(-\operatorname{grad} W)\big] = \mathfrak{u}_0 \cos v - \mathfrak{v}_0 \sin v.$$

Die Drehungsachse bleibt der Polachse $v = 0$ parallel, der Ausdruck (118) ist von w unabhängig. Aus (116) und (118) folgt

$$(119) \quad \frac{\partial \mathfrak{u}_0}{\partial w} = \mathfrak{w}_0 \sin v, \quad \frac{\partial \mathfrak{v}_0}{\partial w} = \mathfrak{w}_0 \cos v, \quad \frac{\partial \mathfrak{w}_0}{\partial w} = -\,\mathfrak{u}_0 \sin v - \mathfrak{v}_0 \cos v.$$

Ein Vektor

$$\mathfrak{A} = \mathfrak{u}_0 \, A_u + \mathfrak{v}_0 \, A_v + \mathfrak{w}_0 \, A_w$$

ändert sich „auf der Längeneinheit" einer u-Linie um

$$(\mathfrak{u}_0 \operatorname{grad})\,\mathfrak{A} = \frac{1}{U}\,\frac{\partial \mathfrak{A}}{\partial u}\,.$$

Die Änderung $\partial \mathfrak{A}/\partial u$ besteht aus einer Längenänderung $\partial_1 \mathfrak{A}/\partial u$ und einer Richtungsänderung. Diese kann man wieder in zwei Teile zerlegen: die Richtungsänderung $\partial_2 \mathfrak{A}/\partial u$ gegen das Dreikant und die Richtungsänderung $\partial_3 \mathfrak{A}/\partial u$, die durch Mitbewegung mit dem Dreikant entsteht. Nach (116) ist

$$\frac{\partial_3 \mathfrak{A}}{\partial u} = \big[\mathfrak{A}\,[\mathfrak{u}_0 \operatorname{grad} U]\big]\,.$$

Die Gesamtänderung von $\mathfrak{A}$ im Dreikant ist

$$\frac{\partial_1 \mathfrak{A}}{\partial u} + \frac{\partial_2 \mathfrak{A}}{\partial u} = \mathfrak{u}_0 \,\frac{\partial A_u}{\partial u} + \mathfrak{v}_0 \,\frac{\partial A_v}{\partial u} + \mathfrak{w}_0 \,\frac{\partial A_w}{\partial u}\,.$$

Daher

$$\frac{\partial \mathfrak{A}}{\partial u} = \frac{\partial_1 \mathfrak{A}}{\partial u} + \frac{\partial_2 \mathfrak{A}}{\partial u} + \frac{\partial_3 \mathfrak{A}}{\partial u}$$

(120)
$$= \mathfrak{u}_0 \left(\frac{\partial A_u}{\partial u} + \frac{A_v}{V} \frac{\partial U}{\partial v} + \frac{A_w}{W} \frac{\partial U}{\partial w} \right) + \mathfrak{v}_0 \left(\frac{\partial A_v}{\partial u} - \frac{A_u}{V} \frac{\partial U}{\partial v} \right)$$

$$+ \mathfrak{w}_0 \left(\frac{\partial A_w}{\partial u} - \frac{A_u}{W} \frac{\partial U}{\partial w} \right),$$

wie sich auch ergibt, wenn man den Ausdruck für $\mathfrak{A}$ formal nach u differenziert und dabei (114) benutzt.

Aus drei beliebigen Vektoren $\mathfrak{P}^u$, $\mathfrak{P}^v$, $\mathfrak{P}^w$ werde ein Vektor $\mathfrak{K}$ auf folgende Weise abgeleitet ($\tau =$ Volumen):

$$\mathfrak{K} = \lim_{\tau = 0} \frac{1}{\tau} \oint (d\mathfrak{f}\, \mathfrak{u}_0 \cdot \mathfrak{P}^u + d\mathfrak{f}\, \mathfrak{v}_0 \cdot \mathfrak{P}^v + d\mathfrak{f}\, \mathfrak{w}_0 \cdot \mathfrak{P}^w)$$

oder

$$\mathfrak{K} U V W = \frac{\partial V W \mathfrak{P}^u}{\partial u} + \frac{\partial W U \mathfrak{P}^v}{\partial v} + \frac{\partial U V \mathfrak{P}^w}{\partial w}.$$

Nach (120) folgt hieraus

$$\mathfrak{u}_0 \mathfrak{K} = K_u = \frac{1}{U V W} \left(\frac{\partial V W P_u^u}{\partial u} + \frac{\partial W U P_u^v}{\partial v} + \frac{\partial U V P_u^w}{\partial w} \right.$$

(121)
$$\left. + W \frac{\partial U}{\partial v} P_v^u + V \frac{\partial U}{\partial w} P_w^u - W \frac{\partial V}{\partial u} P_v^v - V \frac{\partial W}{\partial u} P_w^w \right).$$

Wählt man im besonderen

$$\mathfrak{P}^u = \frac{1}{U} \frac{\partial \mathfrak{A}}{\partial u}, \qquad \mathfrak{P}^v = \frac{1}{V} \frac{\partial \mathfrak{A}}{\partial v}, \qquad \mathfrak{P}^w = \frac{1}{W} \frac{\partial \mathfrak{A}}{\partial w},$$

so wird $\mathfrak{K} = \nabla^2 \mathfrak{A}$, und man erhält

(122).
$$\mathfrak{u}_0 \nabla^2 \mathfrak{A} = \frac{1}{U V W} \left\{ \frac{\partial}{\partial u} \left[\frac{V W}{U} \left(\frac{\partial A_u}{\partial u} + \frac{A_v}{V} \frac{\partial U}{\partial v} + \frac{A_w}{W} \frac{\partial U}{\partial w} \right) \right] \right.$$

$$+ \frac{\partial}{\partial v} \left[\frac{W U}{V} \left(\frac{\partial A_u}{\partial v} - \frac{A_v}{U} \frac{\partial V}{\partial u} \right) \right] + \frac{\partial}{\partial w} \left[\frac{U V}{W} \left(\frac{\partial A_u}{\partial w} - \frac{A_w}{U} \frac{\partial W}{\partial u} \right) \right]$$

$$+ \frac{W}{U} \frac{\partial U}{\partial v} \left(\frac{\partial A_v}{\partial u} - \frac{A_u}{V} \frac{\partial U}{\partial v} \right) + \frac{V}{U} \frac{\partial U}{\partial w} \left(\frac{\partial A_w}{\partial u} - \frac{A_u}{W} \frac{\partial U}{\partial w} \right)$$

$$- \frac{W}{V} \frac{\partial V}{\partial u} \left(\frac{\partial A_v}{\partial v} + \frac{A_w}{W} \frac{\partial V}{\partial w} + \frac{A_u}{U} \frac{\partial V}{\partial u} \right)$$

$$- \frac{V}{W} \frac{\partial W}{\partial u} \left(\frac{\partial A_w}{\partial w} + \frac{A_u}{U} \frac{\partial W}{\partial u} + \frac{A_v}{V} \frac{\partial W}{\partial v} \right) \right\}.$$

Symbolisch kann man den Operator grad oder $\bigtriangledown$ darstellen als Vektor

$$(123) \qquad \operatorname{grad} = \frac{\mathfrak{u}_0}{U}\frac{\partial}{\partial u} + \frac{\mathfrak{v}_0}{V}\frac{\partial}{\partial v} + \frac{\mathfrak{w}_0}{W}\frac{\partial}{\partial w}.$$

Daraus folgt nach (114)

$$(124) \quad \operatorname{grad}\operatorname{grad} = \bigtriangledown^2 = \frac{1}{UVW}\left\{\frac{\partial}{\partial u}\left(\frac{VW}{U}\frac{\partial}{\partial u}\right) + \frac{\partial}{\partial v}\left(\frac{WU}{V}\frac{\partial}{\partial v}\right)\right.$$
$$\left. + \frac{\partial}{\partial w}\left(\frac{UV}{W}\frac{\partial}{\partial w}\right)\right\}.$$

Diese beiden Operationen lassen sich nicht nur an Skalaren ausführen, sondern nach (114) auch an Vektoren.

Aus

$$\frac{\partial}{\partial v}\frac{\partial \mathfrak{u}_0}{\partial u} = \frac{\partial}{\partial u}\frac{\partial \mathfrak{u}_0}{\partial v}, \quad \text{usw.}$$

ergeben sich neun Differentialbeziehungen zwischen den Größen U, V, W, von denen drei

$$(125) \qquad \frac{\partial}{\partial u}\left(\frac{1}{V}\frac{\partial W}{\partial v}\right) = \frac{1}{V}\frac{\partial U}{\partial v}\frac{1}{U}\frac{\partial W}{\partial u},$$

$$(126) \qquad \frac{\partial}{\partial u}\left(\frac{1}{W}\frac{\partial V}{\partial w}\right) = \frac{1}{W}\frac{\partial U}{\partial w}\frac{1}{U}\frac{\partial V}{\partial u},$$

$$(127) \qquad \frac{\partial}{\partial u}\left(\frac{1}{U}\frac{\partial V}{\partial u}\right) + \frac{\partial}{\partial v}\left(\frac{1}{V}\frac{\partial U}{\partial v}\right) + \frac{1}{W}\frac{\partial U}{\partial w}\frac{1}{W}\frac{\partial V}{\partial w} = 0$$

lauten und die übrigen sich durch zyklische Vertauschungen ergeben. Für die Drehungsvektoren

$$-[\mathfrak{u}_0\operatorname{grad}U] = \mathfrak{f}^u, \qquad -[\mathfrak{v}_0\operatorname{grad}V] = \mathfrak{f}^v, \qquad -[\mathfrak{w}_0\operatorname{grad}W] = \mathfrak{f}^w,$$

folgt daraus

$$(128) \qquad \left(\mathfrak{u}_0\frac{\partial}{\partial u},\ \mathfrak{v}_0\frac{\partial}{\partial v},\ \mathfrak{w}_0\frac{\partial}{\partial w}\right)(\mathfrak{f}^u,\ \mathfrak{f}^v,\ \mathfrak{f}^w) = 0,$$

d. h. alle drei Drehungsachsen drehen sich in einer Ebene, die senkrecht zur jeweiligen Fortschrittsrichtung ist, und weiter

$$(129) \qquad \frac{\partial \mathfrak{f}^w}{\partial v} - \frac{\partial \mathfrak{f}^v}{\partial w} = [\mathfrak{f}^v \mathfrak{f}^w], \quad \text{usw.}$$

Zur Bequemlichkeit seien noch die Formeln (114) für alle drei Fortschrittsrichtungen zusammengestellt:

$$(114\,\mathrm{a,b})\quad
\begin{aligned}
\frac{\partial \mathfrak{u}_0}{\partial u} &= -\frac{\mathfrak{v}_0}{V}\frac{\partial U}{\partial v} - \frac{\mathfrak{w}_0}{W}\frac{\partial U}{\partial w} \\[1em]
\frac{\partial \mathfrak{v}_0}{\partial u} &= \frac{\mathfrak{u}_0}{V}\frac{\partial U}{\partial v} \\[1em]
\frac{\partial \mathfrak{w}_0}{\partial u} &= \frac{\mathfrak{u}_0}{W}\frac{\partial U}{\partial w}
\end{aligned}
\quad\bigg|\quad
\begin{aligned}
\frac{\partial \mathfrak{u}_0}{\partial v} &= \frac{\mathfrak{v}_0}{U}\frac{\partial V}{\partial u} \\[1em]
\frac{\partial \mathfrak{v}_0}{\partial v} &= -\frac{\mathfrak{w}_0}{W}\frac{\partial V}{\partial w} - \frac{\mathfrak{u}_0}{U}\frac{\partial V}{\partial u} \\[1em]
\frac{\partial \mathfrak{w}_0}{\partial v} &= \frac{\mathfrak{v}_0}{W}\frac{\partial V}{\partial w}
\end{aligned}$$

$$(114\,\mathrm{c})\quad
\begin{aligned}
\frac{\partial \mathfrak{u}_0}{\partial w} &= \frac{\mathfrak{w}_0}{U}\frac{\partial W}{\partial u} \\[1em]
\frac{\partial \mathfrak{v}_0}{\partial w} &= \frac{\mathfrak{w}_0}{V}\frac{\partial W}{\partial v} \\[1em]
\frac{\partial \mathfrak{w}_0}{\partial w} &= -\frac{\mathfrak{u}_0}{U}\frac{\partial W}{\partial u} - \frac{\mathfrak{v}_0}{V}\frac{\partial W}{\partial v}
\end{aligned}$$

Alphabetisches Sachverzeichnis.

Bezeichnungen.

Zur bequemeren Unterscheidung sind für die verschiedenen Arten von Integralen besondere Integralzeichen benutzt. Es bedeuten:

$$\int \ldots \ldots d\,\mathfrak{r} \quad \text{Linienintegrale,}$$

$$\oint \ldots d\,\mathfrak{r} \quad \text{Randintegrale,}$$

$$\int \ldots d\,\mathfrak{f} \quad \text{Flächenintegrale,}$$

$$\oint \ldots d\,\mathfrak{f} \quad \text{Hüllenintegrale,}$$

$$\mathcal{S} \ldots d\,v \quad \text{Raumintegrale.}$$

Buchstaben, die beständig in derselben Bedeutung gebraucht sind, siehe S. 106.

Berichtigungen.

S. 26, Zeile 9 von unten, lies: $p\cos\vartheta = p\,x$ statt $\cos\vartheta = p\,x$.

S. 50, Mitte, lies: $V = B$ statt $V = b$.

S. 72, letzte Zeile des ersten Absatzes von Art. 411 lies: Grad V statt grad V.